U0387770

四季花与节令物

中国古人头上的一年风景

贾玺增 著

清華大學出版社
北京

图书在版编目（CIP）数据

四季花与节令物：中国古人头上的一年风景 / 贾玺增著. —北京：清华大学出版社，2016（2022.4 重印）
ISBN 978-7-302-41630-2

Ⅰ. ①四… Ⅱ. ①贾… Ⅲ. ①头饰—风俗习惯—中国—古代 Ⅳ. ①TS974.21②K892.23

中国版本图书馆CIP数据核字（2016）第228375号

责任编辑：宋丹青
封面设计：王　佳
责任校对：王凤芝
责任印制：杨　艳

出版发行：清华大学出版社
网　　址：http://www.tup.com.cn，http://www.wqbook.com
地　　址：北京清华大学学研大厦A座　　邮　　编：100084
社 总 机：010-83470000　　邮　　购：010-62786544
投稿与读者服务：010-62776969，c-service@tup.tsinghua.edu.cn
质 量 反 馈：010-62772015，zhiliang@tup.tsinghua.edu.cn
印 装 者：小森印刷（北京）有限公司
经　　销：全国新华书店
开　　本：170mm×240mm　　印　张：19.5　　字　数：321千字
版　　次：2016年9月第1版　　印　次：2022年4月第7次印刷
定　　价：69.00元

产品编号：060369-01

自 序

自古以来，中华民族以农为本，以农立国，中国古代文化与社会生活即在此基础上形成与展开。在长期的农业生产实践中，中国先民以精确的观察和极高的智慧，逐步认识了天象变化的自然规律，找到了气候变化的关键节点，形成了以二十四节气为核心内容的生产活动、节俗仪式，以及以四季花与节令物为核心内容的应景服饰文化。

服装是与人类社会生活最为贴近的物质文化。它不仅反映社会现实，还折射了人类的精神理想。作为社会文化活动的产物，服饰在构建社会礼仪秩序的同时，也自然成为中国古人与自然对话、相互关照的手段。中国古代应景服饰文化尤其如此。概括地讲，它是以农耕生活方式为基础，四季景物变化为参照，“天人合一”哲学思想为指导，通过色彩、纹样、簪花、饰物进行模拟情景设定，构建而成的生动和谐、时节有序、内外融合的服饰文化，体现了华夏民族的浪漫情怀、文化想象和社会发展进程中的主动参与意识。

与冠冕堂皇、博衣大带的礼服不同，应景服饰文化很少用于殿堂庙宇的正襟危坐，也不属于整齐规范、细致缜密、不可僭越的被记载于典籍文献中的格式化、法制化、条文化的服饰制度。它是有血肉、有生命、有传承且真实存活于中国古人的日常生活中的服饰内容。无庸置疑，只有热爱生活、善于观察的民族才能创造出如此生动活泼、灵活多样、形式丰富、富于联想的服饰文化。通过对四季花与节令物的解读与赏析，我们可以看到那些隐含于中国传统服饰文化中的具有顽强生命力、亲和力、扩张力的文化基因，感受中国古代服饰文明所具有的强大包容性和凝聚力的内在本源，体会华夏民族生生不息、乐观向上、积极进取的民族精神。这正是本书的意义所在！

本成果获得2014年度清华大学人文社科振兴研究基金资助，特此致谢！

目 录

绪　论

鲜花对于人类，不仅可以用作装饰，还可以美化生活，滋润心灵，娱人感官，撩人情思，寄以心曲。古今中外，无论地域，没有哪个民族不喜欢鲜花的。在古希腊和古罗马雕塑中经常可见头戴玫瑰或橡树叶花饰的人。人们将花环或叶环授予奥林匹克运动员、军事指挥官和最高统治者。在18世纪，欧洲女性也喜欢用鲜花做服饰装饰。

作为世界上拥有花卉种类最为丰富的国家之一，中国古人栽花、种花、赏花、咏花，乃至簪花的历史更是悠久。鲜花不仅是渗透于血液中的文化滋养，更是璀璨的华夏服饰文明中的重要组成部分。人们心目中种种花卉的形象，成了幸福、吉祥、长寿的化身，代表了中国古人的情感与情操，寄托了中国先民对美好生活的期望。

到了汉代，虽然簪花文化尚未形成风气，但花卉已开始以各种形式逐渐进入人们的生活之中。有人会将茱萸花视为能驱魔辟邪的节令物，每到重阳时节便要插在发髻上，也有人因喜欢茉莉花的香气而簪插在头上。而此时的贵族女性则多簪插以花为形的步摇或花钗。金、银质地加饰宝石，其形式丰富，工艺也精美之极。

随着佛教文化的传播，加之上层统治者的喜爱，簪花到了唐代逐渐成为一种社会风尚。各色鲜花、树叶和精工巧做的步摇、花钗等饰品，高调地装饰着女性乌黑高大的发髻，成为丰韵美人头上不可缺少的装饰品。与之相配的不仅有盛装礼服，还有平时穿用的生活服饰。甚至，人们还将鲜花做成花冠戴在头上。时代稍后，以风花雪月著称的赵宋王朝，不仅继承了前代文化，还在此基础上更上一层楼，将节日时物也加了进去，这许多内容都将应景与簪花文化推到了顶峰。在日常生活中，鲜花成为一种礼仪和娱乐文化，日渐深入地与人们的礼仪庆典、衣食住行、岁时节日、婚丧嫁娶、游艺娱乐等发生了密切的联系。随着内容不断地丰富和分化，久而久之发展成为民俗生活的一部分，给人们的生活带来了精神愉悦和心理满足。

在一些重要的宫廷仪式中，鲜花也成为烘托气氛的重要仪程。远远望去，浩浩荡荡的銮驾队伍，因簪花所呈现出的一派锦绣乾坤的繁华景象，甚至堪称宋朝政府的形象工程。有时，君王也会在不同场合将鲜花赏赐给身边群臣。受赏者的欢喜自不必说。那些风雅名士们也会在各种场合簪戴鲜花，除了追逐风尚的原因，还在于鲜花所具有的祥瑞气息。雅集赏花，人们看到的不仅是不同时节的各色花卉，也是人与自然、人与人相互交融、相互交流的绝好契机。

簪花是无论性别与年龄的。一切的标准只是个人的兴趣与喜好。因此，对于鲜花的需求自然极多。城市街巷间的花店应运而生，专门以种花为业的花户更是不可或缺。为了吸引顾客，卖花者在穿行弄堂深巷时，多半会吟唱悠扬的吆喝。此时，端坐阁楼闺房的小姐贵妇们便起身，走出庭院，推开院门挑选自己中意的花枝插在发髻间。境况好者暗自欣喜，伤春感怀者则顾影自怜。这曾经飘荡在历史深处的“清婉可听”的卖花声，甚至会成为江南城市记忆中不可缺少的景色。

作为以农耕经济为基础的中国传统服饰，其文化形态必然会有所反映。节令物将时令鲜花、缤纷彩蝶按时节插饰在发髻间，不仅能够反映自然景观的轮回，还能浓缩出“天人合一”的气象。高兴到极致，人们还会将四季花卉合并在一起，集中呈现，体现出一派生机盎然的景致与喜气。这是长期受农耕文化浸染，而深植于中国古人内心的不可磨灭的情怀。为了凑足一年的节令风景，又因为鲜花价格昂贵，鲜荣瞬息，枯萎无常，所以中国古人剪彩为花，扎帛成朵，雕金嵌宝，便成为一种顺应自然的必然手段。查看实物，凭手工制作的花朵也都鲜活自然，充满灵气，这与中国古人细致观察和匠心独特的手工技艺密不可分。

当然，古人也有用鲜花象征身份，释放情绪，怀念亲人的习惯。中国古人在漫长的社会物质生活发展过程中，逐步将花卉、节令物和中国文化相结合，创造了丰富而多彩的文化内涵。

第一章 纤手摘芳

夜来微雨洗芳尘，公子骅骝步贴匀。莫怪杏园憔悴去，满城多少插花人。

（杜牧《杏园》）

中国先民簪花装饰，究竟始于何时，已难考索。在生产力尚不发达的原始社会，生活资料极度匮乏，摆在人们面前的首要问题是如何获取更多的生存资料。人们最需要的内容，往往最易引起关注。这就可以理解，为什么朴实但不娇艳的豆荚花能够最早进入华夏先民的装饰题材。在河南陕县庙底沟、陕西华县泉护村、江苏邳县等文化遗址出土的彩陶上，就有很多以圆点、弧边三角方式绘画的豆荚、花瓣和花蕾纹样〔1·1〕〔1·2〕。这些纹样线条概括、造型朴实，对称与连续法则运用熟练。

其实也不难理解，因为当人类尚在为如何生存而挣

1·1 大汶口类型彩陶钩叶圆点纹钵
约前4500—前2500年，江苏邳县出土

1·2 大汶口文化花瓣纹壶彩陶

扎的时候，人们更愿意用那些与猛兽相关的材料作为佩饰，以期在精神上获得力量和庇护，花朵虽然好看，但并不能带来现实帮助。这就是为什么我们能够在北京山顶洞人和辽宁海城小孤山的遗址中发现兽牙串饰的原因〔1·3〕。因为祭祀需要，远古先民也有用鸟羽做头饰的例子。在浙江省余杭县瑶山良渚文化遗址所出的冠形玉饰上，就有头戴羽冠的人面纹样〔1·4〕。这与以祭“天”为重点的原始宗教信仰有关。中国先民相信主宰万物的神存在于天上，“鸟”在“祭天”时，是有助于人与天上神灵的特殊媒介。

除了现实原因，中国先民最初的发式为自然下垂的“披发”式样。这也阻碍了簪花饰发的可能性。例如，1973年甘肃秦安大地湾出土的一件人头形彩陶瓶❶所表现的人物发型就为前额修剪过的披发式样〔1·5〕。显而易见，披发是无法插戴鲜花的，只有将头发束起来，才具备簪花的条件。

鲜花很难长久保存，所以我们尚不能因没有直接证据而断言：中国远古先民没有簪花风尚。但至少可以明确的是，虽然有个别还不能定论的孤例（详见第三

❶ 仰韶文化庙底沟类型，距今有五千年。

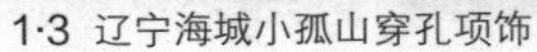
1·3 辽宁海城小孤山穿孔项饰

1·4 良渚文化冠形玉饰上头戴羽冠的线雕人面纹样

1·5 人头形器口彩陶瓶

章），但在目前笔者掌握的相关考古资料中还没有中国远古时期即已流行簪花的实证。如果将花叶形的步摇首饰也算作簪花的话，我们最多也只能将华夏先民簪花的历史推至春秋战国。这或许与我们的想象有所差距。当然，这里讲的是以装饰为目的的簪花，而不是为了祈福和降神的目的。

文献中最早出现“步摇”一词是战国宋玉所著《风赋》中“主人之女，垂珠步摇”的描写。到了汉代，步摇更是被列入女子礼服范畴。贵族女性们只在发髻上簪插步摇、花钗等像生花。簪插真花只是侍女与庶民的事情。东晋葛洪辑《西京杂记全译》：“汉武帝宫人贾佩兰，九月九日佩茱萸，食蓬饵，饮菊花酒，云令人长寿。盖相传自古，莫知其由。”[1]茱萸又名“越椒”“艾子”，是一种常绿带香的植物，具备杀虫消毒、逐寒祛风、吉祥避邪的功能。在每年的重阳节，汉朝人除了爬山登高，还要饮菊花酒，折茱萸花饰发，在手臂上系带茱萸囊，用以辟邪去灾，延年增寿。在川蜀地区出土了许多簪茱萸的东汉妇女人物俑，如重庆江北工农公社向阳大队M1东汉庖厨侍奉女陶俑〔1·6〕、四

[1] ［东晋］葛洪辑，成林、程章灿译注：《西京杂记全译》卷三，106页，贵阳，贵州人民出版社，1993。

1·6 东汉庖厨侍奉女陶俑
重庆中国三峡博物馆收藏，高45厘米、宽32厘米

1·7 东汉提罐捧物女陶俑
新都区杨升庵区博物馆收藏，高69厘米、长27厘米、宽10厘米

1·8 东汉执镜女陶俑

1·9 东汉献食陶俑

1·10 东汉 箕女陶

川成都新都区东汉提罐捧物女陶俑〔1·7〕、四川成都永乐东汉墓执镜女陶俑〔1·8〕、重庆化龙桥东汉献食陶俑〔1·9〕和四川省忠县持簸箕女陶俑〔1·10〕，等等，都在头部簪插茱萸花。多者四五朵，少者一两朵。其实，这些陶俑正是现世生活中簪花习俗的真实反映。在汉代，用茱萸纹样装饰的纺织品也十分流行。在湖南长沙马王堆一号汉墓出土的纺织品中就有茱萸纹刺绣绢，用朱红、土黄、深土黄色丝线，在绢上绣茱萸花〔1·11〕。

除了簪插茱萸，汉代閬人（今广州）也有用彩色丝线将茉莉花穿成串戴在头上闻香的风俗。汉初政论家陆贾所著《南越行纪》中就有记载。晋人嵇含《南方草木状》卷上："耶悉茗花、末利花，皆胡人自西国移植于南海，南人怜其芳香，竞植之。陆贾《南越行纪》曰：'南越之境，五谷无味，百花不香。'此二花特芳香者，缘自胡国移至，不随水土而变，与夫橘北为枳异矣。彼之女子，以彩丝穿花心，以为首饰。"❶广州东汉墓出土女舞俑头部的高大髻上就插满四瓣花朵，其形状很像茉莉花〔1·12〕。《晋书·后妃传·成恭杜皇后》："三吴女子相与簪白花，望之如素柰"❷，文

❶ ［清］梁廷楠著，杨伟群校点：《南越五主传及其它七种》，57页，广州，广东人民出版社，1982。

❷ ［唐］房玄龄等：《晋书》，三二卷，974页，北京，中华书局，1996。

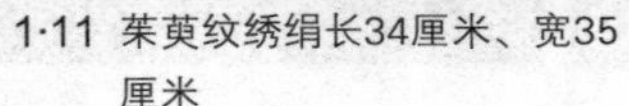
1·11 茱萸纹绣绢长34厘米、宽35厘米

1·12 东汉女舞俑

中“三吴女子”所簪的白花很可能就是指茉莉花。

魏晋时期，中国古人簪花的种类逐渐丰富，如梁简文帝《和人渡水诗》：“带前结香草，鬟边插石榴”，簪花的目的也不再局限于避邪和祈福。在这一时期的文献中，簪花内容逐渐多了起来。美女“插花”是一件极其值得称道的事，南朝梁袁昂《古今书评》：“卫常书如插花美女，舞笑镜台。”❶

真正对簪花起到推波助澜作用的是佛教的广泛传播。在魏晋、隋、唐时期的敦煌壁画中，经常可见头戴“花鬘”的菩萨、飞天、伎乐、舞伎等人物形象，如莫高窟初唐第321窟飞天、莫高窟盛唐第368窟飞天和榆林窟五代第36窟天女满首饰花。在敦煌出土绢画《引路菩萨》〔1·14〕中被引的引路菩萨头上就戴着花鬘冠。❷在唐代文献中，也有许多关于西域异族男女头戴花鬘的记载，《旧唐书》卷一九七《南蛮传》：“（临邑国）王著日毡古贝，斜络膊，绕腰，上加真珠金锁，以为璎络，卷发而戴花”❸“（婆利国）玉戴花形如皮弁”❹等诸多记载❺。唐代高僧❻玄奘《大唐西域记》卷二亦有：“（印度人）首冠花鬘，身佩璎珞。”“国王、大臣服

❶ 李昉编纂，夏剑钦校点：《太平御览》卷七四八，31页，石家庄，河北教育出版社，2000。

❷ 此绢画被斯坦因从敦煌持去，现藏伦敦大英博物馆，原作可参见斯坦因《西域考古记》卷前插图。

❸ ［后晋］刘昫等：《旧唐书》卷一九七，5269页，北京，中华书局，1975。

❹ ［后晋］刘昫等：《旧唐书》卷一九七，5271页，北京，中华书局，1975。

❺ ［后晋］刘昫等：《旧唐书》卷一九九《东夷传》）：“（百济国）其王……乌罗冠，金花为饰……官人尽绯为衣，银花饰冠。”5329页，北京，中华书局，1975。《新唐书》卷二二二下《南蛮传》：“（骠王）戴金花冠、翠冒，络以杂珠。”（接下页）

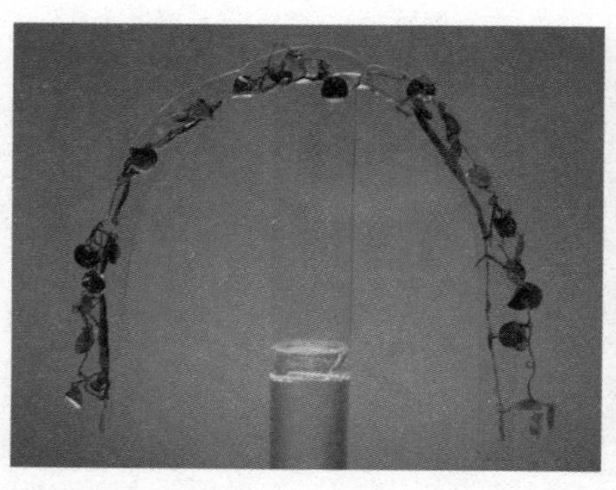

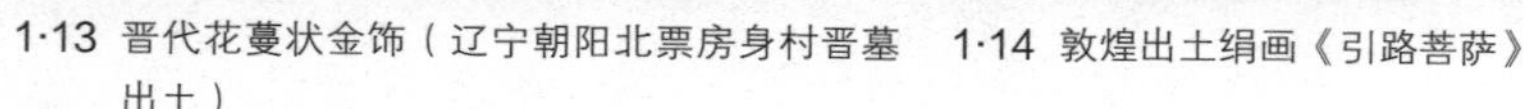

1·13 晋代花蔓状金饰（辽宁朝阳北票房身村晋墓出土）

1·14 敦煌出土绢画《引路菩萨》

玩良异，花鬘宝冠以为首饰，环钏璎珞以作身佩”文中“花鬘”即是指敦煌壁画中套于人物头上的花环。在辽宁朝阳北票房身村晋墓出土有花蔓状金饰两件，上面悬挂有圆形金叶片，与步摇共用，疑为冠上的围饰。❶

花鬘也称“华蔓”〔1·13〕，不仅可戴在头上，也可戴在身上。《佛学大辞典》“华蔓”条称：“印度风俗男女多以花结贯饰首或身，谓之俱苏摩摩罗（Kusum-am ala），因而以为庄严佛前之具。”❷

簪花发展至唐代，已经成为一种比较常见的社会风气。其文化内涵和表现形式也更为丰富多样。据记载，唐明皇亲自为杨贵妃插头花。宋人杨巽斋《茉莉》也曾吟过：“谁家浴罢临妆女，爱把闲花插满头。”唐代贵妇簪花形象如敦煌130窟唐代乐廷环夫人太原王氏供养人像。其中人物盛装礼服，锦绣衣裙，帔帛绕肩，束腰长带，发髻簪花数枝，气度端庄，雍容富贵〔1·15〕。此外，在阿斯塔那出土《弈棋仕女图》中贵妇髻上都簪有十瓣绿叶组成的花朵〔1·16〕。

此时，还出现了一种专属妇女的簪花斗花比赛。据《开元天宝遗事》卷三载：“长安士女，于春时斗花，

（接上页）6308页，北京，中华书局，1975。“（骠国乐工）冠金冠，左右珥珰，绦贯花鬘，珥双簪，散以毳。”“（南诏）舞人……，首饰抹额，冠金宝花鬘。”6310页，北京，中华书局，1975。“（雍羌）……冠金冠，左右珥珰，绦贯花鬘，珥双簪，散以毳。”6314页，北京，中华书局，1975。

❻［唐］玄奘著，季羡林注：《大唐西域记校注》卷二，176~177页，北京，中华书局，1985。

❶ 陈大为：《辽宁北票房身村晋墓发掘简报》，载《考古》，1960（1），24~26页。

❷ 丁福保：《佛学大辞典》卷十二，2107页，上海，上海书店出版社，1991。

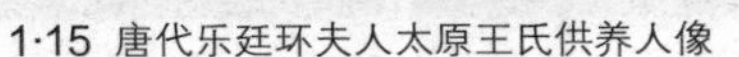

1·15 唐代乐廷环夫人太原王氏供养人像

1·16 ［唐］《弈棋仕女图》

1·17 李宪墓中壁画仕女

戴插以奇花，多者为胜。皆用千金市名花，植于庭苑中，以备春时之斗也。”❶当然，除了这种备春而植的上层豪门浪掷千金的斗花活动，还有许多民间的斗花之戏。例如，在敦煌地区，民间春日簪花斗新斗奇的活动亦颇盛行。有敦煌歌辞《斗百草》可证：

一、建寺祈谷生，花林摘浮郎。有情离合花，无风独摇草。喜去喜去觅草，色数莫令少；二、佳丽重阿臣，争花竞斗新。不怕西山白，惟须东海平。喜去喜去觅草，觉走斗花先；三、望春希长乐，商楼对北华。但看结李草，何时怜颉花？喜去喜去觅草，斗罢月归家；四、庭前一株花，芬芳独自好。欲摘问旁人，两两相捻取。喜去喜去觅草，灼灼其花报。❷

唐代初期，人们簪花多为点缀，即使是“满头”插花也多用小花，如陕西唐太子李宪墓中壁画仕女发髻上多插一枝或几枝小红花，为乌黑浓密中点一撮鲜色〔1·17〕。又如，河南安阳太和三年（829）赵逸公墓天井东壁壁画仕女髻上也都簪花朵。其形象正符合诗仙

❶ ［五代］王仁裕撰，曾贻芬点校：《开元天宝遗事——唐宋史料笔记》，49页，北京，中华书局，2006。

❷ 高国藩：《敦煌曲子词欣赏》，320页，南京，南京大学出版社，2001。

1·18 《簪花仕女图》中头戴牡丹的贵妇

1·19 《簪花仕女图》中头戴荷花的贵妇

1·20 《簪花仕女图》中头戴海棠花的贵妇

1·21 《簪花仕女图》中头戴芍药的贵妇

李白《宫中行乐词》中所称的“山花插宝髻，石竹绣罗衣”。到了唐代中后期，开始流行簪插大朵花。唐代周昉《簪花仕女图》中仕女的高髻上皆簪插盛开的牡丹、荷花、芍药与海棠等花朵。鲜艳怒放的花朵，正与晚唐女性头上乌黑的峨峨高髻形成对比〔1·18~1·21〕。其中一妇女头戴的芍药很可能就是苏鹗《杜阳杂编》提到的“轻金之冠”，徐夤有诗题作《银结条冠子》：“日下征良匠，宫中赠阿娇。瑞莲开二孕，琼缕织千条。蝉翼轻轻结，花纹细细挑。舞时红袖举，纤影透龙绡。”按照诗人描述，这种莲冠蝉翼轻薄，琼缕千条，精细且轻。

在白沙宋墓壁画第一号墓前室东壁阑额下绘有女乐十一人，左侧立上排第三弹琵琶者髻上也簪戴一朵硕大的花冠，冠下插簪饰〔1·22〕。另外，麦积山五代壁画、宋人绘《女孝经图》等绘画中都有当时女性头簪大花的形象〔1·23、1·24〕。

实行文人治国政策的赵宋王朝，因商业的繁荣和士大夫阶层的兴起而促成了宋人爱花、养花的社会风气。商业繁荣，城市发达，带来了花卉产业的空前繁荣。簪花也成为一个无关性别、年龄与身份的集体风尚。

1·22 白沙宋墓壁画上头戴团冠、花冠的女性形象

1·23 麦积山五代壁画中头戴花冠的女性形象

1·24 宋人绘《女孝经图》

1·25 ［宋］李嵩《花篮》

宋代花卉绘画也达到了前所未有的新高度。南宋李嵩《花篮》绘藤编花篮一只，篮中插满各种春花，如牡丹、茶花等〔1·25〕。画法极为精工，设色浓丽，展示了宋代院体花鸟画的精致与写实。宋代欧阳修《洛阳牡丹记》记载，北宋的洛阳以产牡丹闻名，“春时城中无贵贱皆插花，虽负担者亦然。”❶宋代诗词中关于簪花的内容更是多不胜数。

❶ 欧阳修《洛阳风俗记》：景印文渊阁四库全书. 子部. 谱录类. 27册，845~846页。

折寄陇头春信。香浅绿柔红嫩。插向鬓云边，添得几多风韵。但问。但问。管与玉容相称。

（［宋］石孝友《如梦令》）

玉奁收起新妆了。鬓畔斜枝红袅袅。浅颦轻笑百般宜，试著春衫犹更好。裁金簇翠天机巧。不称野人簪破帽。满头聊插片时狂，顿减十年尘土貌。

（［宋］周邦彦《玉楼春》）

鸠雨细，燕风斜。春悄谢娘家。一重帘外即天涯。何必暮云遮。钏金寒，钗玉冷。薄醉欲成还醒。一春梳洗不簪花。孤负几韶华。

（［宋］许棐《喜迁莺》）

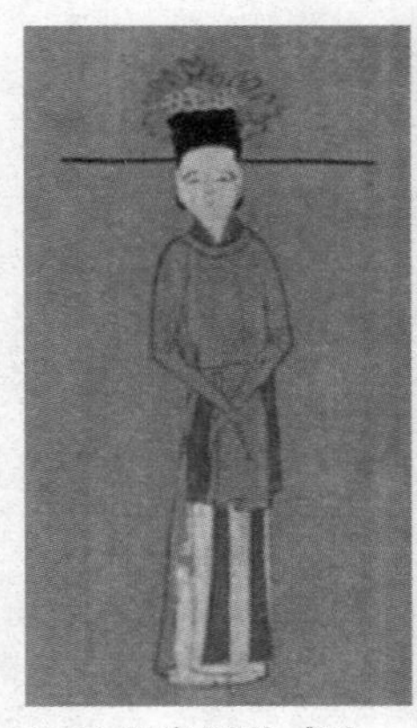

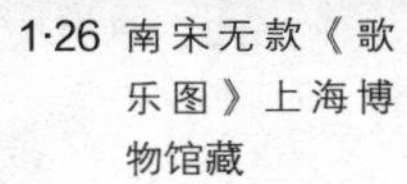

1·26 南宋无款《歌乐图》上海博物馆藏

1·27 宋人绘《杂剧图》

因为花枝插进松软的发髻里，无法长时间固定，所以，一般需要用发钗来固定才行：

东风催露千娇面。欲绽红深开处浅。日高梳洗甚时忺，点滴燕脂匀未遍。霏微雨罢残阳院。洗出都城新锦段。美人纤手摘芳枝，插在钗头和凤颤。

（［宋］柳永《木兰花·海棠》）

交刀剪碎琉璃碧。深黄一穗珑松色。玉蕊纵妖娆。恐无能样娇。绿窗初睡起。堕马慵梳髻。斜插紫鸾钗。香从鬓底来。

（［宋］侯寘《菩萨蛮·簪髻》）

金钗鲜花相互映衬，应是一番别样精致的风景。

《宋史·舆服志》曰："楪头簪花，谓之簪戴。"❶簪花，又叫插花、戴花，即把花朵插戴于发髻或帽冠之上。如果头上戴冠或帽，那么宋人也会将花插在冠帽外侧。例如，南宋无款《歌乐图》〔1·26〕、宋人绘《杂剧图》〔1·27〕和偃师酒流沟宋墓出土杂剧

❶［元］脱脱等：《宋史·舆服志》卷一五三，3569页，北京，中华书局，1976。

1·28 偃师酒流沟宋墓出土杂剧人物砖刻

人物砖刻中的簪花女性形象〔1·28〕。后者人物头戴小帽，脑侧簪有花叶，腰后插有团扇一把，她双手抱拳于胸前，做打揖状站立。身着长衫，腰部系有帕带一条，足下蹬平底靴，人物头部外上方，有字牌一个上书“丁都赛”三字。据宋代文献记述，丁都赛是北宋末年开封著名杂剧艺人，平时在“瓦子”中表演。每逢元宵节，皇城门前搭建露天戏台演戏，丁都赛等民间艺人都要登台献技，被称为“露台弟子”。砖雕所反映的正是丁都赛表演戏曲时的情景。从图像上看，这些花朵应该是别插于鬓旁耳侧。

在《水浒传》中描写的梁山好汉里，就有很多喜欢簪花的人物，例如：

小霸王周通“头戴撮金尖干红凹面巾，鬓旁边插一枝罗帛像生花”❶；

短命二郎阮小五“斜戴着一顶破头巾，鬓边插朵石榴花”❷；

病关索杨雄“鬓边爱插翠芙蓉”❸；

一枝花蔡庆“巾环灿烂头巾小，一朵花枝插鬓

❶［明］施耐庵：《水浒传》第五回，77页，北京，人民文学出版社，2005。

❷［明］施耐庵：《水浒传》第一五回，187页，北京，人民文学出版社，2005。

❸［明］施耐庵：《水浒传》第四四回，590页，北京，人民文学出版社，2005。

1·29 彩绘陶持巾男侍俑和彩绘陶提盆男侍俑

傍”“这个小押狱蔡庆，生来爱戴一枝花，河北人氏，顺口都叫他做一枝花蔡庆。”❶“头巾畔花枝掩映”❷；

没面目焦挺“绛罗巾帻插花枝”❸；

金枪手徐凝“金翠花枝压鬓旁”❹。

❶ ［明］施耐庵：《水浒传》第六二回，823页，北京，人民文学出版社，2005。

❷ ［明］施耐庵：《水浒传》第七六回，990页，北京，人民文学出版社，2005。

❸ ［明］施耐庵：《水浒传》第七六回，988页，北京，人民文学出版社，2005。

❹ ［明］施耐庵：《水浒传》第七六回，990页，北京，人民文学出版社，2005。

与宋同时期的金人受中原风气影响，也以簪花为尚。赵秉文《戴花》：“人老易悲花易落，东风休近鬓边吹”。至元代，簪花习俗仍旧流行，诗词中簪花的内容颇为丰富，元好问《辛亥九月末见菊》诗云：“鬓毛不属秋风管，更拣繁枝插帽檐。”张可久《春日简鉴湖诸友》小令：“簪花帽，载酒船，急管间繁弦。”强珇《西湖竹枝词》：“湖上女儿学琵琶，满头多插闹妆花。”又，张渥《次友人韵》：“舞衫歌袖奏红纱，一朵春云带晚霞。尽日无人见纤手，小屏斜倚笑簪花。”白朴《失题》诗：“朱颜渐老，白发凋骚，则待强簪花，又恐傍人笑。”

在1963年河南焦作元墓出土彩绘陶持巾男侍俑和彩绘陶提盆男侍俑〔1·29〕。该陶俑人物都身穿白色圆领窄袖长袍，头戴黑色幞头插花饰。同墓出土的彩绘捧奁

1·30 ［明］唐寅《王蜀宫伎图》局部绢本，长124.7厘米、宽63.6厘米

女侍俑也是头戴花冠。这或许就是元代官服制度中的金花幞头。此外，在元山西洪洞县广胜寺和山西稷山县青龙寺壁画中都有头上簪花的贵妇形象。

到了明代，贵族女性还保留着簪花的风尚。如明代《烬宫遗录》中载："后喜簪茉莉，坤宁有六十余株，花极繁。每晨摘花簇成球，缀于鬟髻。"[1]其形象如唐寅绘《王蜀宫妓图》〔1·30〕，该画题跋云："莲花冠子道人衣，日侍君王宴紫微。花柳不知人已去，年年斗绿与争绯。蜀后主每于宫中裹小巾，命宫妓衣道衣，冠莲花冠，日寻花柳以侍酣宴……"图中所绘是五代前蜀后主王衍后宫场景，图中四个整妆待召的宫女，其中左边人物头戴的就是莲花冠，发髻间插有茉莉花，体貌丰润中不失娟秀。

除了绘画作品，明代壁画中簪花的人物也比较常见，如宝宁寺明代水陆画《大威德步掷明王图》中竖发怒目的掷明王足下的一少女头上就簪有一朵红色的牡丹花〔1·31〕；《大梵天无色界上天并诸天众图》中前排手捧经卷的诸天头顶冠上有一朵红色花朵〔1·32〕；《六道四生一切有情精魂众图》[2]〔1·33〕中也有一位头

[1] ［明］无名氏：《烬宫遗录》，20页，张钧衡辑：《适园丛书》第一集，民国乌程张氏刊本。

[2] 六道、四生系佛教名词，佛教把众生分为天、人、阿修罗、地狱、饿鬼、畜生六类。四生指生物的胎生、卵生、湿生、化生。

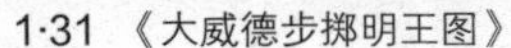
1·31 《大威德步掷明王图》

1·32 《大梵天无色界上天并诸天众》

1·33 《六道四生一切有情精魂众图》

上簪花，手捧鲜花的少女形象〔1·33〕。

到了清代，簪花风俗虽然日趋衰落，但在某些地区仍然保留，如朴趾源在《热河日记》中记载了满族妇女“五旬以上”犹“满髻插花，金钏宝珰”。❶即便年近七旬，甚至“颠发尽秃，光赭如匏”仍“寸髻北指，犹满插花朵”。在辽北地区，有些汉族妇女甚至在发髻上插一个内装清水的小瓶，瓶内再插上数枝鲜花，生机盎然。此时，欧洲女服也有在帽子〔1·34〕和领巾上饰花的习俗，其风格和方式与中国相去甚远。

❶ ［清］朴趾源著，朱瑞平校点：《热河日记》，20页、23页，上海，上海书店出版社，1997。

1·34 18世纪欧洲女服帽子和领巾上的花饰

第二章 簪花饰首

明珠翠羽帐，金薄绿绡帷。因风时暂举，想像见芳姿。清晨插步摇，向晚解罗衣。托意风流子，佳情讵可私。

（［南朝·梁］沈满愿《戏萧娘》）

清人李渔在《闲情偶寄》中称："簪珥之外，所当饰鬓者，莫妙于时花数朵，较之珠翠宝玉，非止雅俗判然，且亦生死迥别。《清平调》之首句云：'名花倾国两相欢'，欢者喜也。相欢者，彼既喜我，我亦喜彼之谓也。国色乃人中之花，名花乃花中之人，二物可称同调，正当晨夕与共者也。汉武云：'若得阿娇，贮之金屋。'吾谓金屋可以不设，药栏花榭则断断应有，不可或无。富贵之家，如得丽人，则当遍访名花，植于阃内，使之旦夕相亲，珠围翠绕之荣不足道也。晨起簪花，听其自择，喜红则红，爱紫则紫，随心插戴，自然合宜，所谓两相欢也。寒素之家，如得美妇，屋旁稍有隙地，亦当种树栽花，以备点缀云鬓之用。他事可俭，此事独不可俭。”❶可见清人簪花风气之盛。

步摇

与簪戴真花的历史相比，中国女性使用花形首饰的历史似乎更早一些。楚人宋玉在《风赋》中已写出“垂珠步摇”的诗句❷。想必，这时人们已经开始簪戴步摇了。汉末刘熙《释名·释首饰》中解释：“步摇上有垂珠，步则摇动也”❸可知，因其上缀垂珠之饰，人动则摇曳，故名“步摇”。后人也多沿袭这种说法，如五代马缟《中华古今注》卷中载：“殷后服盘龙步摇，梳流苏，珠翠三服，服龙盘步摇，若侍去梳苏，以其步步而摇，故曰‘步摇’。”❹

在汉代，步摇是属命妇礼服范畴的首饰。此时，男服、女服基本同形，而男子戴冠、女子插笄是此时性别差异的标志。据《后汉书·舆服志》载：皇后谒庙、助蚕时，头戴的步摇“以黄金为山题，白珠珰绕，以翡翠

❶ ［清］李渔著，沈勇译注：《闲情偶寄》声客部，治服，33页，北京：中国社会出版社，2005。

❷ 宋玉《风赋》：“主人之女，翳承日之华，披翠云之裘，更披白縠之单衫，垂珠步摇。”

❸ ［汉］刘熙：《释名》，74页，北京，中华书局，1985。

❹ ［五代］马缟：《中华古今注》，100页，北京，中华书局，2012。

2·1 洛阳东汉墓壁画中发髻上插“副笄六珈”的女性

2·2 西汉马王堆帛画中头戴步摇的贵妇

2·3 甘肃武威西晋墓出土金步摇

为华云，贯白珠为桂枝相缪。一爵九华，以翡翠为毛羽的熊、虎、赤罴、天禄、辟邪、南山丰大特六兽。”❶这即是《周礼》中所谓的“副笄六珈”。《毛诗传》曰：“副者，后夫人之首饰，编发为之。笄，衡笄也。珈，笄饰之最盛者，所以别尊卑。”❷在洛阳东北郊朱村东汉晚期墓壁画中，就有在发髻上插“副笄六珈”的女性〔2·1〕。按照文献记载，步摇应是在金博山状的基座上安装的桂枝，枝上悬挂有白珠，并饰以鸟雀和花朵，或再辅以叶片。在湖南长沙西汉马王堆墓出土的帛画中有头戴步摇的女主人〔2·2〕。其实物如甘肃武威西晋墓出土金步摇〔2·3〕。它是在一个四枚披垂的花叶基座捧出一簇八根弯曲的细枝，除中间一茎立一只小鸟外，其余枝条顶端或结花朵，或结花蕾。这与马王堆汉墓帛画中墓主人头戴首饰颇为相似。

到了魏晋南北朝时，传统审美观念受到挑战，妆饰趋于奢侈，发髻崇尚高大，《晋书·五行志》：“太元中，公主妇女必缓鬓倾髻，以为盛饰。”❸髻上插有诸多饰件，其数目多寡成为区分尊卑身份的象征。步摇不再局限于贵族礼服，日常生活中也可簪戴，于是便有了

❶［宋］范晔：《后汉书》志三十，3676页，北京，中华书局，1965。

❷［清］马瑞辰撰，陈金生点校：《毛诗传笺通释》，169页，北京，中华书局，1989。

❸［唐］房玄龄：《晋书》卷二七，第三册，826页，北京，中华书局，1996。

2·4 《列女古贤图》之《有虞二妃》

2·5 《列女古贤图》之《周室三母》

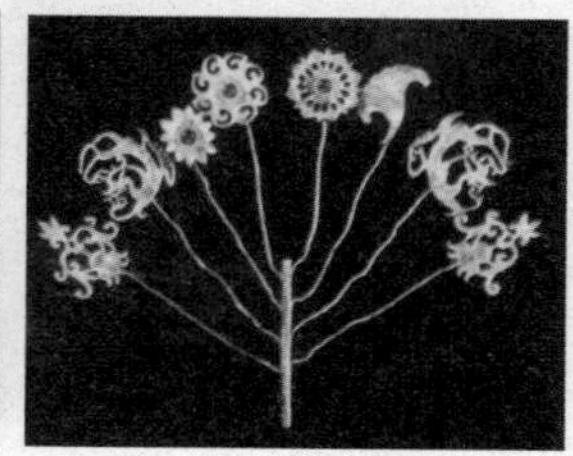

2·6 北齐时期嵌红琉璃金步摇

南朝梁沈满愿《戏萧娘》“清晨插步摇，向晚解罗衣”的诗句。此时，簪插步摇的图像已经比较常见。例如，在北魏司马金龙墓出土彩绘《列女古贤图》漆屏中《有虞二妃》〔2·4〕和《周室三母》〔2·5〕中就有魏晋时期“插花美女”的形象。图中女性梳大十字髻，头顶发髻上插三朵花、二枝叶。花、叶相隔，有序排列。这种簪插式样还保留着汉代的风格。其实物如比利时吉赛儿（Gisele Croes）在巴黎举办的展览上有一件北齐时期嵌红琉璃金步摇，高13.5厘米，宽17.5厘米，步摇顶部呈树枝状，一粗柄上放射散出8细枝，枝头顶端大致对称地装饰着图案化的花、姿态优美的降龙、荷叶以及3朵造型各异的莲花〔2·6〕。[1]

在传晋代顾恺之《列女仁智图》中女性发髻上也有二支步摇〔2·7〕。每支都有一主干，其上作花叶形。其实物见北票房身、朝阳王坟山、姚金沟、袁台子与西团山等七座鲜卑墓中均出土有金质步摇冠[2]。1957年，辽宁北票市房身村2号前燕墓曾出土金步摇冠两件〔2·8〕，一小一大：小的高14.5厘米，大的高28厘米，其基座均为透雕金博山；小的从基座上伸出12根枝条，

[1] 郑又嘉：《石雕金银器，巴黎现身》，载《典藏·古美术》，2005（9）。

[2] 少则一件，多则四件，多数是两件同一形制冠饰同出。

2·7 《列女仁智图》

2·8 金步摇

尚存金叶27片；大的16根，尚存圆形、桃形金叶30片。此类步摇冠后来又有发现，与这里出土的金步摇十分相似，都是在金博山上起金枝。有的上有十根金枝条，每枝梢头垂一金叶，共十片鸡心形金叶❶。还有的金博山上金枝螺旋形呈缠绕状直接向上，中间形成两侧横伸枝条，分成两层，主干顶端有五个分叉。这样的金枝枝条横出后再分叉，共垂缀四十余片金叶，显得富丽堂皇。

与此相类似的还有内蒙古乌兰察布盟达茂旗西河子北朝墓出土的马头鹿角金步冠和牛头鹿角金步摇冠各一件〔2·9〕。在马头额部原镶嵌料石，现已脱落，眉梢上端另加一对圆圈纹，每个枝梢挂桃形金叶一片。另一件头部轮廓似牛，角是由一个主根生出两个支根，再向上分出四个支根，每个枝梢上挂桃形金叶一片，共十四片。❷另外，在辽宁北票西官营子冯素弗墓中还出土有公元5世纪前期的金冠饰一件，其式样为在两条弯成弧形的管金片上十字相交处，安装扁球形叠加仰钵状的基座，座上伸出6根枝条，每根枝条上以金环系金叶3片。冠饰通高约26厘米，枝形步摇高约9厘米〔2·10〕。❸

除了这种枝叶形的步摇簪，还有簪首为花形的发

❶ 中国科学院考古研究所：《20世纪中国考古大发现》成都，四川大学出版社，2000。

❷ 孙机：《东周、汉、晋腰带用金银带扣》，见《中国圣火》，64页，沈阳，辽宁教育出版社，1996。

❸ 黎瑶渤：《辽宁北票西官营子冯素弗墓》，载《文物》，1973（3）。

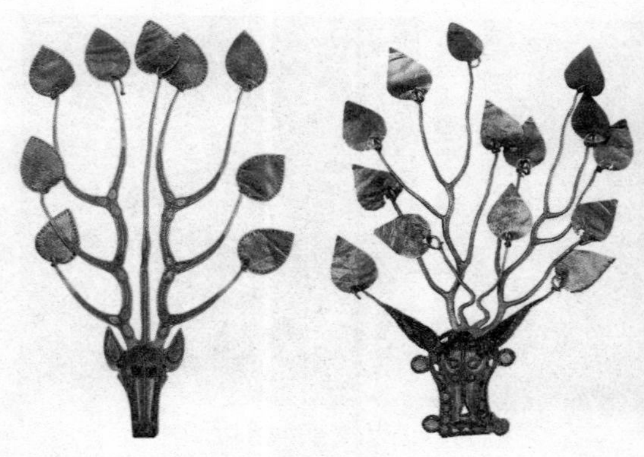

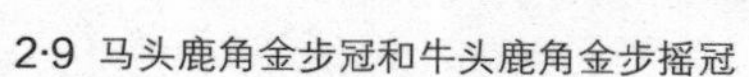

2·9 马头鹿角金步冠和牛头鹿角金步摇冠

2·10 十六国时期步摇冠

簪，如传顾恺之《女史箴图》中女性发髻上簪有二支笄首为花形的发簪〔2·11〕。魏晋时期实物尚未见到，但在宋明时期的考古出土实物中是非常普遍的首饰类型。这种发簪的簪脚很长，穿过发髻露出长长的簪脚，与此时女性发髻鬓角流行的“垂髾”或“分髾”相互呼应。

隋唐时期，贵族女性头上的装饰日益华美。有钱人家会用金银锤鍱出花朵的形状，固定在簪钗的头部，再插戴于绾起的发髻上。例如，陕西西安玉祥门外隋朝李静训墓出土的一件黄金闹蛾扑花❶。李静训之父李敏官至光禄大夫，母亲是周宣帝之女宇文娥英，外祖母杨丽华是隋文帝长女、周宣帝皇后。据墓志记载，李静训幼年在皇宫随外祖母生活，九岁卒于大业四年（608），葬于长安皇城西的休祥里万善道场。由于身份特殊，陪葬品极尽奢华。在其墓中，随葬大量金银玉器和瓷器、玻璃器等。该墓出土的黄金闹蛾扑花是由一簇簇六瓣花朵的小花组成，每枝花朵还缀一颗珍珠做花蕊〔2·12〕。上有一只大花蛾飞于花丛中，其下有三杈簪脚，可固定于发髻间。整个头饰制作精致，华贵灿烂，正如其墓志铭上所说：“戒珠共明并曜，意花与香佩俱芬。”

❶ 中国社会科学院考古研究所：《唐长安城郊隋唐墓》，图版10：3，北京，文物出版社，1980。

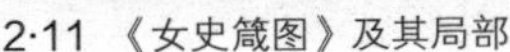

2·11 《女史箴图》及其局部

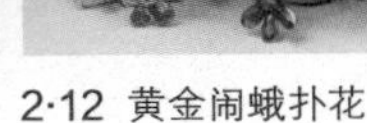

2·12 黄金闹蛾扑花

花钗

晚唐时期，妇女多体态丰腴，重视化妆，脸用粉与胭脂，画眉、贴花，使皮肤娇艳，发式丰富多彩，有倭堕髻、高髻、低髻、风髻、小髻、乌蛮髻、同心髻、花髻等。唐代还十分流行妇女头戴“假髻”，如吐鲁番地区出土唐代“假髻”实物，以麻布为衬里，把棕毛缠绕在麻布上制成〔2·13〕。因为发鬓高大，簪插的装饰也日益增多，这在当时的诗词中多有表现，如岑参《后庭歌》：“美人红妆争艳丽，侧垂高髻插金钿。”随着唐代金银工艺的成熟，出现了一种钗头錾刻、镂空成不同纹样花形的花钗。为了适应女性高髻，开始流行长达30～40厘米的长钗。钗是一种用来绾发的两根簪脚首饰。其安插有多种方法，有的横插，有的竖插，有的斜插，也有自下而上倒插的。所插数量也不尽一致，既可安插两支，左右各一支；也可插上数支，视发髻需要而定。通常，一副花钗纹样相同、两两相对，分别左右对称地插在发髻上。在敦煌出土绢画《引路菩萨》中菩萨身前的贵族女子头梳高髻，髻上有一支白花红蕊菊花状

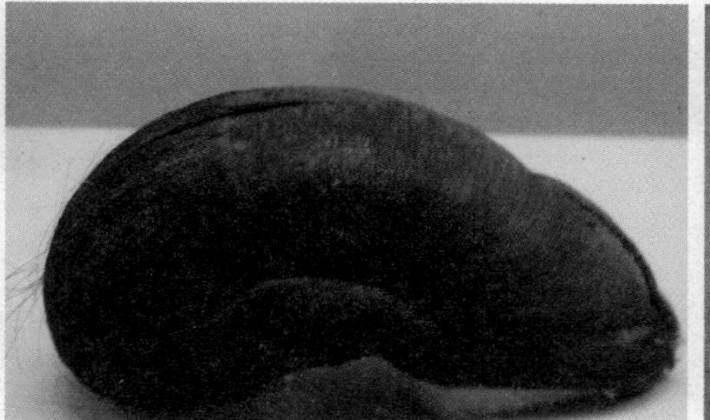

2·13 唐代妇女戴的“假髻”

2·14 《引路菩萨》中的贵族女子

的金钿，旁边插有三个黄色金钗。两侧发髻上，还有金钗的簪脚〔2·14〕。

唐代花钗作为地位等级的象征，佩戴的多寡有其定制。据《旧唐书·舆服志》记载：“内外命服花钗，施两博鬓，宝钿饰也”，“第一品花钿九树，翟九等。第二品花钿八树，翟八等。第三品花钿七树，翟七等。第四品花钿六树，翟六等。第五品花钿五树，翟五等。”钿钗礼衣“第一品九钿，第二品八钿，第三品七钿，第四品六钿，第五品五钿。”又，《唐六典》：“钿钗礼衣，外命妇朝参、辞见及昏会则服之”；“凡婚嫁花钗礼衣，六品以下妻及女嫁则服之”“其次花钗礼衣，庶人嫁女则服之。”❷《新唐书·车服志》：“庶人女嫁有花钗，以金银琉璃涂饰之。连裳，青质，青衣，革带，袜、履同裳色。”❸可见此类发饰的使用遍及当时社会的各个阶层，尤以宫中贵妇为甚。

花钗的佩戴者为贵族阶层而非大众百姓，因而其制作工艺、纹样都极尽奢华。通常而言，一副花钗纹样相同，簪戴时左右相对地插在发髻上。在錾刻镂空之前，手工艺者先绘制出粉本，通过粉本进行形态的复制，从

❶ ［后晋］刘昫等：《旧唐书》卷四五，1956页，北京，中华书局，1975。

❷ ［唐］李林甫等：《唐六典》尚书礼部，卷四，119页，北京，中华书局，1992。

❸ ［宋］欧阳修、宋祁撰：《新唐书》卷二十四，254页，北京，中华书局，1975。

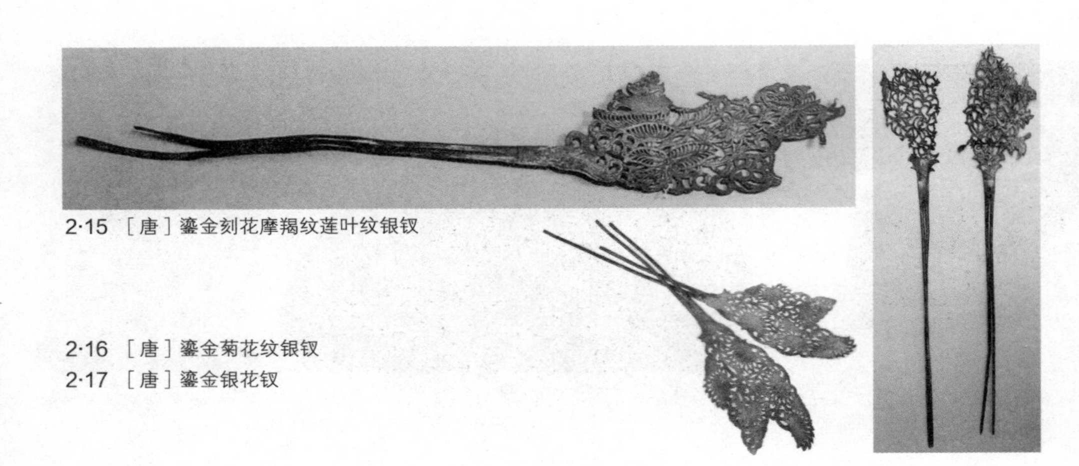
2·15 ［唐］鎏金刻花摩羯纹莲叶纹银钗

2·16 ［唐］鎏金菊花纹银钗
2·17 ［唐］鎏金银花钗

而使钗头两两纹样基本一样。其整体锤锞成型，通体鎏金，钗头采用錾刻、镂空工艺，做成不同纹样的花形，形态与今天人们常见的皮影、剪纸中的雕镂部分十分相似。制作时需要将花钗固定在胶版上，再用锋利的刻刀錾刻出来，剔除不要的部分。其实物如1952年陕西省博物馆收购吴云樵旧藏唐代鎏金刻花摩羯纹莲叶纹银钗和唐代鎏金菊花纹银钗〔2·15〕〔2·16〕。后者其一残长29.8厘米，最宽处7.5厘米，重30克。其二长34.5厘米，最宽处7.5厘米，重30克。簪头镂空五朵盛开的菊花，花朵间枝叶缠绕。又如，浙江长兴唐墓出土鎏金银花钗〔2·17〕和1956年西安南郊惠家村唐大中二年（848）墓出土鎏金蔓草蝴蝶纹银钗（见第八章 元夕·闹蛾）。

唐代还有凤鸟和佛教内容的花钗，如私人收藏的唐代迦陵频伽花鸟金钗和唐代凤鸟卷草纹金钗〔2·19〕。后者钗头底纹为卷草纹，右边是背生双翅、手捧花篮的迦陵频伽和，左边是花卉和枝叶。迦陵频伽，梵语kalavinka，巴利语karavi^ka，又作歌罗频伽鸟、羯逻频迦鸟、迦兰频伽鸟、迦陵毗伽鸟等，意译作好声鸟、美音鸟、妙声鸟。传说此鸟产于印度，本出自雪山，山谷

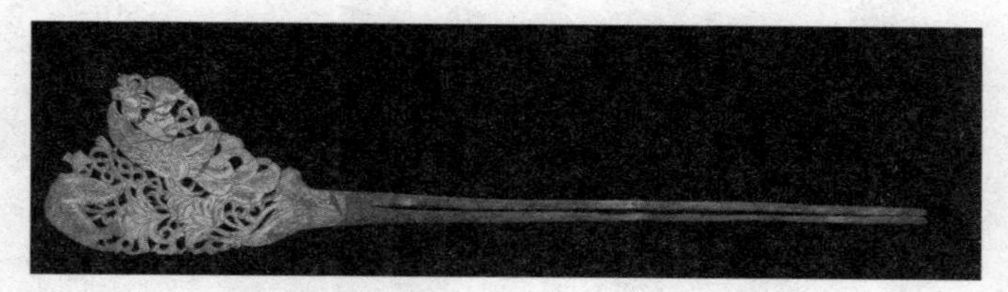
2·18 ［唐］迦陵频伽花鸟金钗

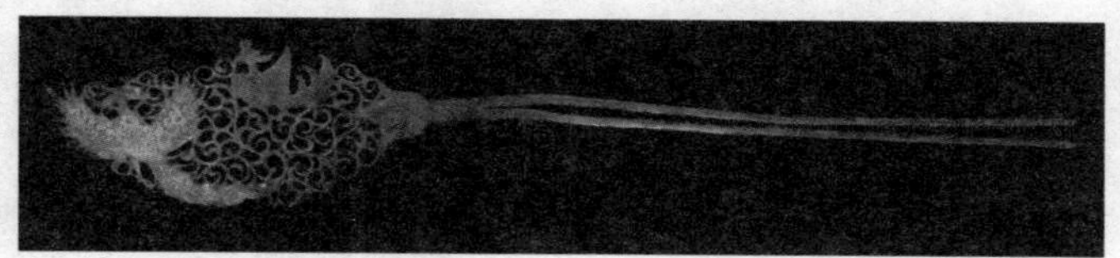
2·19 ［唐］凤鸟卷草纹金钗

旷野亦多。其色黑似雀，羽毛甚美，喙部呈赤色，在卵壳中即能鸣，音声清婉，和雅微妙，为天、人、紧那罗、一切鸟声所不能及。在佛教经典中，常以其鸣声譬喻佛菩萨之妙音。或谓此鸟即极乐净土之鸟，在净土曼荼罗中，作人头鸟身形。

唐代末期，工匠们将步摇与花钗的形式结合，新创制出来一种步摇花钗，即在花钗上吊坠步摇装饰。其一，安徽合肥南唐墓出土的南唐金镶玉步摇花钗〔2·20·a〕。其二，南唐金镶玉四蝶银步摇花钗，高23厘米，在鎏金的钗股上，以金丝镶嵌玉片，制成一对展开的蝴蝶翅膀。蝶翼之下和钗梁顶端也有以银丝编成的缀饰，极其精巧别致〔2·20·b〕。其三，1956年安徽合肥西郊南唐汤氏墓出土四蝶银步摇花钗，长19厘米，顶端有四蝶纷飞，下垂银丝编成饰有玉片的串饰。其四，安徽合肥五代墓出土的南唐银镶琥珀双蝶簪〔2·20·d〕。

这种步摇花钗有四种佩戴方式，第一种，插在发髻上前端，如传唐代画家周昉绘《簪花仕女图》中五位贵妇的云髻顶端都簪插鲜花，前侧则簪插步摇花钗〔2·21〕。又如，陕西省乾县唐永泰公主墓出土石刻也

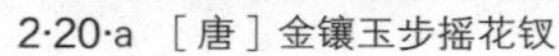
2·20·a ［唐］金镶玉步摇花钗

2·20·b ［唐］金镶玉四蝶银步摇花钗

2·20·c ［唐］四蝶银步摇花钗

2·20·d ［南唐］银镶琥珀双蝶簪

有发髻前面插步摇花钗的唐代仕女〔2·22〕。第二种，插在发髻的侧面，如1961年陕西省乾县永泰公主墓出土永泰公主阴线仕女画拓片〔2·23〕、唐代吴道子绘《送子天王图》中王后〔2·24〕和敦煌莫高窟61窟五代女供养人壁画的发髻侧面〔2·25〕。尤其是《簪花仕女图》中第二位仕女发髻侧下方簪的发钗与金镶玉步摇花钗颇为相似。第三种，插在发髻的后面，如江苏邗江蔡庄五代墓出土木俑的头后部还有簪插花钗的实物〔2·26〕。这与同墓出土的银鎏金花钗实物〔2·27〕极其相似。由此可见，每式花钗一式两件，花纹相同而方向相反，分辨左右分插。第四种，从发髻顶端往下簪插，如湖北武昌第283号唐墓出土唐俑发髻顶部有插花钗花孔〔2·28〕。

唐代的步摇花钗到了宋代演变成女性发髻两边展开的博鬓。其实物如四川阆中市双龙镇宋墓出土一支金步摇，也称"博鬓簪"，长约23厘米〔2·29〕。钗首为镞镂打制纹样相同的两片金片扣合而成，两道连珠纹勾出卷草边框，镂刻芙蓉、牡丹和菊花等形，外镶框又饰荷叶和花果。下缘做出两相扣合的六个小系，系下悬

2·21 《簪花仕女图》局部

2·22 头插步摇花钗的唐代仕女

2·23 永泰公主阴线仕女画拓片

2·24 《送子天王图》之王后

2·25 五代女供养人壁画

2·26 ［五代·南唐］木俑背景

2·27 ［五代］树叶形錾花银钗

2·28 唐俑发髻顶部的花钗花孔

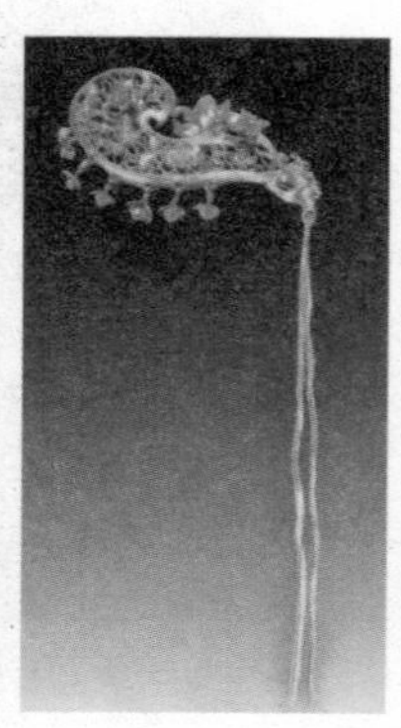

2·29 宋代金步摇

2·30 《宋宣祖杜皇后坐像》南薰殿旧藏

2·31 《宋高宗皇后像》南薰殿旧藏

2·32 ［明］唐寅《吹箫仕女图》局部

2·33 “双凤翊龙冠”插图北京市文物局藏

2·34 《孝安皇后像》南薰殿旧藏

2·35 《孝贞纯皇后像》南薰殿旧藏

2·36 西汉金花饰片云南省博物馆藏　2·37 西汉S形金饰片云南省博物馆藏　2·38 魏晋金钿

一溜六枚带着叶子的小桃。钗脚另外打制，然后与钗首套接。在南薰殿旧藏《宋宣祖杜皇后坐像》〔2·30〕和《宋高宗皇后像》〔2·31〕中均有博鬓的形象。明代亦沿袭此式样花钗，如唐寅《吹箫仕女图》中的仕女图像〔2·32〕。《中东宫冠服》中"双凤翊龙冠"的两后侧也有博鬓〔2·33〕，与之对应的南薰殿旧藏《孝安皇后像》〔2·34〕、《孝贞纯皇后像》中首服式样〔2·35〕。

花钿

除了步摇和花钗，自魏晋以来，还流行一种叫"金钿"饰品。《说文》："钿，金华也。"[1]古时"华"通"花"，故金钿也称"金花"。又因其多以花卉为型，故也称花钿。

汉代金钿实物如1956年云南晋宁石寨山6号墓出土西汉金花饰片〔2·36〕和云南晋宁石寨山10号墓出土西汉S形金饰片〔2·37〕。前者以金片镂空錾刻出五枚连珠金花，金花上錾刻小连珠纹一圈。魏晋时期的金钿实物更多，如湖南长沙晋墓出土金钿〔2·38〕。此外，山

[1] ［汉］许慎：《说文解字》金部，299页，北京，中华书局，1963。

2·39 ［唐］张萱《捣练图》局部

2·40 ［唐］提篮侍女陶塑局部

临沂洗砚池M2号晋墓出土了八件桃形金叶和部分金饰残件❶。1972年南京大学东晋墓出土的金饰片发掘报告称："桃形金片32片。均用薄仅0.3毫米左右的金片剪成，尖端有小孔，可以穿系。这种金片有大小两种：大的长1.6厘米、宽1.3厘米，重0.23～0.3克不等；小的长1.3厘米、宽1厘米，重0.12克左右。"❷这种桃形金片曾发现于洛阳的西晋元康七年（297）徐美人墓中❸，又见于长沙东晋宁康三年（375）刘氏女墓❹。

唐代女性流行梳高髻，式样丰富繁复，且喜在发髻上面点缀花钿和插饰发梳。花钿实物如唐人张萱《捣练图》〔2·39〕中仕女和四川大学博物馆藏唐代提篮侍女陶塑发髻的花钿〔2·40〕。另外，阿斯塔纳村古墓群编号第206号张雄夫妇墓出土涂黑漆木胎假髻〔2·41〕与吐鲁番唐墓出土纸胎假髻〔2·42〕上都绘着精致、繁缛的金色花纹。这与江苏南京南唐二陵墓出土陶俑的高髻式样相同〔2·43〕。

最多的唐代贵族女性发髻上花钿多达数百枚，超出今人的想象，如陕西西安理工大学曲江新校区唐李倕墓墓主人头骨上部出土了大大小小有370多个花钿饰

❶ 山东省文物考古研究所、临沂市文化局：《山东临沂洗砚池晋墓》，载《文物》，2005（7）。

❷ 南京大学历史系考古组：《南京大学北园东晋墓》，载《文物》，1973（4）。

❸ 河南省文化局文物工作队第二队：《洛阳晋墓的发掘》，载《考古学报》，1957（1）。

❹ 湖南省文物管理委员会：《长沙南郊烂泥冲晋墓清理简报》，载《文物参考资料》，1955（11）。

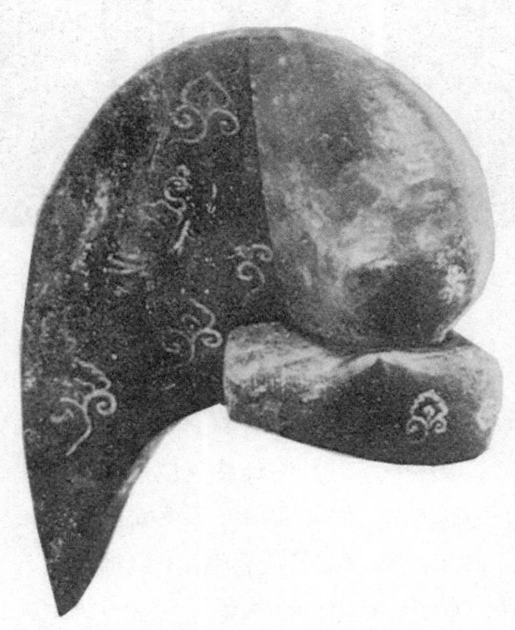

2·41 黑漆木胎假髻

2·42 纸胎假髻

2·43 南唐陶俑

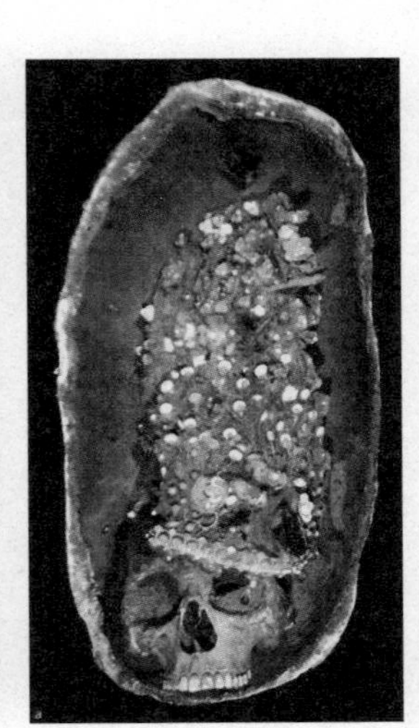

2·44 ［唐］头冠饰件

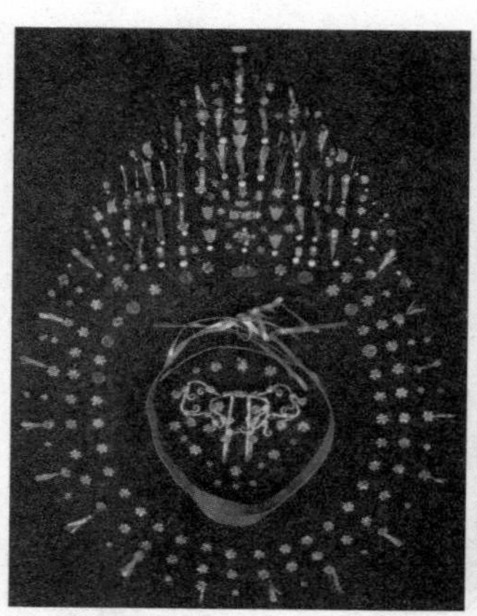

2·45 ［唐］金钿

件——绿松石、琥珀、珍珠、红宝石、玻璃、贝壳、玛瑙、金银铜铁等，很多金饰件下还有翡翠鸟鲜艳的蓝色羽毛，色彩绚烂，极尽奢华。这些饰件就应该依附于里面的漆纱冠之上〔2·44〕。此外，1988年西安西郊咸阳国际机场锅炉房M2工地初唐贺若氏墓[1]出土冠饰。贺若氏死后陪葬丰富，有华丽精美的金头饰，发现时仍戴在墓主人头上。其余散落在头部周围。金头饰由金萼托、金花钿、金坠、金花等各种饰件和宝石、珍珠、玉饰等三百多件连缀而成〔2·45〕。

[1] 贺若氏，名厥，其夫独孤罗是北周柱国大将军独孤信之子。独孤罗的七妹为隋文帝杨坚的文献独孤皇后。贺若氏家族为周、隋、唐三代皇亲国戚。

发梳

雨后春容清更丽。只有离人，幽恨终难洗。北固山前三面水。碧琼梳拥青螺髻。一纸乡书来万里。问我何年，真个成归计。白首送春拼一醉。东风吹破千行泪。

（［宋］苏轼《蝶恋花·京口得乡书》）

唐代中后期，女性们盘梳高髻之风导致了插梳风尚的流行。最初，女性们在髻前单插一梳，梳上錾刻

2·46 ［唐］张宣《捣练图》局部

2·47 ［唐］《宫乐图》局部

精致绝美的花朵纹样。之后发梳的数量逐渐增加，以两把梳子为一组，上下相对而插。到了晚唐，妇女盛装时，有在髻前及其两侧共插三组的情况。诗人王建《宫词》诗云："玉蝉金雀三层插，翠髻高耸绿鬓虚。舞处春风吹落地，归来别赐一头梳。"形象地描绘出唐代女性发髻的优美造型及发髻上簪钗和发梳的复杂程度。在唐人张宣绘《捣练图》〔2·46〕和晚唐《宫乐图》〔2·47〕中都有插发梳的仕女图像。

五代至宋代插梳之风更盛，簪插的数量也更多，如敦煌莫高窟彩绘绢本《南无药师琉璃光佛》〔2·48〕、《法华经普门品变相图》〔2·49〕、《水月观音图》〔2·50〕、甘肃省博物馆收藏的国宝宋代敦煌莫高窟藏经洞《报父母恩重经变》图轴〔2·51〕中女性供养人都为盛装且满头插梳的形象，有的在发髻后方还插有一把雕花大梳。宋代女性仍流行在头上插梳，且奢华程度也达到了历史巅峰。宋代词人辛弃疾《鹧鸪天·和陈提干》词云："香喷瑞兽金三尺，人插云梳玉一弯"描写的就是妇女插梳的形象。此外，宋代词人欧阳修《南歌子》"龙纹玉掌梳"、李珣《浣溪

2·48 ［五代］《南无药师琉璃光佛》局部（敦煌莫高窟彩绘绢本　大英博物馆藏）

2·49 ［五代］《法华经普门品变相图》局部　天福四年（939）绢本设色　英国不列颠博物馆藏

2·50 ［北宋］《水月观音图》局部绢画　敦煌

2·51 ［北宋］图轴《报父母恩重经变》局部　敦煌莫高窟藏经洞

2·52 ［唐］鎏金花卉纹银梳　高8.2厘米、宽11厘米（香港大学美术博物馆梦蝶轩藏）

2·53 ［唐］鹦鹉牡丹纹银梳（高8.6厘米、宽11.5厘米）

2·54 ［唐］金筐宝钿卷草纹梳背　高1.7厘米、厚0.05厘米、重3克　陕西历史博物馆藏

2·55 月形双狮戏球纹银梳

沙》“镂玉梳斜云鬓腻”等也都是描写梳子的美词。

唐代发梳实物如香港大学美术博物馆梦蝶轩藏唐代鎏金花卉纹银梳〔2·52〕；唐代鹦鹉牡丹纹银梳〔2·53〕。唐代还流行一种套于梳齿背面，手指大小的金梳背。其实物如西安市南郊出土的唐代金筐宝钿卷草纹梳背。梳背为半圆形，在指头大的梳背上，将细如发线的金丝掐制成卷草、梅花形状焊接在梳背的两面，周边还镶嵌一圈直径0.5毫米如针尖般大小的金珠〔2·54〕。无论是金丝，还是金珠，焊口平直，结实牢固，堪称中国古代掐丝和炸珠焊接工艺的伟大杰作。

据陆游《入蜀记》卷六记载，西南一带的妇女“未嫁者，率为同心髻，高二尺，插银钗至六支，后插大象牙梳，如手大。”❶这种大梳加步摇簪的形式被美誉为“冠梳”。因为象牙梳、白角梳质料易断，因此“接梳儿”盛行。制梳也成为一门独立的行业，制梳也都有了自己的名号，吴自牧《梦粱录》卷三“团行”条记有“官巷万梳行”❷，“铺席”条记有“官巷内飞家牙梳铺”❸，“偌色杂货”条记有“接梳儿”等。当时临安梳子行当名和品名，如江西彭泽南宋墓出土月形双狮戏球纹银梳就錾有“江州打造”“周小四记”

❶［宋］陆游：《入蜀记》卷六，8页，1880。

❷［宋］吴自牧：《梦粱录》卷三，112页，北京，商务印书馆，1960。

❸［宋］吴自牧：《梦粱录》卷三，114页，北京，商务印书馆，1960。

❹［宋］吴自牧：《梦粱录》卷三，117页，北京，商务印书馆，1960。

2·56·a ［南宋］荷花卷草纹玉梳

2·56·b ［南宋］牡丹缠枝纹玉梳

字号〔2·55〕。该银梳为银片镂空、錾刻而成，由里向外分为四层：第一层，花瓣纹一周，正中刻“周小四记”，为工匠款识；第二层，五瓣梅花纹，底地錾刻鱼子纹；第三层，镂刻双狮戏球纹饰，对弯的两端各錾刻牡丹花；第四层，另一银片錾刻出连珠纹、四叶纹样用来裹沿。这种梳子齿薄如纸，很难插入发间，应当是作系结固定在发髻上，作压发、固定发髻或纯装饰之用。

2004年江宁区江宁镇建中村宋代古墓出土一对荷花卷草纹玉梳〔2·56·a〕和牡丹缠枝纹玉梳〔2·56·b〕。这对玉梳以和田玉制成，长13.7厘米，宽5.1厘米，厚0.3厘米，形状呈半月形，大小与成年人的手掌相似。玉梳的梳齿制作规整，在仅1厘米宽的梳背上采用透雕工艺，精妙地琢出三朵盛开的牡丹和两朵含苞待放的花蕊，其间辅之以缠枝枝叶，构图疏朗雅致。而镂空最细处只有两三毫米，显示出南宋时期工匠高超的琢玉技巧。❶

据《武林旧事》卷六“小经济”条记载，当时象牙梳染色和重染也成为一种常见的小本生意，称为“小梳儿、染梳儿、接补梳”❷。这些精工细作的冠梳价值万金。成书于五代末至北宋初的《清异录》中描写“洛阳

❶ 古代称梳子为“栉”（音同“治”）。按照梳齿的密度，齿松的称为“栉”，齿密的称为“篦”，因此梳子又统称为“梳篦”。从战国到魏晋南北朝，梳篦的材料一直以竹木为主，尤以木料最为常见，造型多为上圆下方，形似马蹄。隋唐五代的梳篦多做成梯形，到了宋朝，梳子的形状趋于扁平，一般多做成半月形。

❷ ［宋］周密：《武林旧事》卷六，174页，北京，中华书局，2007。

少年崔瑜卿，多资，喜游冶，曾为娼妓玉润子造绿象牙五色梳，费钱近20万。”[1]高髻大冠的流行，使得奢靡之风日盛，宋太宗曾屡发禁令加以整肃。稍后，宋仁宗因厌恶宫中使用大冠梳的侈靡风气，下诏禁止以角为冠梳，并严令规定梳、冠最多阔一尺、长四寸，其质地也改用鱼脑骨、象牙、玳瑁等制造。到南宋早期，大冠梳一般只用在礼仪场合，日常生活中已少见。

[1] ［宋］陶各：《清异录》卷下，74页，惜阴轩丛书，光绪长沙重刊本。

宋代以后，梳篦的式样变化不大。直至明清，中国古人的梳篦样式基本沿袭宋制。

巾环

冠梳用于女子，而男子头戴头巾或帽子上系束用的巾环也有非常精致的花卉图案。例如，湖南省临沭县柏枝乡窖藏中出土的一对用薄银片打制的折枝花卉纹巾环〔2·57〕，直径3.5厘米，高0.8厘米，重4克，一枝菊花、一枝茶花分饰于银环两边，另外两边的花叶之侧各有一个小孔。又如，江西省博物馆藏江西安义县石鼻山南宋李硕人墓出土一枚荔枝纹金巾环〔2·58〕。该物制作甚是精致。它是先用金片围成一个直径2.6厘米的环形

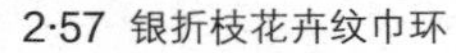

2·57 银折枝花卉纹巾环

2·58 ［南宋］荔枝纹金巾环

框，再在金片的框里安排五组缠枝荔枝，薄金片为叶，细金代条为枝，穿起五颗锤成形的荔枝果，拢起的叶边和荔枝的表面均装饰细密的金粟粒。环之背光素无纹，惟于扁平的表面焊接一对如意式小系。❶

除了鲜花、瓜果，也还有竹节形，如苏州博物馆所藏的元末明初张士诚母曹氏墓〔2·59〕❷和北京丰台区金代乌古伦窝伦墓出土巾环〔2·60〕❸。除了玉质外，还有黄金制成的竹节形巾环。其实物如黑龙江阿城巨源乡出土的金代齐国王完颜晏与王妃墓出土的王妃头巾后侧部的一对竹节形金巾环〔2·61〕、吉林扶余辽金墓出土的一对竹节形金巾环（外径2.8厘米、内径1.8厘米、厚0.6厘米）❹和北京房山长沟峪金代墓出土的竹节形巾环〔2·62〕❺。这三个竹节形巾环外形几乎完全一样。其外侧为圆面，内侧为底平的竹节形。在其竹节上还錾刻有芽结，十分逼真。区别处只是北京房山出土巾环的竹节为七节，比前两者少了一节。以上三例竹节形金巾环，应即《金史・舆服志》记载"花珠冠"后侧的"金钿窠二，穿红罗铺金款幔带一。"❻。《说文》："窠，空也。"❼可知其质地都应为金箔錾刻打造成竹节形的中

❶ 肖发标：《华贵绚丽——江西出土金器撷珍》，载《南方文物》，2006（2），108页。

❷ 苏州市文物保管委员会、苏州博物馆：《苏州张士诚母曹氏墓清理简报》，载《考古》，1965（6）。

❸ 北京市文物局：《北京文物精粹大系・玉器卷》，图一〇九，北京，北京出版社，2002。

❹ 吉林省博物馆：《吉林省扶余县的一座辽金墓》，载《考古》，1963（11）。

❺ 北京市文物研究所：《北京金代皇陵》，77页，彩版一三：3，北京：文物出版社，2006。

❻ ［元］脱脱等《金史・舆服志》卷四十三，第三册，978页，北京，中华书局，1975。

❼ ［汉］许慎撰，［清］段玉裁注：《说文解字注》，603页，南京凤凰出版社，2007。

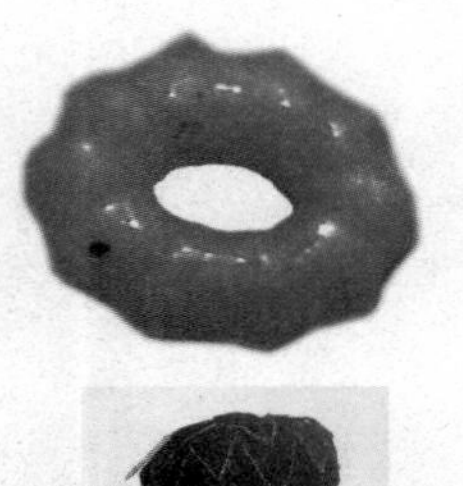

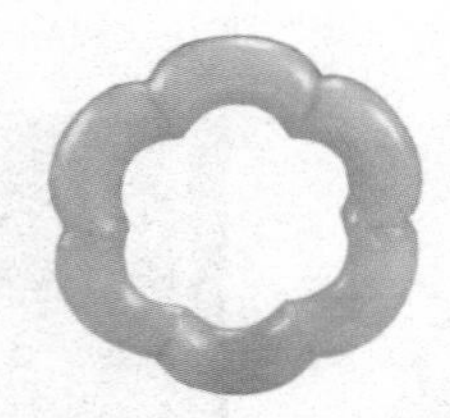

2·59 ［元］十节竹节形巾环 苏州博物馆藏

2·60 ［金］六节花瓣形玉巾环（直径4.9厘米）

2·61 ［金］王妃头巾（外径4.72厘米、内径3.55厘米，金竹节外径0.75厘米、竹节中段0.425厘米）

空巾环。据元好问《续夷坚志》卷一云，宣和方士烧水银为黄金，铸为钱，“汴梁下，钱归内府，海陵以赐幸臣，得者以为帽环。”[1]虽方士烧水银为黄金只是一说，但金人用金钱熔铸巾环，似正可以与前者相印证。

在中原地区，巾帽只是一种不入礼仪场合的日常燕居首服，因此，其装饰比较朴素简单。而北方金人统治者则无论日常和礼仪场合都以头巾裹首，甚至包括金主完颜晏在金上京乾元殿也是“头裹皂头巾，带后垂”[2]。金人头巾名曰“蹋鸱”[3]，属软体帽，需用巾带戴束收，所以巾环就成为金人头上的装饰重点，加之对玉的喜好，更是促成了金人在巾环上的精雕细琢。

据《宋史》卷一五四《舆服志》载，宋人联合元兵夹攻金人于蔡州，缴获了众多“亡金宝物”，其中有“碾玉巾环”[4]。“碾”为打磨、雕琢之义[5]。碾玉巾环，即雕刻精美纹样的玉质巾环，时称“玉屏花”[6]。在北京故宫博物院藏南宋陈居中绘《文姬归汉图》〔2·63〕和宋人所绘《文姬归汉图》中蔡文姬头戴的冠式〔2·64〕与阿城金墓中的颇为相似〔2·61〕。该冠后侧部的玉屏花和冠后垂下长长罗带也有描绘。

[1] ［汉］许慎撰、［清］段玉裁注：《说文解字注》，603页，南京，凤凰出版社，2007。

[2] 徐梦莘《三朝北盟会编》甲集·宣政上帙二〇引。

[3] ［宋］周煇《北辕录》说：“金人无贵贱，皆着尖头靴，所顶巾谓之蹋鸱。”

[4] 《宋史·舆服志》载：“碾玉巾环一，桦皮龙饰角弓一，金龙环刀一，红纻丝靠枕一，佩玉大环一，皆非臣庶服用之物。”［元］脱脱等：“朱史·舆服志》卷一五四，3590页，北京，中华书局，1976。

[5] 《警世通言·崔待诏生死冤家》：“这块玉上尖下圆，甚是不好，只好碾一个南海观音。”又《水浒传》第二回：“那端王起身净手，偶来书院里少歇，猛见书案上一对儿羊脂玉碾成的镇纸狮子，极是做得好，细巧玲珑。”

[6] ［明］范镰《云间据目抄》卷二：“丙戌万历十四年以来，皆用不唐不晋之巾，两边玉屏花一对。”

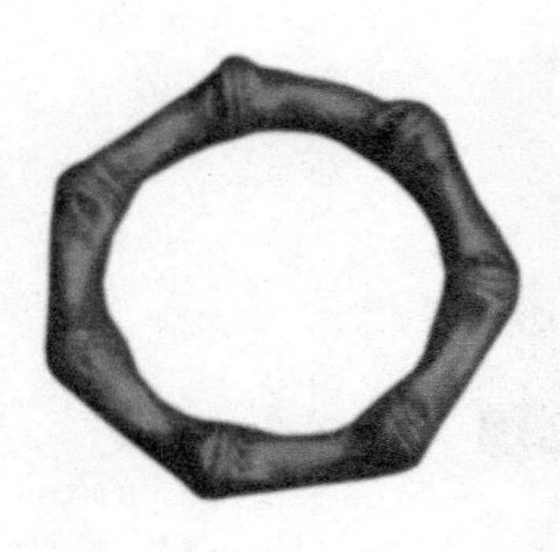

2·62 ［金］七节竹节形巾环（直径4厘米）

2·63 ［南宋］陈居中《文姬归汉图》局部

2·64 ［宋］佚名《文姬归汉图》

这两幅图像成为研究金人首服上佩戴玉屏花的重要依据。它可以使很多同时期相似的玉饰件有了命名和归类的线索。

金人玉屏花也有折枝竹纹的，如北京房山长沟峪金代墓出土镂雕折枝竹节形巾环〔2·65〕。它是由盘卷的竹枝和三片竹叶组成，竹梢朝外，通体镂空。其盘卷竹枝所形成的孔洞可穿入巾带，竹叶、竹枝和竹梢间的小孔用于向头巾上缚结。❶竹子是中国重要的物产之一。它既是做房子的建筑材料，也是造纸的原材料。竹枝竿挺拔修长，四季青翠，凌霜傲雨，备受我国人民喜爱，有“梅兰竹菊”四君子之一、“梅松竹”岁寒三友之一等美称。金人玉屏花以折枝竹为纹，应是受中原地区文化影响所致。

在明代，巾帽仍旧在士人阶层流行。除宫廷外，明代民间佩戴玉器的风气很盛行。这导致明人头部饰玉的风气。明人顾起元在《客座赘语》称士人方巾“侧缀以两大玉环”❷。但考察图像，上海博物馆藏明代项圣谟、张琦绘《尚友图》中红色道袍人物头巾两侧即有片状白色装饰〔2·66〕。此外，在明代官员的画像中也有头戴头巾两侧装饰玉屏花的图像❸〔2·67〕。其实

❶ 张先得、黄秀纯：《北京市房山县发现石撑墓》，载《文物》，1977（6）。

❷ ［明］陆粲、顾起元：《庚巳编·客座赘语》，元明史料笔记丛刊，23页，北京，中华书局，1987。

❸ John E.Vollmer:*Silk for Thrones and Altars—Chinese Costumes and Texiles*, p.34, Myrna Myers, 2003。

2·65 ［金］竹枝形玉屏花

2·66 ［明］项圣谟、张琦《尚友图》 纵38.1厘米、横25.5厘米

2·67 明代官员画像中玉屏花图像

物如湖北钟梁明梁庄王墓出土清白玉折枝牡丹玉屏花〔2·68〕。玉屏花还有花卉的折枝纹样，如北京故宫博物院藏一枚折枝樱桃玉屏花〔2·69〕，枝杆折曲成椭圆形，可穿巾带。❶

除了玉屏花，还有一种类似的玉逍遥玉饰件。其形状为单体左右对称，一般装饰于金人巾帽后部。关于这种玉饰件的定名，有学者称之为纳言❷，也有学者将其称为“玉逍遥”❸。其关键在于玉饰件所在冠帽的名称。称其纳言者，是根据《金史・舆服志》皇后花株冠的后面饰有“纳言”❹，又《宋史・舆服志》记载宋仁宗时，“造冠冕，减珍华”，以“纳言元（原）用玉制，今用青罗画出龙鳞锦”❺，又载中兴之后官员所戴“进贤冠以漆布为之，上缕纸为额花，金涂银铜饰，后有纳言”❻。称其玉逍遥者，是根据《金史・舆服志》：“妇人服襜裙……年老者以皂纱笼髻如巾状，散缀玉钿于上，谓之玉逍遥。此皆辽服也，金亦袭之。”❼所以，笔者认为所谓纳言和玉逍遥都是指同一物，只是置于不同首服之上的不同名称。

❶ 《中国玉器全集》第5卷，图90，石家庄，河北美术出版社，1993。

❷ 赵评春、迟本毅：《金代服饰——金齐国王墓出土服饰研究》；伊葆力、郭聪：《金代皇后的“花株冠”与“纳言”——房山金太祖陵出土文物管窥》，载《北京文博》，2004（7）。

❸ 孙机：《玉屏花与玉逍遥》，载《文物》，2006（10）。

❹ 《金史・舆服志》：“皇后冠服。花株冠，用盛子一，青罗表、青绢衬金红罗托里，用九龙、四凤，前面大龙衔穗一朵，前后有花株各十有二，及孔雀、云鹤、王母仙人队、浮动插瓣等，后有纳言，上有金蝉金两博鬓。以上并用铺翠滴粉缕金装珍珠结制，下有金圈口，上用七宝钿窠，后有金钿窠二，穿红罗铺金款幔带一。”

❺ ［元］脱脱等：《宋史・舆服志》卷一五一，3524页，北京，中华书局，1976。

❻ ［元］脱脱等：《宋史・舆服志》卷一五二，3558页，北京，中华书局，1976。

❼ ［元］脱脱等：《金史》卷四十三，第三册，985页，北京，中华书局，1975。

2·68 ［明］白玉折枝牡丹玉屏花图

2·69 折枝樱桃玉屏花　故宫博物院藏

2·70 ［金］折枝八瓣花玉逍遥

除了禽鸟题材外，金代“玉逍遥”花卉内容，如北京房山金墓出土的折枝八瓣花（聚八仙花，也称“琼花”）玉逍遥〔2·70〕。这件折枝玉巾环通体镂空透雕，造型呈扁椭圆形。造型设计精巧，两丛折枝八瓣花构成的花头并列在玉逍遥上部，其花形饱满，生动写实。两个折枝向上缠交在一起，宛如花篮的精美提梁。花的枝叶依形而生，偃仰翻转，自然生动。透露空间，穿插交织，激活了规整的对称式构图，给人以圆满富贵的感觉。

宋朝官员在官帽背后装饰玉逍遥的样子如南宋陈居中绘《文姬归汉图》中身穿朱衣朱裳朝服的宋朝官员。在其头上戴的黑色官帽的后山部有一根纵向贯穿的红色丝带。其中部就穿缀了一个白色玉饰件。这个玉饰件很可能就是《宋史·舆服志》中记载的“纳言”。其制在前朝服饰中不曾见到，应是受金人服饰文化影响的结果。

到了明代，又流行一种玉结子的冠上饰物。明人顾起元《客座赘语》谈到士人巾履时言：“南都服饰，在庆、历前尤为朴谨，官戴忠静冠，士戴方巾而已。近年以来，殊形诡制，日新月异。于是士大夫所戴其名甚伙，有汉巾、晋巾、唐巾、诸葛巾、纯阳巾、东坡巾、阳明巾、九华巾、玉台巾、逍遥巾、纱帽巾、华阳巾、四开巾、勇巾。巾之上或缀以玉结子、玉花缾。”❶所谓“玉结子”“玉花瓶”皆为片状的玉饰。其形象如头戴飘飘巾的明曾鲸绘《顾梦游像》〔2·71〕和明人绘《夏完淳像》〔2·72〕中的人物头部前巾檐上缝缀的“玉结子”。其式样特点是背面中部有缝缀结构，形状主要有玉花形片、玉“工”形片、玉方形片、玉圆形片。其中，玉花形片主要有外廓呈圆形的秋葵、菊瓣，外廓随形的牡丹、玉簪花〔2·73〕等。其花瓣纹样复杂，充分展示了在商业经济冲击下的明代服饰不拘一格的想象力和创造力。

此外，明代王圻《三才图会》〔2·74〕所示汉巾和《大明会典》所示冕冠〔2·75〕的正前方也都四合云纹形的饰件。虽不知其材质如何，但无外乎金、玉、鎏金或金镶玉等工艺。在韩国传统服饰中也类似的饰件，其名曰“贯子”。在韩国首尔檀国大学校石宙善博物馆中就有数件“贯子”实物〔2·76〕❷。其材质有玉、金等，造型各异。

❶ ［明］陆粲、顾起元撰：《庚巳编·客座赘语》，谭棣华陈稼禾点校：《元明史料笔记丛刊》，23页，北京，中华书局，1987。

❷ 石宙善：《冠帽与首饰》，见《民俗学资料[四]》，51页，首尔，韩国首尔檀国大学校出版部，1993。

2·71 ［明］曾鲸《顾梦游像》

2·72 ［明］《夏完淳像》

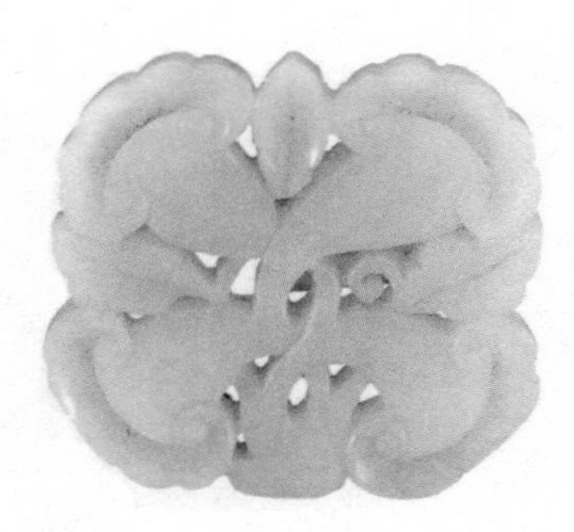

2·73 ［明］镂雕折枝玉簪花结子

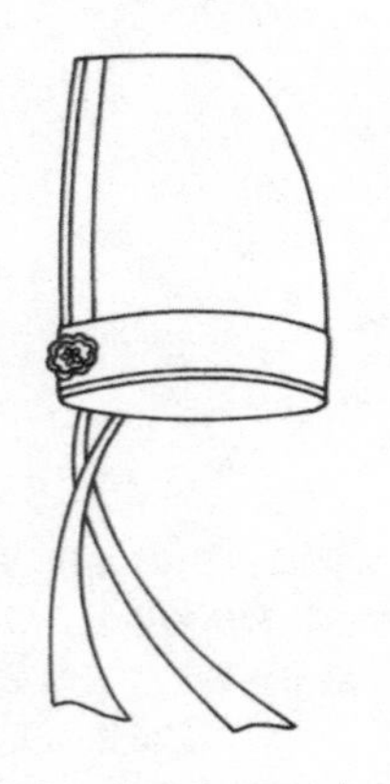

2·74 ［明］王圻《三才图会》中汉巾

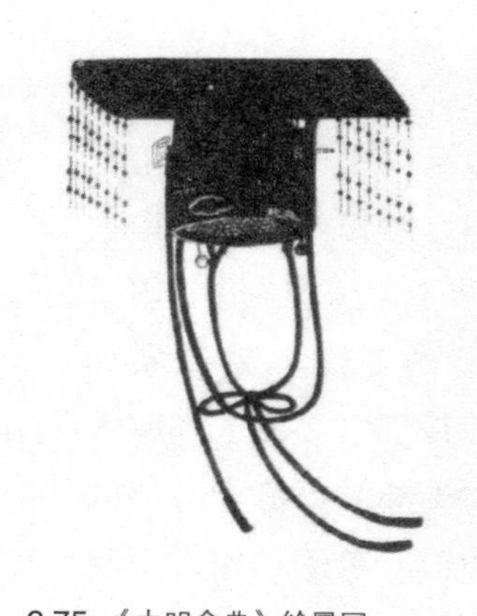

2·75 《大明会典》绘冕冠

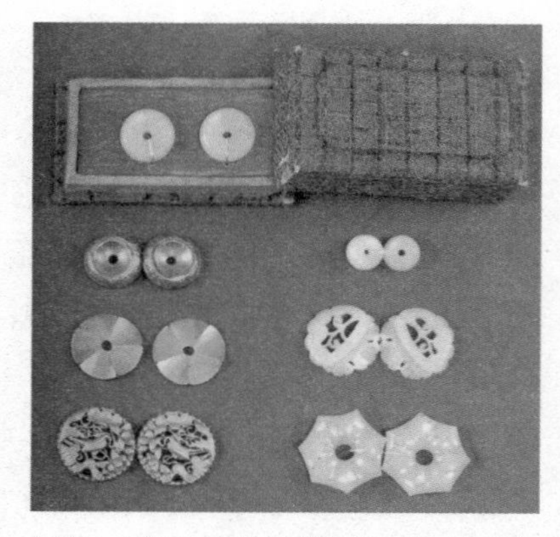

2·76 “贯子”实物 韩国首尔檀国大学校石宙善博物馆藏

头花

虽然鲜花遍地，但清代妇女更喜欢将一种“金银花缕”的宫花戴在发髻上。清代政府设置了“七作二房”，七作即银作、铜作、染作、衣作、绣作、花作、皮作；二房是指帽房和针线房。花作就是制作各种装饰用像生花的部门。这种“金银花缕”的头花制作自然也隶属于花作。

清代头花是由花头和针梃两部分组成的发饰。它是随着满族妇女的“软翅头”“两把头”“架子头”，以及最终的“大拉翅”，这种日趋宽大的发式而产生的一种覆盖面较大的头饰。清代满族妇女在梳头时，如果将一大朵头花戴在两把头正中，称为“头正”，如用两朵一对头花分插在“两把头”的两端，则称为“压发花”或“压鬓花”。这种头花是将不同粗细的铜丝做成花草枝叶、鸟兽虫蝶、吉字祥符等的底托，再在其上嵌缀珍珠、宝石等物，然后按照设计图形摆好集中固定在一根较粗的铜丝上，最后扎牢在针梃顶端的“十”字交叉点上，形成环抱簇拥的头花。北京故宫博物院内珍藏的嵌宝金属类首饰，以乾隆时期的居多，如红宝石串米珠头花、蓝宝石蜻蜓头花、红珊瑚猫蝶头花、金累丝双友戏珠头花、金嵌花嵌珍珠宝石头花、点翠嵌宝石花果头花等，这些首饰虫禽的眼睛、触角、植物的须叶、枝杈都用细细的铜丝烧成弹性很大的簧，轻轻一动，左右摇摆，形象活泼逼真，充满动感。

清朝晚期，国库困窘，财力日衰，为了节省开支，头花也由昔日的纯金变成镀金、包金、绒花、绢花，甚至纸花、通草花，就连羽毛点翠的头花，都用茜草染色代替了。

第三章　以花为冠

据一些学者研究，原始先民有时会将鲜花或花蕾作为祭神媒介，戴在头上，进行祈祷仪式。当然，这样簪戴鲜花的目的并不是为了美观。中国古人头戴花蕾的例子如西安半坡出土仰韶文化人面纹彩陶盆中的人面图像〔3·1〕。林河在《论傩文化与中华文明的起源》中称这种三角形尖顶冠源自于“花果形”，是为了祈福和降神之用[1]。中国先民早期头戴花冠的例子又如1986年四川广汉南兴镇古蜀国国都三星堆遗址出土的一尊大型青铜立人像，连座通高262厘米，人像高172厘米，大眼直鼻，外衣饰有阴刻龙纹、尖角纹、饕餮纹，左背有卷龙纹〔3·2〕。下裳分前后两片，后片呈燕尾状，前片略短，长至足踝，露出小腿部，戴脚镯，赤足立于兽面台座上。头部有高大冠饰。除了兽面、羽毛说之外[2]，王政《三星堆青铜立人新考》认为该冠是“莲花状的兽面和回字纹冠，顶有花蕾吐释或花果包藏，后脑勺上铸有

[1] 林河：《论傩文化与中华文明的起源》，载《民族艺术》，1993（1），61~83页。

[2] 《三星堆祭祀坑》称：“冠上前部饰变形的兽面，兽面两眉之间上部有一日晕纹，冠的边缘已被砸卷曲，部分已残缺无存。”（四川省文物考古研究所：《三星堆祭祀坑》，北京，文物出版社，1999。）《三星堆祭祀坑文物研究》称其上装饰着羽毛之类的饰物（赵殿增：《三星堆祭祀坑文物研究》，见《三星堆与巴蜀文化》，成都，巴蜀书社，1993。）；《三星堆青铜立人冠式的解读与复原——兼说古蜀人的眼睛崇拜》称其为“反映古蜀人随处可见的眼睛崇拜的眼形谱”。（王仁湘：《三星堆青铜立人冠式的解读与复原———兼说古蜀人的眼睛崇拜》，载《四川文物》，2004（4）。）

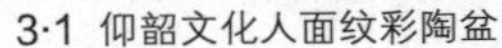

3·1 仰韶文化人面纹彩陶盆

3·2 三星堆青铜立人像

一凹痕，可能原有发簪之形的饰物嵌于此，是中国原始巫教迎神遣灵的象征标识。”❶当然，由于以上资料年代久远，其真实意义已很难真实还原与解释，这些说法或许只是研究者的一家之言。

除了前两件花冠实例外，云南晋宁石寨出土高冠盛装乐舞滇人鎏金铜像似乎也可列入〔3·3〕。这是一排四位、做舞蹈状盛装的舞女。她们右手执法铃，穿左衽衣和齐腰短裙，头戴缀有五只花球的圆锥形高冠，后有长帔垂至地面。这或许是汉魏间盛行的执铎（大铃）而舞的“铎舞”。至今，土家族的“八宝铜铃舞”、藏族“热巴”艺人跳的“铃鼓舞”，也是执铃而舞的。可见这种执铃起舞形式，源远流长，传布极广。故此，有人认为这是滇人“巫舞”的形象。可见，这里的“花冠”仍旧不是为了装饰和美观。

汉代以后道教盛行，魏晋之后佛教盛行。两者虽然教法各异，但都将莲花看作圣洁之物。这促成了莲花图案，以及莲花冠的流行。河南省博物院收藏的北魏巩义石窟寺石刻《帝后礼佛图》中帝后都戴着莲花冠，这是中国古代最早期可以明确辨识的花冠〔3·4〕。隋唐

❶ 王政：《三星堆青铜立人新考》，载《天府新论》，2002（1）。

3·3 高冠盛装乐舞滇人鎏金铜像

时期，发髻插花之风日渐流行。无论是头戴花鬘的佛教人物造型的影响，还是社会统治阶层的推波助澜，都促成了簪花风尚的形成。或许唐人认为，只是插花并不尽兴。于是，唐人还将冠帽做成花形戴于头上。白居易《长恨歌》："云鬓半偏新睡觉，花冠不整下堂来。"借花之形做冠，是中国传统服饰文化的一个亮点。这符合农耕文化所衍生的拟物象形的造物方法。

其实，在胡风和女效男装流行以前，唐代女子只有道姑和舞女有戴冠习惯。敦煌曲子词集《云谣集杂曲子·柳青娘》词云"碧罗冠子结初成"，"碧罗冠子"只说了冠的色彩为绿色，而唐人和凝《宫词》中的"碧罗冠子簇香莲"又描述了这种冠式有莲花状装饰的特征。

以玉制冠唐代已有先例。例如，睿宗之女金仙公主和玉真公主出家为道士，是著名的例子，玉真公主所着玉叶冠，竟也讲究得成为传闻。唐高宗武后女儿太平公主为帝后所宠，参与朝政，生活豪奢。有冠，以玉为饰，称"玉叶冠"，价值连城。其冠以玉为饰，为稀世之宝。五代蜀主王衍令使官"皆戴金莲花冠"❶，就连上清宫的道士们也是"皆衣道服，顶金莲花冠，衣画

❶《五代史记》卷六三《王衍世家》："（衍）后宫皆戴金莲花冠……国中之人皆效之。"

3·4 ［北魏］《帝后礼佛图》

云霞，望之若神仙”[1]。用莲花装饰头部，或者做成花冠，这与佛教、道教文化的传播有着直接关系。在洛阳涧西唐乾元二年（759）墓出土的高士宴乐纹螺钿镜中盘座举杯的高士头上就戴着一顶莲花状小冠〔3·5〕。传唐人周昉绘《挥扇仕女图》卷首贵妇人也戴着一顶白色荷花冠〔3·6〕。荷花状冠圈口较高大，可将头顶部整体覆盖。又如，南宋《女孝经图》中身穿鞠衣的皇后头上戴的莲花冠〔3·7〕。除了将冠做成一朵完整的花朵形状，宋代还有用许多朵小花簇拥成冠的样子，如台北故宫博物院藏五代《宫乐图》中贵妇头上戴着的花冠〔3·8〕。其形象正如唐代尹鹗《女冠子》词云：“霞帔金丝薄，花冠玉叶危。”

在宋代的《洛阳花木记》《牡丹谱》《扬州芍药谱》中也有许多品种名目以“冠子”“楼子”为名，如《扬州芍药谱》的“冠群芳”是“大旋心冠子也，深红、堆叶，顶分四五旋，其英密簇，广可及半尺，高可及五六寸”。“赛群芳”是“小旋心冠子也。渐添红而紧，枝条及绿叶并与大旋心一同。凡品中言大叶、小叶、堆叶者，皆花叶也。言绿叶者，谓枝叶也。”“宝

[1] ［宋］薛居正等：《旧五代史》卷一三六，1919页，北京，中华书局，1976。

3·5 高士宴乐纹螺钿镜

3·6 传［唐］周昉《挥扇仕女图》局部

3·7·a ［南宋］《中孝经图》局部

3·7·b ［南宋］《女孝经图》中的皇后形象

3·8·a ［唐］《宫乐图》局部 I

3·8·b ［唐］《宫乐图》局部 II

3·9 ［宋］钱选《招凉仕女图》局部

妆成”是“髻子也。色微紫，于上，十二大叶中，密生曲叶，回环裹抱团圆。其高八九寸，广半尺余，每一小叶上络以金线，缀以玉珠。香欺兰麝，奇不可纪。枝条硬而叶平。”“怨春红”是“硬条冠子也。色绝淡，甚类金线冠子而堆叶，条硬而绿，叶疏平，稍若柔。”❶可知，当时的这些花卉都可用直接或间接作花冠。

与晚唐相比，宋代贵族女子的冠形更加高大，冠宽与肩等齐，冠后常有披带下垂至肩。有的冠高甚至可达一米。其形象如台北故宫博物院藏宋代钱选《招凉仕女图》〔3·9〕中，两位举止娴雅的宋代贵妇，手持着圆扇，相偕在庭院中漫步。其中，右侧的那位身穿对襟背子、长裙的妇女头戴重楼子白纱花冠。宋朝政府曾严令冠的高度，如《宋史·舆服志》：“皇佑元年，诏妇人冠高毋得逾四寸。”❷

以玉制冠在宋代颇为盛行，这源于宋人对玉石的喜好。宋徽宗赵佶的嗜玉成瘾，金石学的兴起，工笔绘画的发展，城市经济的繁荣，写实主义和世俗化的倾向，都直接或间接地促进了宋代玉器的空前发展。

❶ ［宋］左圭辑：《左氏百川学海》，载《武进陶氏涉园影刊》，民国十六年（1927）。

❷ ［元］脱脱等：《宋史·舆服志》卷一五三，3576页，北京，中华书局，1976。

3·10 ［宋］青立冠　南京博物院藏

3·11 莲花玉冠一私人收藏

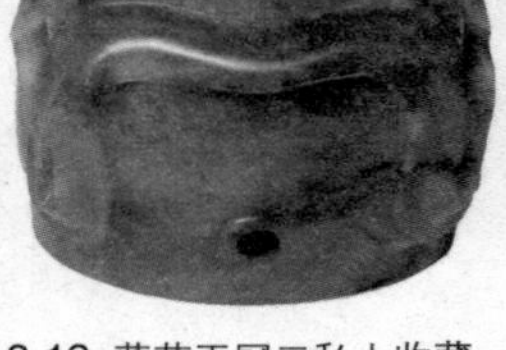

3·12 莲花玉冠二私人收藏

宋代用玉“礼”性大减，玉器的实用和装饰功能大增而变得更接近现实生活。这促成了中国古代以玉制冠的新风尚式。宋人曹组《蓦山溪》词云：“玉冠斜插，惟恨欠清香，风动处，月明时，不怕吹羌管。”其实物如1970年江苏省吴县灵岩毕沅墓出土青玉冠，该冠高6厘米、宽9厘米，作花瓣状，将整块和田青玉料挖空，外雕双层绽开花瓣，顶镂雕出两片合瓣而成，冠下端两侧对钻有双风，插入一束发发簪〔3·10〕。又如私人收藏的两件莲花形玉冠实物〔3·11、3·12〕。其实物二为墨玉冠，雕琢精细，巧夺天工，色分黑白，过渡自然。墨玉沉韵，作冠一边；白玉为冠另一边。该玉冠由整器精工琢制成一朵莲花，中腹挖空放束发，因冠戴在头顶要求轻薄，所以此器壁薄约2毫米，整器轻至170.5克，宽6.5厘米、高4.8厘米，正中有穿孔，可贯簪以使发冠固定，顶部两侧各有一孔起横向加固之作用，妙然天成。看到此玉冠就能想到古人用此物时，有时用墨玉一边，有时用白玉一边；似有两顶玉冠。宋代以后，以花为冠的风气日渐衰落。

第四章　仪程风尚

在经历了大唐盛世的百业兴旺，伴随着社会经济的繁荣昌盛，宋朝成为一个“花事”最多的时代——不仅种花、卖花、赏花蔚然成风，关于花卉的书籍、绘画、工艺、文学作品等层出不穷，与花卉相关的礼程和文化也得到了空前发展，甚至，插花还与点茶、挂画、燃香合称为“四艺”，成为文人、士大夫阶层风雅生活的重要组成部分。

此时，鲜花更加融入日常生活中——发髻间簪花，书房案头插花，宴席上帝王赐花，朋友间相互赠花，婚礼上簪花，宴饮时簪花助兴，给死刑犯人行刑簪花。甚至，在宋金交往和对峙中，簪花风气也影响到了金国。总之，簪花是宋代风俗，亦是宋人的礼节，甚至成为所属时代社交礼仪与生活方式中的一部分。

赏花局

北宋洛阳，在花朝、清明前后、端午、重阳等节庆时间里，每到风和日丽之际，私家花园有向游人开放的风俗。南宋初年，这种风俗又从临安传向各地。据南宋周密《武林旧事》卷七“乾淳奉亲”记载，南宋孝宗皇帝，对太上皇高宗备极奉亲事孝之心，每到清明前，均派内侍人员，请太上皇到聚景园赏花，但高宗则认为他居住的德寿宫御花园内百花盛开，让孝宗过来陪同看花。[1]皇家赏花的示范效应，对百官、百姓赏花热的推动不言而喻。到了每年的五六月份，荷花盛开，西湖上赏花纳凉的人多在湖船内，泊于柳荫之下饮酒。也或者，在荷花茂盛的园馆之侧。中秋前后，桂花盛开之时，人们到东马塍、西马塍园馆争相观赏。宋人吴自牧《梦粱录》卷一“二月望”，记载：“仲春十五日为花朝节，浙间风俗，以为春序正中，百花争放之时，最堪游赏。都人皆往钱塘门外玉壶、古柳林、杨府、云洞，钱湖门外庆乐、小湖等园，嘉会门外包家山王保生、张

[1] ［宋］周密：《武林旧事》卷七·乾淳奉亲，记载：“乾道三年三月初十日，南内遣阎长至德寿宫，奏知：‘连日天气甚好，欲一二日间，恭邀车驾幸聚景园看花，取自圣意，选定一日。’太上云：‘传语官家，备见圣孝，但频频出去，不惟费用，又且劳动多少人。本宫后园，亦有几株好花，不若来日请官家过来闲看。’”196页，北京，中华书局，2007。

太尉等园，玩赏奇花异木，最是包家山桃开浑如锦障，极为可爱。”[1]由此可见，宋人赏花场面之盛，可谓花海人潮，空前绝后。

[1] ［宋］孟元老等：《东京梦华录（外四种）》，145页，上海，古典文学出版社，1957。

回銮

春色何须羯鼓催，君王元日领春回。牡丹芍药蔷薇朵，都向千官帽上开。

（［宋］杨万里《德寿宫庆寿口号》）

两宋时期，簪花之风达到鼎盛。统治者对簪花给予了从未有过的重视。簪花不仅是良时佳节烘托气氛的手段，还是朝廷礼仪场合的仪节。尤其是中兴以后，遇有郊祀、明堂等活动结束回銮的时候，皇帝卤簿仪仗中的臣僚、扈从都要簪花，一派锦绣乾坤、花花世界的奢华景象，以致四方百姓，不远千里，无不以先睹为快。正如杨万里《德寿宫庆寿口号》诗中所写宫中正月十五，人人头上簪花，远远望去有如一片浮动的红云。宋人陈世崇《随隐漫录》卷三中也录有许多描写簪花美景的诗句，“丞相以下皆簪花。姜夔云：‘六军文武浩如云，花簇头冠样样新。惟有至尊浑不带，尽分春色赐群臣。’‘万数簪花满御街，圣人先自景灵回。不知后面花多少，但见红云冉冉来。’潘枋云：‘辇路安排看驾回，千官花压帽檐垂。君王不辍忧勤念，玉貌还如未插时。’邓克中云：‘辇路春风锦绣张，裁红剪绿斗芬芳。黄罗伞底瞻天表，万叠明霞捧太阳。’阮秀实云：‘宫花密映帽檐新，误蝶疑蜂逐去尘。自是近臣偏得赐，绣鞍扶上不胜春。’先臣（其父陈郁）云：‘幸骖恭谢睹繁华，马上归来戴御花。老妇稚儿相顾问，也颁春色到诗家。’”[1]这些美丽的诗句，展现给我们的是一片淹没在花的海洋中的大宋王朝。

虽然臣僚、扈从们都要簪花，但不知为何，皇帝本人并不在簪花之列，《梦粱录》卷六引《会要》：“嘉定四年十月十九日，降旨：‘遇大朝会、圣节大宴，及恭谢回銮，主上不簪花。’又条：‘具遇圣节、朝会宴，赐群臣通草花。遇恭谢亲飨，赐罗帛花。”又，“惟独至尊不簪花，止平等辇后面黄罗扇影花而已。”[2]或许，这是皇帝龙威区别常人的一种体现吧。

[1]《宋元笔记小说大观》第五册，5405页，上海，上海古籍出版社，2001。

[2]［宋］孟元老等：《东京梦华录（外四种）》卷六《孟冬行朝飨礼遇明岁行恭谢礼》，179页，上海，上海古典文学出版社，1957。

节典

在宋辽订立“澶渊之盟”之后，宋朝政府的治国策略由外转内，实施“以祭为教”的治国方略。宋真宗一方面“东封西祀”，另一方面又完善典礼制度，设立天庆、天贶、先天、降圣、天祺等诸庆节日，到南宋时达到20多个。过节内容包括官员放假、建道场、禁屠宰、断刑罚、官府赐宴、张灯结彩，以及必不可少的簪花礼程。

在宫中举行的庆典，如皇帝生日、圣节、赐宴及赐新进士的闻喜宴上，簪花是必备的内容。在《宋史》中记载颇多，如孝宗隆兴二年“导驾官自端诚殿簪花从驾至德寿宫上寿，饮福称贺，陈设仪注，并同上寿礼。”[1]淳熙二年十一月：“是日早，文武百僚并簪花赴文德殿立班，听宣庆寿赦。……礼毕，从驾官、应奉官、禁卫等并簪花从驾还内，文武百僚文德殿拜寿称贺。”[2]淳熙年间礼部尚书赵雄等建议“请庆寿行礼日，圣驾往还并用乐及簪花。”[3]又，《东京梦华录》

[1] ［元］脱脱等：《宋史》卷九九，2445页，北京，中华书局，1977。

[2] ［元］脱脱等：《宋史》卷一一二，2680页，北京，中华书局，1977。

[3] ［元］脱脱等：《宋史》卷一三〇，3045页，北京，中华书局，1977。

卷九，宰执亲王宗室百官入内上寿“宴退，臣僚皆簪花归私第，呵引从人皆簪花并破官钱。”[1]《武林旧事》卷一，淳熙十三年（1186年）正月元日，在庆贺太上皇帝宋高宗八十大寿的御宴上“自皇帝以至群臣禁卫吏卒，往来皆簪花。”[2]可见，在宋代的节日里，宫廷簪花风气之盛。

宋徽宗不仅崇尚戴花，还要制定一些规则，他赐给随身的卫兵每人衣袄一领，翠叶金花一枝。有时，还在赐给臣民的“翠叶金花”上加一枚錾字牌饰，在进出庆典场合时，以此为证。有宫花锦袄者，才能自由出入大内。[3]除了宫廷礼仪场合，簪花风俗渗透到宋代各个阶层。佳节簪花亦为平民所好，上元簪玉梅、雪柳，端午节戴茉莉，立秋戴楸叶，重九、过寿要簪菊。例如，宋代邓剡《八声甘州·寿胡存齐》词云：“笑钗符、恰正带宜男。还将寿花簪。”又如，《水浒传》第七十一回，梁山重阳“菊花会”上，宋江乘着酒兴，作《满江红》一词：“头上尽教添白发，鬓边不可无黄菊。”[4]等等例子不胜繁举。

[1] ［宋］孟元老：《东京梦华录全译》卷九，166页，贵阳，贵州人民出版社，2009。

[2] ［宋］周密：《武林旧事》卷一，6页，北京，中华书局，2007。

[3] ［明］施耐庵：《水浒传》第七十二回，王班直即道：“今上天子庆贺元宵，我们左右内外，共有二十四班，通类有五千七八百人，每人皆赐衣袄一领，翠叶金花一枝，上有小小金牌一个，凿著‘与民同乐’四字，因此每日在这里听候点视。如有宫花锦袄，便能勾入内里去。”939页，北京，人民文学出版社，2005。

[4] ［明］施耐庵：《水浒传》第七十一回，934页，北京，人民文学出版社，2005。

赐花

据记载，在唐代就已有赐花给大臣以示嘉奖的情况。例如，《御制佩文斋广群芳谱》引武平一《景龙文馆记》记载，“正月八日立春，内出彩花赐近臣。武平一应制云，鸾辂青旗下帝台，东郊上苑望春来，黄莺未鲜林间啭，红蘂先从殿里开，画阁条风初变柳，银塘曲水半含苔，欣逢睿藻光韶律，更促霞觞畏景催。是日中宗手勅批云：平一年虽最少，文甚警新。……更赐花一枝，以彰其美。所赐学士花，并令插在头上。”[1]前引文中唐中宗立春日赐花给学士并非孤例。又如，唐代南卓《羯鼓录》：“琎尝戴砑绢帽打曲，上自摘红槿花一朵，置于帽上。其二物皆极滑，久之方安。逐奏《舞山香》一曲，而花不坠。”[2]文中记载，唐玄宗李隆基摘下一朵木槿花，簪在宁王李琎的绢帽上。

到了宋代，赐花之风达到鼎盛，簪花不仅局限在礼仪场合，更成为国家制度。接受皇帝赏赐的花，是身份与殊荣的象征。据吴曾《能改斋漫录》卷十三“御亲

❶ ［清］汪灏等编：《御制佩文斋广群芳谱》，见《文渊阁四库全书》，台北，台湾商务印书馆，1986。

❷ ［宋］李昉：《太平广记》卷二五〇，1560页，北京，中华书局，1961。

赐带花”记载，东封（到泰山封禅）前夕，分别任命陈尧叟、马知节为东京留守和大内都巡检使。封官完毕，宋真宗把他俩留在宫中宴饮庆贺，“真宗与二公，皆戴牡丹而行”，宴会间，真宗命陈尧佐“尽去所戴”，并“亲取头上一朵为陈簪之，陈跪受拜舞谢。宴罢，二公出。风吹陈花一叶坠地，陈急呼从者拾来，此乃官家所赐，不可弃。置怀袖中。”[1]能够受到皇帝亲自簪花的礼遇，自然殊荣无比，令人羡慕。同书还记载，有一次寇准以参知政事入宫侍宴，真宗特赐异花，说：“寇准年少，正是戴花喫酒的年岁。”[2]皇帝赐花，对于刚要踏进仕途的年轻人而言，自然是无比的荣耀。

如果遇到国家重大喜庆、皇帝游幸等场合，赐花也就成为一种广施恩泽的手段。据《西湖老人繁盛录》记载，孟冬，驾诣景灵宫“驾出三日，比寻常多出一日，缘第三日驾过太一宫，烧香太一殿，谢礼毕，赐花，自执政以下，依官品赐花。幕士、行门、快行，花最细且盛。禁卫直至搠巷，官兵都带花，比之寻常观瞻，幕次倍增。乾天门道中，直南一望，便是铺锦乾坤。吴山坊口，北望全如花世界。”[3]又，宋人吴自牧《梦粱录》

❶ ［宋］吴曾：《能改斋漫录》卷十三，395页，北京，中华书局，1960。

❷ ［宋］吴曾：《能改斋漫录》卷十三，395页，北京，中华书局，1960。

❸ ［宋］西湖老人：《西湖老人繁盛录》，15页，北京，中国商业出版社，1982。

卷三中也说："须臾传旨追班，再坐后筵，赐宰臣百官及卫士殿侍伶人等花，各依品味簪花。"❶当然，皇帝本人为了表示与民同乐，也会"易黄袍小帽儿，驾出再坐，亦簪数朵小罗帛花帽上"❷。

宋廷的簪花风气，在宋金交往和对峙中，也影响到金国，女真族的权贵们也在典礼宴会上实行簪花的礼仪，如《辽史》卷五三载："赐（进士）宴，簪花。"❸据《宋史》卷三九〇记载，湖州归安人莫濛为贺金正旦出使金国时，金主赐宴，莫濛以"本朝忌辰，不敢簪花听乐"❹为由，拒绝簪花，以示不与金人同流。

明清时期，宫廷礼仪犹沿古制，不过显然已大大地删繁就简。王元桢《漱石闲谈》记云，明成祖朱棣举行迎春庆典，按制应由国子监学生为成祖簪花。当时那些监生见了皇帝，都畏缩不前，只有一个叫邵记的监生不怕，径直走上前去取花为成祖戴上。

闻喜宴

政府统治者为新科进士举行庆祝宴会，被称为"闻

❶ ［宋］孟元老等：《东京梦华录（外四种）》，154页，上海，上海古典文学出版社，1957。

❷ ［宋］孟元老等：《东京梦华录（外四种）》，154页，上海，上海古典文学出版社，1957。

❸ ［元］脱脱等：《辽史》，卷五三，871页，北京，中华书局，1974。

❹ ［元］脱脱等：《宋史》，卷三九〇，11957页，北京，中华书局，1977。

4·1 清代“御赐养老”铜牌，长8.2厘米、宽4.5厘米

喜宴”。在宴会上，皇帝要亲自为进士簪花。

“闻喜宴”的制度始自唐代的“曲江宴”。据说，唐代考中的进士，在放榜后都要大宴于曲江亭，因此，又名“曲江会”。“年少才俊”是唐代男子簪花的主要特征。明代陶宗仪《说郛》卷六九上引唐人李淖《秦中岁时记》云：“进士‘杏园’初宴，谓之探花宴。差少俊二人为探花使，遍游名园，若他人先折花，二使皆被罚。”❶探花使是唐代新科进士赐宴时采折名花的人，常以同榜中最年少的进士二人为之。杏花也就有了及第花的文化内涵。唐代郑谷《曲江红杏》诗：“女郎折得殷勤看，道是春风及第花。”最终，游杏园变成了一种象征，好似唐代诗人孟郊《登科后》诗云“春风得意马蹄疾，一日看尽长安花”。

在宋代，“闻喜宴”已成定制，如《宋史·舆服志》记载：“太上两宫上寿毕，及圣节、及赐宴、及赐新进士闻喜宴，臣僚及扈从皆簪花。”❷到了明代，状元须由皇帝钦点，人们将写着殿试结果的黄榜张贴在长安左门外临时搭建的龙篷中。此时，顺天府官用伞盖仪仗把状元送回府第。到了张榜的第二天，礼部宴请新科

❶［明］陶宗仪纂：《说郛》卷七四，380页，北京，中国书店，据涵芬楼1927年11月版影印，1986。

❷［元］脱脱等：《宋史·舆服志》卷一五三，3569~3570页，北京，中华书局，1977。

4·2 《状元图考》

4·3 《徐显卿宦迹图·琼林登第》中的徐显卿

状元和进士，名曰“恩荣宴”。在宴会上，新科进士与官员人各簪一枝由彩绸、彩绢剪裁而成的花朵。花朵上还附一个刻有“恩荣宴”的小铜牌。其形制与清代“御赐养老”铜牌相似〔4·1〕。只有状元簪金花，饰翠羽，附鎏金银牌，以区别于其他进士。明万历年刊《状元图考》中有状元簪金花的图形〔4·2〕。另外，故宫博物院藏明人绘《徐显卿宦迹图·琼林登第》中的徐显卿也是头簪金花的形象〔4·3〕。

除了金花，也有簪银花的时候，如《金瓶梅》第一回《西门庆热结十弟兄 武二郎冷遇亲哥嫂》，武松打虎后游街，“头戴着一顶万字头巾，上簪两朵银花；身穿着一领血腥衲袄，披着一方红锦。[1]”武松游街时头上簪的两朵银花是表彰用的，并非一般装饰。

新科进士簪花之礼一直沿用至清朝。在清代，张榜之日，尹丞亲自于长安左门外为头甲三进士簪花披红，令鼓乐护送一干人等赴宴并送回府第。从顺治十五年（1658）开始，殿试传胪后三日方举行恩荣宴，进士与执事各官簪花亦成为定制。工部负责采办赴宴彩花五百枝，其中包括状元所戴金饰银花一枝。

[1] 兰陵笑笑生：《全本金瓶梅词话》，22页，香港，香港太平书局，1981。

筵宴

头上花枝照酒卮，酒卮中有好花枝。身经两世太平日，眼见四朝全盛时。况复筋骸粗康健，那堪时节正芳菲。酒涵花影红光溜，争忍花前不醉归。

（［宋］邵雍《插花吟》）

在唐人的酒席上，那些担当管录行酒令的才情女妓就被称为“簪花录事”。黄在《断酒》诗云：“免遭拽盏郎君谑，还被簪花录事憎。”在宋代，簪花更是文人雅士宴饮时的必做礼节。朋友之间举行便宴时簪花已成为社会的一种习俗。宋人曾巩《会稽绝句三首》诗云“花开日日插花归，酒盏歌喉处处随。”[1]宋人宴会簪花最经典的例子当属《齐东野语》卷二十中的记载。当时，侍郎王简卿曾赴南宋左司郎官张镃举行的牡丹宴，文中称“众宾既集，坐一虚堂，寂无所有，俄问左右云：“香已发未？”答云：“已发。”命卷

[1] ［宋］曾巩：《曾巩集》卷六，94页，北京，中华书局，1984。

4·4 ［五代］《奉侍图》

帘，则异香自内出，郁然满座。”如此看来，宋人在开始上餐前的焚香仪程，也是讲究颇多。“群伎以酒肴丝竹，次第而至。别有名姬十辈皆衣白。凡首饰衣领皆牡丹，首带照殿红一枝，执板奏歌侑觞，歌罢乐作乃退。复垂帘谈论自如。良久，香起，卷帘如前。别十姬，易服与花而出。大抵簪白花则衣紫，紫花则衣鹅黄，黄花则衣红，如是十杯。衣与花凡十易。所讴者皆前辈牡丹名词。”这纷至沓来的歌舞伎，白衣红花，紫衣白花，黄衣紫花，红衣黄花，在花与衣之间形成了美妙的色彩对比与耳目一新的变换。同时，宴会间人声鼎沸，场面热闹，“酒竞，歌者、乐者，无虑数百十人，列行送客，烛光香雾，歌欢杂作，宴皆恍然如仙游也。”[1]这等场面就是在今天恐怕也不是一般人经常能够见到的盛世。文中教乐伶工簪花形象如河北曲阳五代后梁龙德四年（924）王处直墓后室东壁浮雕《奉侍图》〔4·4〕和《女乐图》〔4·5〕。其后者为汉白玉石浮雕，图中有人物15人，采取面右方站姿，分前后两列。乐者都梳高髻簪花。

与女子在发髻上簪花不同，男子乐师一般将花戴在

[1] ［宋］周密：《齐东野语》唐宋笔记史料丛刊，374页，北京，中华书局，1983。

4·5 ［五代］《女乐图》局部

4·6 ［辽］《散乐图》

帽子上，如河北宣化辽天庆六年（1116）墓壁画中《散乐图》〔4·6〕和五代冯晖墓壁画〔4·7〕中乐手戴的花脚幞头，或“簇花幞头”❶，或云“卷曲花脚幞头”❷“花幞头”❸。金人沿袭宋代簪花的形式，卤簿仪卫及宫廷乐工戴之。其形象如杖鼓伎乐人物砖雕〔4·8〕。伎乐人身穿长袍，腰中系带，头上包裹幅巾，幅巾上簪花。元代乐工亦戴花幞头，如《元史·舆服志》：“龙笛二十有八，已上工百三十有二人，皆花幞头，绯生色云花袍，镀金带，朱靴。次仗鼓三十，工人花幞头，黄生色花袄，红生色花袍，锦臂鞲，镀金带，乌靴。”❹

在宴饮之时，兴趣所致，宋代文人也会将瓶子里原本用来观赏的鲜花簪在头上，郭应祥《卜算子》小序里就说：“客有惠牡丹者，其六深红，其六浅红。贮以铜瓶，置之席间，约五客以赏之，仍呼侑尊者六辈，酒半，人簪其一，恰恰无欠余。因赋。”其词云：“谁把洛阳花，剪送河阳县。魏紫姚黄此地无，随分红深浅。小插向铜瓶，一段真堪羡。十二人簪十二枝，面面交相看。”紫和姚黄是宋代两种名贵的牡丹名品，产自洛阳，插在瓶中，大家欣赏饮酒，饮至尽兴之时，每位客

❶《宋史·乐志》载：“诨臣万岁乐队，衣紫绯绿罗宽衫，诨裹簇花幞头。”（卷一四二，3350页，中华书局，1977。）；马端临：《文献通考·乐志》云：“打球乐队，衣四色窄绣罗襦，系银带，裹顺风脚簇花幞头。”（卷一四六，1283页，商务印书馆万有文库本，1935。）

❷ 孟元老《东京梦华录》卷九载：“女童皆选两军妙龄容艳过人者四百余人，或戴花冠，或仙人髻，鸦霞之服，或卷曲花脚幞头。”222页（卷九，222页，北京，中华书局，1982。）

❸ 吴自牧《梦粱录》卷二十在谈到当时民间嫁娶风俗时，称“向者迎新郎礼，其婿服绿裳、花幞头。”（卷二十，188页，杭州，浙江人民出版社，1984。）

❹ ［元］脱脱等：《元史·舆服志》卷七九，1978页，北京，中华书局，1974。

4·7 ［五代］冯晖墓壁画

4·8 ［金］杖鼓伎乐人物砖雕（高30厘米，宽16厘米）

人将瓶中牡丹簪在头上。宋人毛滂《武陵春》一词序：“正月二日，天寒欲雪，孙使君置酒作乐，宾客插花剧饮，明日当立春。”说宾客席上作乐簪花痛饮，仿佛是迎接春天的到来：“城上落梅风料峭，寒馥逼清尊。爽兴天教属使君。雪意压歌云。插帽殷罗金缕细，燕燕早随人。留取笙歌直到明。莲漏已催春。”❶

婚仪

在宋代婚仪中要有簪花的仪程。司马光《书仪·婚仪》之“亲迎”条云：“世俗新婿盛戴花胜，拥蔽其首，殊失丈夫之容体，必不得已，且随俗。戴花一两枝，胜一两枚可也。”司马氏本性尚俭恶奢，这正衬出宋代婚礼的簪花风俗。《水浒传》第五回写周通去桃花庄刘太公庄上娶亲时，“头戴撮尖干红凹面巾，鬓旁边插一枝罗帛像生花”❷，即是反映此种簪花习俗。

❶ ［宋］司马光撰：《司马氏书仪》卷三，38页，江苏书局，同治七年（1868）。

❷ ［明］施耐庵：《水浒传》第五回，77页，北京，人们文学出版社，2005。

刑狱

在宋代，有罪囚簪花的习俗，甚至，行刑处死的犯人也要簪花，如《宋史》卷六五："郡狱有诬服孝妇杀姑，妇不能自明，属行刑者插髻上华于石隙，曰：生则可以验我冤。"[1]又如，《梦粱录》卷五："通事舍人接赦宣读，大理寺帅漕两司等处，以见禁杖罪之囚，衣褐衣，荷花枷，以狱卒簪花跪伏门下，传旨释放。"[2]此外，《水浒传》第四十回写道：蔡九知府命人"把宋江、戴宗两个匾扎起，又将胶水刷了头发，绾个鹅梨角儿，各插上一朵红绫子纸花。"[3]除了罪囚簪花，狱卒也簪花。相同的记载在《水浒传》中亦有许多，如病关索杨雄在蓟州做两院押狱，兼充市曹行刑刽子手，平时"鬓边爱插翠芙蓉"（第四十四回）。刽子手蔡庆也是"生来爱戴一枝花"（第六十二回）。这样做的原因，可能是人们希望用鲜花冲冲行刑时的晦气。

❶《宋史》卷六五。1418页，北京，中华书局，1977。

❷［宋］孟元老等：《东京梦华录（外四种）》，174页，上海，上海古典文学出版社，1957。

❸［明］施耐庵：《水浒传》第四十回，531页，北京，人民文学出版社，2005。

花瑞

据宋人周煇《清波杂志》卷三记载："红药而黄腰，号'金带围'。初无种，有时而出，则城中当有宰相。韩魏公为守，一出四枝，公自当其一。选客具乐以赏之，时王岐公为倅，王荆公为属，皆在席。缺其一，莫有当之者。会报过客陈太博入门，亟召之，乃秀公也。酒半，折花歌以插之。四公后皆为首相。"❶又，王象之《舆地纪胜》卷三七《扬州》也记载有相同内容❷。其大意是：宋仁宗庆历五年（1045），韩琦任扬州太守，他的官署后花圃里有一枝芍药分隔了四岔，每一岔各开了一朵花，这四朵花的花瓣上下都是红色，中间却有一圈黄蕊，时称"金缠腰"，也叫"金带围"。清代苏绣名家赵慧君绣有一件《金带围图》〔4·9〕。该作品高72厘米、宽30厘米，折枝芍药约占整幅面积五分之一左右，余为题字、印章。据说，金带围平时很罕见，如有花开便是城里要出宰相的预兆。此时，恰巧王珪、王安石、陈升三位同来。四人聚首时，

❶［宋］周煇：《清波杂志校注》卷三，116页，北京，中华书局，1994。

❷［宋］王象之：《舆地纪胜》卷三七：韩魏公琦自守维扬郡圃芍药盛开，忽于丛中得黄绿棱者，土人呼为"金系腰"。云："数十年间或有一二，不常见也。"魏公开宴时，王岐公珪监郡、王荆公安石为幕官，方缺一客。魏公谓："未有可当之者"。陈秀公升之初授御尉丞。忽经由。公召同赏，各簪一朵。其后四人相继皆登宰辅。（1565页，北京，中华书局，1992。）

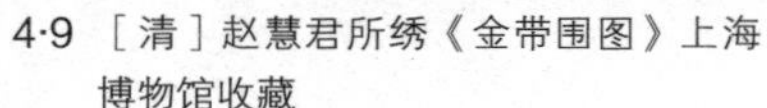

4·9 ［清］赵慧君所绣《金带围图》上海博物馆收藏

4·10 ［清］黄慎《韩魏公簪金带围图》

把四朵“金带围”摘下，各自簪戴在头上。谁知在随后的三十年里，四人竟都相继为相。人们因这四朵花是天降吉兆的象征，将其称为“花瑞”，更衍生了“四相簪花”的佳话。事实上，“四相簪花”这样的“赏花会”本身所呈现的正是宋代当时士大夫阶层社交方式的一个侧面。

不但文人骚客时常提起“四相簪花”的佳话，而且艺术家也时常将“四相簪花”作为题材。最著名的当属“扬州八怪”之一黄慎在雍正二年（1724）“纳凉时节到扬州”。在这座商业繁盛的城市，黄慎作的第一幅画就是《金带围图》扇面。后来，他还在于67岁时画过一幅《韩魏公簪金带围图》〔4·10〕，取意韩魏公邀客品赏芍药名品——金带围的轶事。清代钱慧安也画有《簪花图》〔4·11〕。此图右侧两株虬枝盘折的青松，湖石旁有芍药盛开，韩魏公等人站在前面，正在往头上簪花。其画风工整，人物神态各异。此外，清代画家李墅还曾画《四相簪花图》扇页〔4·12〕，清末的通俗瓷画师、安徽新安郡人俞子明曾制一笔筒《四相簪花》。如此众多的艺术家钟情于“四相簪花”的题材，对于

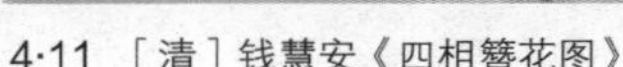
4·11 ［清］钱慧安《四相簪花图》

4·12 ［清］李墅《四相簪花图》扇页扬州博物馆藏

“祥瑞”的附会也反映出文人、士大夫阶层对于仕途之路的期盼意识，也是迎合普通民众追求荣华富贵的普遍心理。

身份

在中国古代，簪花是没有性别和年龄限制的，即清人赵翼《陔馀丛考》所云：“今俗惟妇女簪花，古人则无有不簪花者。”❶

中国男子簪花最早例见于唐代欧阳询《艺文类聚》卷五八：“（梁简文帝）又答新渝侯和诗书曰：垂示三首，风云吐于行间，珠玉生于字里，跨蹑曹左，含超潘陆，双鬓向光，风流已绝，九梁插花，步摇为古，高楼怀怨。’”❷又如，唐代诗人杜牧《为人题赠二首》诗云“有恨簪花懒，无聊斗草稀。”又《九日齐山登高》：“尘世难逢开口笑，菊花须插满头归。”宋代男性也有簪花的风气，如《水浒传》中大名府小押狱蔡庆“生来爱戴一枝花”；阮小五出场“斜戴着一顶破头巾，鬓边插朵石榴花”；病关索杨雄绝对跟风流伶俐沾

❶ ［清］赵翼：《陔馀丛考》卷三一《簪花》，657页，上海，商务印书馆，1957。

❷ ［唐］欧阳询：《艺文类聚》卷五八，1042页，上海，上海古籍出版社，1965。

4·13 ［宋］佚名《田醉归图》绢本设色 纵21.7厘米 横75.8厘米 北京故宫博物院藏

不上边，也“鬓边爱插翠芙蓉”；小霸王周通前往桃花村抢亲，头上“鬓旁边插一枝罗帛像生花”，身边的喽啰也是“头巾边乱插着野花”。

尤其成为风景的是宋代老人簪花。苏轼在《吉祥寺赏牡丹》诗中写道：“人老簪花不自羞，花应羞上老人头。”黄庭坚《南乡子·重阳日寄怀永康彭道微使君，用东坡韵》：“白发又扶逢红袖醉，戎州，乱摘黄花插满头。”其绝笔词《南乡子》云：“花向老人头上笑，羞羞，白发簪花不解愁。”[1]南宋张元幹《菩萨蛮》：“春来春去催人老，老夫争肯输年少。醉后少年狂，白髭殊未妨。插花还起舞，管领风光处。把酒共留春，莫教花笑人。”陆游《小舟游近村舍舟步归》：“不识如何唤作愁，东阡南陌且闲游。儿童共道先生醉，折得黄花插满头。”这些诗词不但没有伤春叹老的悲情，反而是一幅幅白发簪花、开朗豁达的胸襟。其形象如宋人绘《田醉归图》〔4·13〕中，苍松掩映下有一位骑牛缓行，醉意十足的短须年长田官，头戴的方帽顶部就簪花二朵。旁边一人步行相扶，前面有一童子，一手牵牛一手拿水壶饮水。除了《四相簪花》，另一个男子簪花题

❶ 龙榆生编选：《唐宋名家词选》，137页，上海，上海古籍出版社，1956。

4·14 陈洪绶《杨升庵簪花图》

材是清代画家陈洪绶画的《杨升庵簪花图》〔4·14〕。杨升庵，明代著名文学家杨慎，被贬于云南后，心情郁闷，曾经醉酒后，脸上涂白粉，头上插花，游行于街市。

尽管没有身份限制，簪花确是少不了等级区别，尤其是宋朝建立后，为防止唐末五代以来藩镇割据，宋政府采取了一系列加强中央集权的政策。簪花也被纳入标示身份的工具。北宋蔡絛《铁围山丛谈》卷六："元丰中神宗尝幸金明池，是日洛阳适进姚黄一朵，花面盈尺有二寸，遂却宫花不御，乃独簪姚黄以归。"❶牡丹已开，皇帝游幸皇宫附近的金明池簪的是宫花（绢帛做的假花）。但皇帝更喜欢一尺多大的真牡丹，姚黄因其色与形被认为只有皇帝才能簪戴的花❷。

宋代，花有生花与像生花之分，生花即时令鲜花，像生花是假花，由绢类织物制作而成。宫花属于像生花一类，是宫廷特制的赏赐品。皇帝赐花百官，依品级高低而有所不同，戴什么花和戴几朵花，都有明文规定。簪花材质等级的记载如，《宋史·舆服志》载：大罗花以红、黄、银红三色，栾枝以杂色罗，大绢花以红、银

❶ ［宋］蔡絛：《铁围山丛谈》卷六，117页，北京，中华书局，1983。

❷ 隋唐时期，确立赤黄色（即赭色）为皇权独有。从宋开始，由于强调皇权的高度集中，正黄色进一步为皇室专用，僭用、滥用即获罪。

红二色。罗花以赐百官，栾枝卿监以上有之；绢花以赐将校以下。”[1]簪花数量的记载，如《梦粱录》卷六记载：“其臣僚花朵，各依官序赐之：宰臣枢密使合赐大花十八朵、栾枝花十朵，枢密使同签书枢密使院事赐大花十四朵、栾枝花八朵，敷文阁学士赐大花十二朵、栾枝花六朵，知阁官系正任承宣观察使赐大花十朵、栾枝花八朵，正任防御使至刺史各赐大花八朵、栾枝花四朵，横行使副赐大花六朵、栾枝花二朵；待制官大花六朵、栾枝花二朵；横行正使赐大花八朵、栾枝花四朵；武功大夫至武翼赐大花六朵；正使皆栾枝花二朵；带遥郡赐大花八朵、栾枝花二朵；阁门宣辇舍人大花六朵；簿书官加栾枝花二朵；阁门只候大花六朵、栾枝花二朵；枢密院诸房逐房副使承旨大花六朵；大使臣大花四朵；诸色只应人等各赐大花二朵。自训武郎以下，武翼郎以下，并带职人并依官序赐花簪戴。快行官帽花朵细巧，并随柳条。教乐所伶工、杂剧色，浑裹上高簇花枝，中间装百戏，行则动转。诸司人员如局干、殿干及百司下亲事等官，多有珠翠花朵，装成花帽者。”[2]

宋代皇后袆衣有九龙四凤冠，饰大花、小花各十二株；皇后及皇太子妃褕翟有九翚四凤冠，大小花各九

[1] ［元］脱脱等：《宋史·舆服志》，3570页，北京，中华书局，1977。

[2] ［宋］孟元老等：《东京梦华录（外四种）》，179页，上海，上海古典文学出版社，1957。

4·15 《宋仁宗皇后像》南薰殿旧藏

枝；皇太子妃冠花减少及无龙饰。中兴以后，皇后龙凤花钗冠，大小花二十四株。皇太子妃花钗冠，小大花十八株。宋徽宗政和年间（1111—1117）规定命妇首饰为花钗冠，冠有两博鬓加宝钿饰，服翟衣，青罗绣为翟，编次于衣及裳之制。一品花钗九株，宝钿数同花数，绣翟九等；二品花钗八株，翟八等；三品花钗七株，翟七等；四品花钗六株，翟六等；五品花钗五株。其形象如南薰殿旧藏《宋仁宗皇后像》〔4·15〕。

这种以身份确定簪花数量的情况在当代一些少数民族的插花活动中也还存在，如台湾鲁凯人❶插饰百合花象征着猎人的荣耀——男子需累积猎得五只公山猪，才可佩戴第一朵已开的百合花插饰；而后需在一次打猎中同时猎到两只，才可加戴第二朵；三只可加第三朵；四只可加第四朵；五只可加第五朵，但头饰不可超过五朵花。若男子一次猎得超过五只山猪，或所获猎物的总数超过一千只，就有资格佩戴一朵未开百合花，寓意他已把所有猎人掌握在百合花里面，超越他们变成猎王了。女子佩戴百合花象征着贞洁。借由种种结亲仪式和结拜仪式，鲁凯人的平民女子可以取得百合花额饰及未开百合花插饰的佩戴权。❷

❶ 鲁凯人是台湾高山族的一个族群，现有人口约11000人，主要居住在中央山脉南段东西两侧，即今高雄县茂林乡、屏东县雾台乡和台东县卑南乡境内。

❷ 周典恩：《台湾鲁凯人的头饰艺术及其象征寓意》，中国民族宗教网。

第五章　四季花序

天地轮转，花开花落，自然景色年复一年地纷至沓来；春夏秋冬，时节更替，四季鲜花总会按时出现在我们眼前。地理环境是人类文明的塑造者。作为社会文化活动的产物，服饰在构建社会礼仪秩序的同时，也自然成为中国古人与自然对话、相互关照的手段与方法〔5·1〕。簪花须与季节对应，虽然有便于获取的因素，但更主要体现了儒家文化“天人合一”的思想内涵。

四季花

早在汉代，中国先民已经有按照季节一年五次更换官服服色的“五时色”制度，即孟春穿青色，孟夏穿赤色，季夏穿黄色，孟秋穿白色，孟冬穿黑色。五行五色观念源自中国先民在长期农耕生活中，善于识别方位的生产实践，将其应用于服色制度，更是“天人合一”观

5·1 ［宋］赵昌《岁朝图》局部

念在服饰文化上的显现。

天地轮转，四季花开，无论是早春吐露芳颜的辛夷，还是踏着冰雪招展的报岁兰，时令鲜花总会按时出现在我们眼前。根据季节簪花也是中国传统服饰文化的一个精彩亮点。唐末五代诗人、词人韦庄《思帝乡》："春日游，杏花吹满头。陌上谁家年少，足风流？妾拟将身嫁与，一生休。纵被无情弃，不能羞！"至宋代，文化昌达，商业繁荣，先前无名氏《添字浣溪沙·山花子》"折得一枝斜袅鬓，坠金钗"的簪花方式，演变成了将四季鲜花统一呈现的时尚。南宋吴自牧《梦粱录》卷十三"诸色杂货"条记载，在临安市场上："四时有扑带朵花，亦有卖成窠时花，插瓶把花、柏桂、罗汉叶。春扑带朵桃花、四香、瑞香、木香等物，夏扑金灯花、茉莉、葵花、榴花、栀子花，秋则扑茉莉、兰花、木樨、秋茶花，冬则木春花、梅花、瑞香、兰花、水仙花、腊梅花。"❶同书还记载了，在宋代婚仪中，男方送给新娘的催妆中有"四时冠花"一项。此外，《水浒传》第六十一回描写浪子燕青"腰间斜插名人扇，鬓畔常簪四季花"❷。所谓"四季花"应与"四时冠花"一

❶［宋］孟元老等：《东京梦华录（外四种）》，245页，上海，上海古典文学出版社，1957。

❷［明］施耐庵：《水浒传》第六十一回，807页，北京，人民文学出版社，2005。

5·2 ［清］慈禧服饰小样

样，都是指根植于农耕生活方式的应景文化，所催生出的按季节时令簪花和插戴节物的风俗。

这种风尚演绎到清代，则体现在宫廷服饰的图案设计上。在当时就有一个不成文的规定，无论是后妃、公主、福晋，还是七品命妇所穿用便服上面的织、绣的花卉纹样，一定要为应季花卉，即：春季为牡丹、绣球、山兰、万年青、探春、桃花、杏花、迎春花等花卉；夏季为蜀葵、扶桑、牡丹、百合、万寿菊、蔷薇、虞美人、芍药、石竹子、石榴、凌霄、荷花、杜鹃花、玫瑰花等花卉；秋季多为剑兰、桂花、菊花、秋海棠等花卉；冬季为梅花、山茶花、水仙花等花卉〔5·2〕。

就传统习惯而言，中国古人一般按照农历划分四季，农历一月到三月是春季，四月到六月是夏季，七月到九月是秋季，十月到十二月是冬季。而气象学上以公历3月~5月为春，6~8月为夏，9~11月为秋，12月~第二年2月为冬。

春之花

春之花主要有杏花、桃花、迎春花、棠梨，等等。

杏花，又称杏子，果肉、仁均可食用。杏花单生，先叶开放，花瓣白色或稍带红晕。花朵娇小可爱，而成片的杏花林景色更是奇丽。农历二月又称杏月，正是杏花初放之时，朵朵美若天仙，柔媚动人。杏花至少在我国已有两三千年的栽培历史，在公元前数百年问世的《管子》中就有记载。自唐代始，杏花就具有封建文人梦想科举成功的文化象征。探花使是唐代新科进士赐宴时采折名花的人，常以同榜中最年少的进士二人为之（详见第四章）。

桃花属木本蔷薇科，盛开于农历三月，一般又称为桃月。桃花是春天早发的花卉，姿态优美，花朵丰腴，艳如红霞，盛开时明媚如画，犹如仙境，被称为“世外桃源”，因此，桃花也被称之为春桃。南梁萧子显《桃花曲》中写道：“但得桃花艳，得间美人簪。”刘禹锡在《竹枝词》中写道：“山桃红花满上头，蜀江春水拍山流。花红易衰似郎意，水流无限似侬愁。”

5·3 迎春花

棠梨，亦作“棠棃”，俗称野梨。落叶乔木，叶长圆形或菱形，花白色，果实小，略呈球形，有褐色斑点。唐代元稹《村花晚》诗云：“三春已暮桃李伤，棠梨花白蔓菁黄。村中女儿争摘将，插刺头鬓相夸张。”

迎春花，枝稍扭曲，小枝四棱形，叶对生，三出复叶。花期在每年6月。花色端庄秀丽，具有不畏寒威，不择风土，适应性强的特点〔5·3〕。明末清初郝壁《郝兰石师长教师集·广陵竹枝词》中附有一首写扬州女子“各带迎春花鬓侧，行人绮陌踏青歌”的诗句。

夏之花

夏之花有牡丹、玫瑰、芍药、蔷薇、赛金花、金茎花、石榴（详见“节令时物”）、茉莉（详见“簪花为饰”），等等。

牡丹

牡丹，是毛茛科、芍药属植物，为多年生落叶小灌

5·4 ［明］陈淳《牡丹》

5·5 ［清］恽寿平《牡丹》

木。花色泽艳丽，玉笑珠香，富丽堂皇，有“花中之王”美誉。牡丹品种繁多，色泽亦多，以黄、绿、肉红、深红、银红为上品。牡丹花大而香，故又有“国色天香”之称。唐代刘禹锡《赏牡丹》诗曰：“庭前芍药妖无格，池上芙蕖净少情。唯有牡丹真国色，花开时节动京城。”牡丹花被拥戴为花中之王，有关文化和绘画作品很丰富〔5·4、5·5〕。牡丹花开之时，无论贵贱老幼都喜欢把牡丹簪在头上，游赏观花、香气四溢。最著名的当属唐代周昉《簪花仕女图》中最右侧贵妇（见第一章）。

牡丹象征荣华富贵，女子戴于发间更能显出雍容的美态，以牡丹为形的首饰在明清有很多，如江阴青阳邹令人墓出土明代嵌宝石蝴蝶戏牡丹金簪〔5·6〕。簪头为牡丹花和枝叶纹样，以金片锤锞成形，再錾刻花叶的纹理，下面一朵大牡丹，上面是一只蝴蝶，左右两侧各有一支小牡丹。牡丹嵌红宝石做花蕊，蝴蝶身上嵌蓝宝石。最上面是三支叶片包卷状。又如，1963年云南呈贡王家营沐氏家族墓之沐详夫妇合葬墓出土牡丹镶宝金簪〔5·7〕，簪首为牡丹花形，以金片錾刻出花瓣形状，层层叠叠，虚实分明，左右对称。花朵中心以细金丝做

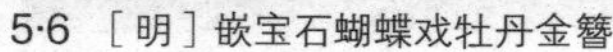

5·6 ［明］嵌宝石蝴蝶戏牡丹金簪

5·7 ［明］牡丹镶宝金簪 云南省博物馆藏

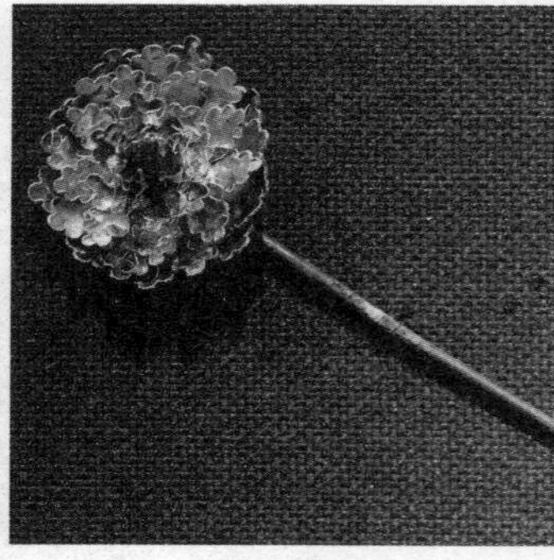

5·8 ［明］金镶珍珠牡丹簪

蕊，蕊上嵌红宝石。牡丹花外有花叶五片衬托花朵。又如，湖北蕲春县博物馆藏湖北蕲春彭思镇张滩村猪头咀明墓出土明代金镶珍珠牡丹簪〔5·8〕，以金片錾刻牡丹花做簪首，花瓣用金丝勾勒轮廓，层层包叠，繁复至三或四层，花蕊嵌红宝石。同墓还出土一枚顶簪，形式与工艺相同，富贵气质，溢于言表。

与牡丹富贵相称的是凤凰，凤和牡丹组合在一起的时候称为“凤穿牡丹”。这是比较常见的组合方式，如1966年江苏溧阳县城西公社上阁楼大队明墓出土圆形镂空凤凰牡丹花帽金饰〔5·9〕，直径3.4厘米，重2.58克，同出12枚，形制相同。花边缘，正面略凸，中部堆雕盛开牡丹，对凤环绕周围。又如，曲江艺术博物馆藏累丝镶宝凤穿牡丹金簪〔5·10〕，一支通长15.2厘米，物长4.9厘米，宽4.3厘米，重13.6克。另一支通长13.4厘米，物长4.7厘米，最宽4.7厘米，重13.5克。

莲花

莲花，也称荷花、水芙蓉等，属睡莲科多年生水

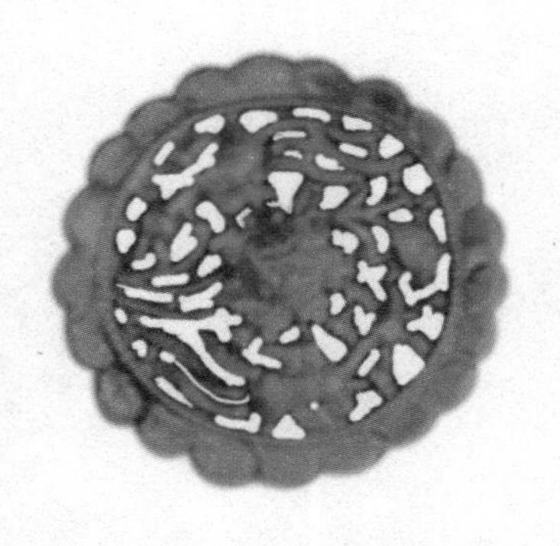

5·9 ［明］圆形镂空凤凰牡丹花帽金饰

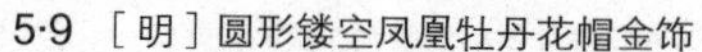

5·10 ［明］累丝镶宝凤穿牡丹金簪
曲江艺术博物馆藏

生草本花卉。地下茎长而肥厚，有长节，叶盾圆形。花期在每年的六月至九月，单生于花梗顶端，花瓣多数，嵌生在花托穴内，有红、粉红、白、紫等色，或有彩文、镶边。在中国传统文化中，莲花具有清高、洁净、高雅的文化内涵，与道教、佛教等宗教信仰相连，还因“莲”与“连”谐音产生了众多与“莲”有关的吉祥符号和图案，如一品清廉、连生贵子、连中三元、喜得连科、一路连科等。唐人簪荷花的形象如《簪花仕女图》中的贵妇。

中国古代莲花簪实物如江阴夏港出土宋代金藕莲花簪〔5·11〕，通长36.1厘米，重66.9克。其莲花花瓣层层叠叠达到九层之多，每一层莲瓣上都有精美的镂空纹饰。最上面是莲蓬，花心又吐出一支小花，繁复奢华，华贵异常。簪脚上有细致纹样，以炸珠装饰。这件金器奇巧之处在于它的莲花饰叶可以转动，说明当时江南的金器工艺非常发达。与此类似的是南京太平门外出土明代莲花形金簪一对〔5·12〕，长13厘米，簪首长2厘米，宽0.6厘米。同出两件，形制相同，簪针为六面方棱形，簪首为两层六瓣莲花，以金轮相隔，上层莲花顶端有圆

5·11 ［宋］金藕莲花簪江阴博物馆收藏

形托，托内镶嵌物已失。簪首与簪针顶部之间为圆柱形，其上饰数首凸弦纹，其下为两层六角形状相叠，莲瓣用累丝工艺制成。清代还有银点翠嵌蓝宝石簪〔5·13〕，长9.5厘米，宽2厘米，簪身银质。簪柄有三层银镀金点翠莲花托，一层为覆莲式，第二层为仰莲上嵌珍珠一颗，第三层为多层仰莲上嵌蓝宝石一块。此簪所嵌蓝宝石大而圆润，成色上佳。

除了发簪，南京博物馆藏还收藏了一件明代莲花金饰件〔5·14〕，高11.7厘米，宽9.2厘米。它是用黄金锤锞制成，中心为椭圆形花心，四周錾刻放射状直线。周围由十四片叶片环绕，形似火焰状。上下各做成如意云形状，上端焊接一圆形花托，原嵌有宝石，现已遗失。叶片上左右各有一圆形小孔，可供缝缀之用。

茉莉

茉莉属木樨科常绿小灌木，原产印度、伊朗、阿拉伯诸国，汉代由西亚传入我国。茉莉花通常三朵花，花白色，有芳香，花期长，由初夏至晚秋开花不绝。茉莉

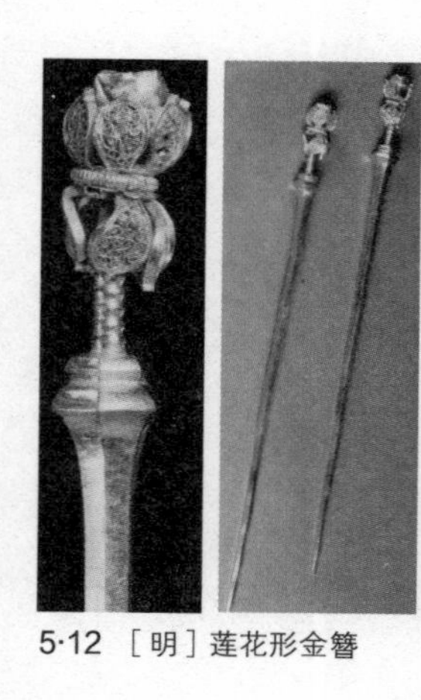

5·12 ［明］莲花形金簪

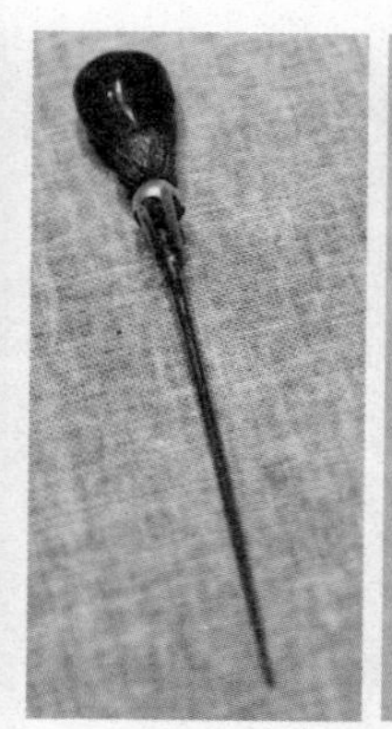

5·13 ［清］银点翠嵌蓝宝石簪

5·14 ［明］莲花金饰件南京博物馆藏

喜温暖湿润和阳光充足环境，其叶色翠绿，花色洁白，香气浓郁，是最常见的芳香型盆栽花木。据《中药大辞典》中记载，茉莉花有“理气开郁、辟秽和中”的功效，并对痢疾、腹痛、结膜炎及疮毒等具有很好的消炎解毒的作用。常饮茉莉花，有清肝明目、生津止渴、祛痰治痢、通便利水、祛风解表、疗瘘、坚齿、益气力、降血压、强心、防龋、防辐射损伤、抗癌、抗衰老的功效，使人延年益寿、身心健康。❶

茉莉花溢香消暑，为端午节所簪之花，香味迷人，不仅妇女们喜爱装饰品，更吸引了文人雅士的目光。汉代闽人（今广州）已有用用彩色丝线将茉莉花穿成串戴在头上闻香的风俗。北宋赵昌所绘纨扇面《茉莉花图》〔5·15〕描画了一束洁白秀美的茉莉花，表现了宋人对自然景物的细致观察和美好向往。据《西湖老人繁胜录》记载，南宋端午节“茉莉盛开，城内外，扑戴朵花者，不下数百人。每妓须戴三两朵，只戴得一日，朝夕如是”❷。又，《武林旧事》卷三“都人避暑”载：“六月六日，显应观崔府君诞辰，自东都时庙食已盛。是日都人士女，骈集炷香，已而登舟泛湖，为避暑之

❶ 南京中医药大学：《中药大辞典》，1749页，上海，上海科学技术出版社，2006。

❷ ［宋］西湖老人：《西湖老人繁盛录》，10页，北京，中国商业出版社，1982。

游。时物则新荔枝、军庭李（二果产闽），奉化项里之杨梅……关扑香囊、画扇、涎花、珠佩，而茉莉为最盛。初出之时，其价甚穹。妇人簪戴，多至七插，所直数十券，不过供一饷之娱耳。”❶可见，南宋京城临安，从端午开始，一直到六月初，茉莉花都是女子们的宠儿。除了南宋都城，当时黎族妇女也有用茉莉花装饰鬓发的习俗、苏轼被贬谪海南岛时，曾作《题姜秀郎几间》诗云：“暗麝著人簪茉莉，红潮登颊醉槟榔。”此外，宋人姜夔《茉莉》诗云：“应是仙娥宴归去，醉来掉下玉簪头。”

到了清代，簪茉莉的风尚更盛，清人李渔《闲情偶寄》称：“花中之茉莉，舍插鬓之外，一无所用。”❷他更是称“茉莉一花，单为助妆而设，其天生以媚妇人者乎？是花皆晓开，此独暮开。暮开者，使人不得把玩，秘之以待晓妆也。是花蒂上皆无孔，此独有孔。有孔者，非此不能受簪，天生以为立脚之地也。若是，则妇人之妆，乃天造地设之事耳。植他树皆为男子，种此花独为妇人。”❸其大意是指茉莉是专门用来帮助化妆的花，因为晚上开花，可以收起来等到早上梳妆时用

❶ [宋]周密：《武林旧事》卷三，84页，北京，中华书局，2007。

❷ [清]李渔：《闲情偶寄》，33页，北京，中国社会出版社，2005。

❸ [清]李渔：《闲情偶寄》，241页，北京，中国社会出版社，2005。

5·15 ［北宋］赵昌《茉莉花图》扇面

了。又因为茉莉花有孔，簪子可以穿过去。这样看来，女子要梳妆打扮，是天造地设的事情。种植其他的花都是为了男子，只有种茉莉花是为了女子。

簪茉莉花的习俗一直沿袭至明清也不见衰减。明代画家和诗人唐伯虎有一首七绝《茉莉》诗，写得别具一格："春困无端压黛眉，梳成松鬓出帘迟。手拈茉莉猩红染，欲插逢人问可宜？"诗中生动地描写了佳人在迈出闺房前，手执一朵猩红色的茉莉花，将插发髻前的样子。也描述美人头簪茉莉花、人花俱美景致的诗词，如清代王士禄《茉莉花》："冰雪为容玉作胎，柔情合傍琐窗开。香从清梦回时觉，花向美人头上开。"又如，清代诗人陈学洙《茉莉》："银床梦醒香何处，只在钗横髻发边。"

玫瑰

玫瑰，落叶灌木名。似蔷薇，枝密有刺，花为紫红色或白色，香气很浓。中国古人簪玫瑰的诗文在唐代已有，如唐人李建勋《春词》："折得玫瑰花一朵，凭君簪向凤凰钗。”直至清代，仍流行簪玫瑰。清人李渔《闲情偶寄》中称：“玫瑰，花之最香者也。而色太艳，止宜压在鬓下，暗受其香，勿使花形全露，全露则类村妆，以村妇非红不爱也。”[1]因为玫瑰花香气浓厚，簪插时要压于发髻之下，含蓄不露。

[1] ［清］李渔：《闲情偶寄》，33页，北京，中国社会出版社，2005。

蔷薇

蔷薇，落叶灌木，茎细长，枝上密生小刺，羽状复叶，花白色或淡红色，有芳香。花可供观赏，果实可以入药。南朝梁人刘缓《看美人摘蔷薇》诗云：“钗边烂熳插，无处不相宜。”

秋之花

秋之花有蜀葵、桂花、兰花、玉兰花、菊花（详见“节令时物”）、茱萸（详见“簪花为饰”“节令时物”），等等。

5·16 ［明］成化嵌宝石葵花形金簪

5·17 ［明］鎏金蝶恋花银步摇簪

蜀葵

蜀葵，植株修长而挺立，开于夏末秋初，花朵大而娇媚，颜色五彩斑斓，其中黄蜀葵又称为秋葵，《诗经》中就曾提及“七月菱葵叔”。秋葵是一种朝开暮落的花，一般人说的“昨日黄花”，就是以秋葵为写照。北京右安门外明墓出土明成化嵌宝石葵花形金簪〔5·16〕，通长13.5厘米，重74.8克。扁柄，簪头为三层，花瓣均匀厚重，中心镶嵌黄碧玺，周围环绕着16颗红蓝宝石。

兰花

宋代风气以典雅为尚，人们还喜欢簪兰花，如宋代姚述尧《点绛唇·兰花》：“潇洒寒林，玉丛遥映松篁底。风簪斜倚。笑傲东风里。一种幽芳，自有先春意。香风细。国人争媚，不数桃和李。”兰花形首饰实物如香港梦蝶轩藏明代鎏金蝶恋花银步摇簪〔5·17〕，簪长25.6厘米，在簪的两边装饰两列兰花，顶上有三个花苞，右侧是一只蝴蝶。

玉簪花

玉簪花多年生草本植物〔5·18〕。叶丛生，卵形或心脏形。花茎从叶丛中抽出，总状花序。秋季开花，色白如玉，未开时如簪头，有芳香。花向叶丛中抽出，高出叶面，着花9~15朵，组成总状花序。花白色或紫色，有香气，具细长的花被筒，先端6裂，呈漏斗状。紫玉簪花七月上旬开花，盛花期约十天；白玉簪花八月开花，盛花期二十天。蒴果圆柱形，成熟时3裂，种子黑色，顶端有翅。明代李东阳《玉簪花》："妆成试照池边影，只恐搔头落水中。嫦娥云髻玉簪斜，落地飘然化作花。"清人李渔《闲情偶寄》中"种植部"专有"玉簪"词条描述："花之极贱而可贵者，玉簪是也。插入妇人髻中，孰真孰假，几不能辨，乃闺阁中必需之物。然留之弗摘，点缀篱间，亦似美人之遗。呼作"江皋玉佩"，谁曰不可？"[1]玉簪花像生首饰实物如香港梦蝶

[1] ［清］李渔：《闲情偶寄》，260页，北京，中国社会出版社，2005。

5·18 玉簪花

5·19 ［明］鎏金玉簪花耳环

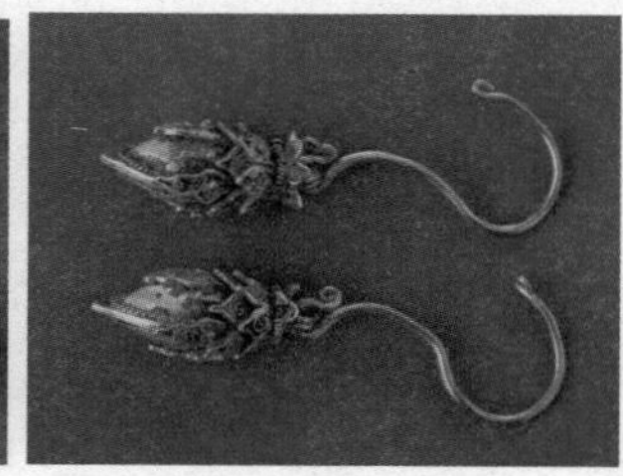

5·20 ［清］垂珠金耳坠

轩藏明代鎏金玉簪花耳环〔5·19〕和广西天等县龙茗乡百啄小学赵昆墓出土清代垂珠金耳坠〔5·20〕，长4.2厘米，耳坠造型精美，由挂环和垂珠两部分组成。垂珠呈橄榄形。

冬之花

冬之花有梅花、木芙蓉、山茶、水仙，等等。

梅花

梅花，梅树之花，寒冬先叶开放，花瓣五片，有粉红、白、红等颜色。观赏梅花的兴起，大致始自汉初。汉代刘歆《西京杂记》卷一载："汉初修上林苑，远方各献名果异树，亦有制为美名以标奇丽。"其中梅花之名有"朱梅、紫叶梅、紫花梅、同心梅、丽枝梅、燕梅、猴梅。"[1]经南北朝发展，隋、唐、五代渐盛，至宋代达到高峰。文人作家赏梅、画梅、写梅，更是蔚然成风〔5·21〕。通过梅花的洁白等特征，歌颂具有高尚

[1] ［汉］刘歆著、［东晋］葛洪辑：《西京杂记全译》卷一，34页，贵阳，贵州人民出版社，1993。

节操的人，并得到广泛认同。以梅插髻的风气，南朝已有。证以南朝梁人鲍泉《咏梅花》诗：“可怜阶下梅，飘荡逐风回。度帘拂罗幌，萦窗落梳台。乍随纤手去，还因插鬓来。”宋代簪梅花的风气更胜。在宋代文人的生活里，簪梅，更是朋友们在闲散小聚助兴的方式，既有“自折梅花插鬓端”❶的雅韵，也有“为言满帽插梅花”❷的热烈。甚至，睡前匆忙，忘记摘掉发髻间的梅花，一觉起来“梅花鬓上残”❸。

既然宋人有簪梅的风气，那么梅花首饰自然也不会少，后世依然沿袭了这种文化。明代实物如北京定陵出土明万历鎏金嵌宝石花卉纹银簪〔5·22〕和湖南凤凰沱江镇老官祖古墓群出土镶玛瑙梅花形金簪〔5·23〕，长12.5厘米，宽3.1厘米，重12.5克。银簪扁锥形，以莲花、梅花和牡丹花等花卉为托，上嵌宝石，花瓣丰满。簪脚光素无纹，簪首是累丝工艺做梅花花瓣，上下两层，每层五片梅花花瓣，上层当中，镶玛瑙做花蕊，整体风格较为素雅。此外，香港梦蝶轩藏明代嵌宝石累丝花形金钗、金耳环〔5·24〕，长13厘米，最长直径4厘米。金质，两股中夹有铜钱纹样，钗头为喜鹊登梅

❶ 朱淑真《又绝句二首》：“自折梅花插鬓端，韭黄兰茁簇春盘。泼醅酒软浑无力，作恶东风特地寒。”

❷ 陆游《观梅至花泾高端叔解元见寻》：“春晴闲过野僧家，邂逅诗人共晚茶。归见诸公问老子，为言满帽插梅花。”

❸ 李清照《菩萨蛮》：“风柔日薄春犹早，夹衫乍著心情好。睡起觉微寒，梅花鬓上残。”

5·21 ［明］陈宪章《画梅花》

5·22 ［明］鎏金嵌宝石花卉纹银簪

5·23 ［明］镶玛瑙梅花形金簪

5·24 ［明］嵌宝石累丝花形金钗、金耳环

图案，用累丝工艺做出花叶和鹊鸟，另镶嵌红宝石。耳环：高4.8厘米，宽2.6厘米。

芙蓉

芙蓉，也称木芙蓉、拒霜花、三变花、醉芙蓉 、三醉芙蓉、扶桑。锦葵科植物，花白色或粉红色，到夜间变深红色〔5·25〕。芙蓉原产于我国，四川、云南、湖南、广西、广东等地均有分布，而以成都一带栽培最多，历史悠久，后蜀末代皇帝孟昶时，在城墙上遍种芙蓉，故成都又有“芙蓉城”之称。自唐代始，湖南湘江一带亦种植木芙蓉，繁花似锦，光辉灿烂，唐末诗人谭用之《秋宿湘江遇雨》诗云：“秋风万里芙蓉国。”芙蓉花形首饰如明代湖北蕲春彭思镇张滩村猪头嘴明墓出土金镶宝石花鸟簪〔5·26〕，长11.5厘米、宽5.5厘米，重35.5克。簪首树叶花卉造型，上面凤鸟、蝴蝶、蜜蜂飞舞。均金丝弹簧连接，颤动如生。

5·25 ［宋］《芙蓉》

5·26 ［明］金镶宝石花鸟簪　蕲春县博物馆藏

一年景

在中国古代首饰纹样题材中，宋元多选择清新活泼的自然景物。靖康年间，开封地区纺织纹样及妇人首饰衣服都喜欢把四季的代表性物品放在一起作为装饰，代表一年四季，称为“一年景”。

南宋诗人陆游在《老学庵笔记》记载，北宋靖康初年（1126），京师妇女喜爱用四季景致为首饰衣裳纹样，从丝绸绢锦到首饰、鞋袜，“皆备四时”，从头到脚展示一年四季景物的穿戴，称为“一年景”。“节物则春旛、灯球、竞渡、艾虎、云月之类”；“花则桃、杏、荷花、菊花、梅花”。❶第一类题材在头饰上更为多见，第二类题材的使用更为广泛，且后世更加流行，成为花卉图案的主要形式之一，时称“四季花”。

南薰殿旧藏《宋仁宗后坐像》画，侍立左右的两个宫女，身穿深色印金圆领袍，头戴两端高耸“花插棟双枝”❷幞头，堆簇缤纷斑斓花卉近百朵，展示了“四季花”的花样年华〔5·27〕。其形象与《东京梦华录》

❶［宋］陆游：《老学庵笔记》卷二，9页，上海，上海书店，1990年影印本。

❷［宋］卢炳：《少年游·用周美成韵》：“绣罗褑子间金丝。打扮好容仪。晓雪明肌，秋波入鬓，鞋小步行迟。冠儿时样都相称，花插棟双枝。倩俏精神，风流情态，惟有粉郎知。”

5·27 《宋仁宗后坐像》中侍者 南薰殿旧藏

卷四“公主出降”条“又有宫嫔数十，皆珍珠钗插、吊朵、玲珑簇罗头面，红罗销金袍帔”❶的记载相似。

“一年景”最早出现在绘画作品上。沈括《梦溪笔谈》卷十七，引用张彦远《画评》言王维画物，“多不问四时。如画花往住以桃、杏、芙蓉、莲花同画一景。”❷

宋代社会，花卉文化发展到了极盛。花卉纹样的使用也日渐增多。例如，常州武进南宋墓葬出土了三件朱漆戗金奁，其中一件《仕女庭院消夏图》〔5·28〕莲瓣式朱漆奁奁身的十二棱间戗刻着冬之梅枝，春之牡丹，夏之萱草、莲荷，秋之芙蓉，冬春之茶花、芙蓉。这六组四季花卉，仰俯交枝，展开正是一幅“一年景”。另一件《沽酒图》朱漆戗金长方盒的盖盒四周立墙正面戗刻春之牡丹，背面为秋之芍药，两旁立墙一侧为夏之栀子，另侧刻冬春之山茶。又一件《柳塘小景图》戗金朱色斑纹黑漆长方盒，盖面景色以黑漆为底，用戗金线勾出坡石、塘岸、垂柳、游鱼、荇草、波纹等。其四周立墙，正面为梅枝与莲荷相交，背面为牡丹与秋菊相映，侧面分别是山茶、栀子，也是“一年景”。

❶ ［宋］孟元老：《东京梦华录全译》，67页，贵阳，贵州人民出版社，2009。

❷ ［宋］沈括：《梦溪笔谈》卷十七，528页，贵阳：贵族人民出版社，1998年。

5·28 ［南宋］《仕女庭院消夏图》

在福州南宋黄升墓中漆奁内有二十块圆形、四边形、六角形的粉块上分别印刻着梅花、兰花、荷花、菊花、水仙、牡丹、山茶等图案〔5·29〕。此外，在黄升墓还出土了两件精美的绣花绶带，刺绣纹样几乎囊尽了一年景里的所有花卉。绶带上的图案中有芍药、石榴、秋葵、山茶、杜鹃、菊花、蔷薇、桃花、芙蓉、荷花、海棠、牡丹等十余种花卉组成的纹饰。另外，黄升墓还有一条拼合被面，由山茶、梅朵、芙蓉、牡丹、莲荷、菊花等拼为一景的花卉图案。1988年，江西德安出土南宋周氏墓墓主梳高髻，盘结于头顶，上插金钗、鎏金银钗，两鬓和后脑各戴木梳，金丝彩冠罩在发髻外。想必原先冠上应该插满了四季鲜花，不过除了金银珠宝，鲜花早已化泥了。这便是鲜花的可爱处，不留恋，不永恒。

在南宋以后“一年景”还留下一定的余波，然而“一年景”花卉终究已不是元代以后各种装饰物的主旋律了。但在像生首饰中仍然可见，如扬州博物馆馆藏的明代镂空花叶纹金簪，整体造型呈“T”字形状，在薄金片上錾刻变形双线的如意云纹作边框，中间镂空錾刻

5·29 ［南宋］粉块

出牡丹、葵花等七朵花卉图案，使之呈现出镂空和多层次的高浮雕效果，体现了制作者高超的锤锞工艺技巧。

岁寒三友

岁寒三友，指松、竹、梅三种植物。松、竹经冬不凋，梅则迎寒开花，故称岁寒三友。松、竹、梅是取松丑而文，竹瘦而寿，梅寒丽秀，是三益友之意。因这三种植物在寒冬时节仍可保持顽强的生命力而得名，是中国传统文化中高尚人格的象征，传到日本后又加上长寿的意义。松和竹在严寒中不落叶，梅在寒冬里开花，有“清廉洁白”节操的意思，是古代文人的理想人格。

簪花根植于中国文化之中，人品和花格的相互渗透是这一文化现象的集中体现。在中国传统文化中，松、竹、梅被誉为“岁寒三友”。据记载，北宋神宗元丰二年（1079），苏轼遭权臣迫害，被捕入狱。经王安石等人营救，始得从轻定罪，安置黄州（湖北黄冈）管制。苏轼初到此地时，心情很苦闷，生活困难，便开垦种植，并在自己的园子里，遍植松、柏、竹、梅等花木。

5·30 ［明］梅花竹节纹碧玉簪

5·31 ［清］梅竹风华嵌宝金发簪

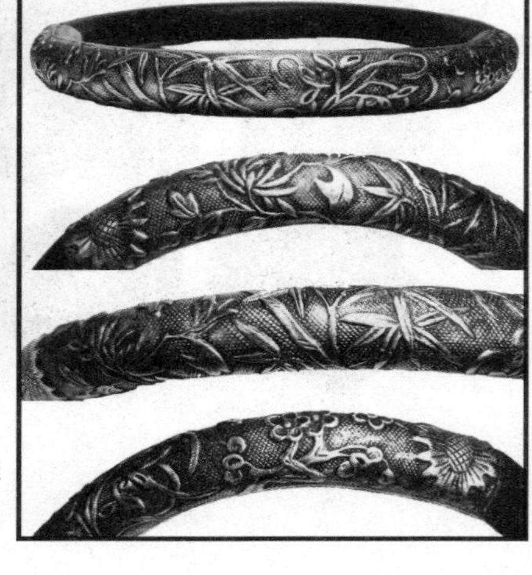

5·32 ［清末民初］上海老凤祥鎏金梅兰竹菊风藤手镯

一年春天，黄州知州徐君猷来雪堂看望他，打趣道："你这房间起居睡卧，环顾侧看处处是雪。当真天寒飘雪时，人迹难至，不觉得太冷清吗？"苏轼手指院内花木，爽朗大笑："风泉两部乐，松竹三益友。"以后，合成松、竹、梅的"岁寒三友"图案，一般都用在器皿、衣料和建筑上，借此体现傲霜斗雪、铁骨冰心的高尚品格。

松、竹、梅合称"岁寒三友"图案，是画家们最喜爱的主题。宋朝时，岁寒三友常作为文人画、水墨画的题材。元朝、明朝的陶瓷器也常有松竹梅的图案。一般都用在器皿、衣料和建筑上。1974年南京江宁殷巷沐叡墓出土了两件梅花竹节纹碧玉簪〔5·30〕。一件长12.8厘米，簪首直径1.3厘米。另一件长13.8厘米，簪首直径1.6厘米。簪首作钱纹，通体雕琢竹节纹，上部饰数朵梅花，末端作竹子截面形状。清代实物如梅竹风华嵌宝金发簪〔5·31〕，蓝红宝石各一颗，华字透出荣贵暗喻，极尽奢华。此外，清末民初时期上海老凤祥鎏金梅兰竹菊风藤手镯也有梅竹图案〔5·32〕。

第六章　莳花卖花

早在公元前一千多年的甲骨文上，就有华夏先民栽培花卉的记载。周代都城，人们已在园圃中进行花卉种植。到了唐代，中国古人的花卉栽培已有相当水平，而且对花卉已有了特殊的情感。诗人白居易在《牡丹芳》一诗中描写长安城牡丹花开的盛况时称："花开花落二十日，一城之人皆若狂。"

至宋代，鲜花更成为人们物质与文化生活中不可缺少的一部分。南宋的花卉栽培种植业，创造了历史的辉煌，嫁接技术广泛推广，一大批接花高手应运而生。在宋代，不仅花卉品种日益增多，还出版了《洛阳牡丹》《范村梅谱》《兰谱》和《全芳备祖》等阐述花卉培植的专著。宋代社会花事颇多，插花、赏花之风日盛，对花的需求量也大，在鲜花的消费上也毫不吝惜，宋人方岳《卖花翁》："不论袍紫与鞓红，一朵千金费化工。""袍紫与鞓红"都是牡丹花，虽然品种珍贵，但一朵花竟然能价值千金，也确实是令人咂舌！又如，宋末遗民连文凤《赠卖花湖妓》诗中也写道："客来不惜买花钱，客醉青楼月在天。"风花雪月，亭台楼阁，美景佳肴，美人相伴，自然少不了鲜花；能够一掷千金的豪爽买花，这是宋人的风情气质。为了适应城市里的鲜花消费激增的巨大需求，还出现了专门以种花为业的花户，以及专门进行花卉交易的花市，甚至，还有了延长鲜花花期的运输手段。

花户养花，花市出现，自然就少不了以卖花为业的卖花者。富裕者，在街巷间开设店铺。稍逊者，在街边摆放篮花卖花。还有一类卖花者，专门提篮游走于巷陌间，以吟唱的方式售卖鲜花。这可人的卖花声悠悠扬扬，一唱就是上千年，在几十年前的南方城市还有存留，并永久印刻在人们对繁华盛世的不灭记忆里。

花户

据史料载，宋时古都汴梁有不少王公大臣和富商家的宅院里都辟有月季、玫瑰园。后来，随着金人入侵，宋都南迁，簪花之风也被贵族们一起带到南方。

有些人就自己种花。南宋的花卉栽培种植业，创造了历史的辉煌，有划时代的进步。宋人的赏花情结极为浓郁，戴花成为普遍的习俗，嫁接技术广泛推广，一大批接花高手应运而生，创造出各种奇花异卉的新品、名品。

宋人，尤其是知识分子，文化修养极高。他们将花卉文化视为追求高雅生活，陶冶情操不可分割的一部分。宋代名士杨泽民在《蕙兰芳》中称其赣州的园林为“绕翠栏满槛，尽是新栽花竹”。两宋的士大夫，很多人出身于贫寒的农家，一旦通过进士及第，踏上仕途，凭其才华，不少人高官厚禄，在退休或因守丧、贬降时往往回到故乡，种菜莳花。在与生俱来的重农情结中又平添了几分回归大自然的喜悦及怡然自得。北宋的西京洛阳与南宋行在临安府就是最适宜人居的“花园城市”——名闻遐迩的花都。

而对于那些身在京城里住宅密集的平民而言，很难开辟出一处种花莳草的地方，于是出现了屋顶种花的雅事，如南宋诗人姜特立《因见市人以瓦缶莳花屋上有感》："城中寸土如寸金，屋上莳花亦良苦。"

在宋代，种花业也逐渐成为独立的商业性的新兴农业，甚至出现了以花卉养植为业的"花户"或"园户"。一些大中城市花卉种植业已呈现规模效应。南宋赵蕃有诗反映了临安近郊的这一趋势："昔人种田不种花，有花只数西湖家。只今西湖属官去，卖花廼亦遍户户。种田年年水旱伤，种花岁岁天时穰。"而且，有的花户已经有了自己固定的客户，不愁卖不出去。不仅杭州，苏州东城与西城"所植弥望"，扬州种花的专业户也是"园舍相望"。正如王观《扬州芍药谱》序言云："今则有朱氏之园，最为冠绝，南北二圃所种几于五六万株，意其自古种花之盛，未之有也。朱氏当其花之盛开，饰亭宇以待来游者，逾月不绝。"❶

宋末元朝初人董嗣杲在《西湖百咏》卷上《东西马塍》序中说："马塍在溜水桥北，羊角埂是也。河界东西，土脉宜栽花卉，园人工于接种。仰此为业。"❷马塍在南宋已经成为临安城花卉种植基地，"都城之花皆取焉"，叶适有诗述其规模之大："马塍东西花百里，锦云绣雾参差起。"❸按照赵汝譡《和叶心水心马塍歌》诗

❶ [宋]代左圭辑：《左氏百川学海》，3页，武进陶氏涉园影刊，民国十六年（1927）。

❷ [宋]董嗣杲：《西湖百咏》，286页，扬州，广陵书社，2003。

❸ [宋]叶适：《水心集》卷七"赵振文在城北厢两月无日不游马塍，作歌美之，清知振文者国赋"，北京，中华书局，1912。

云，由于马塍一带“种花土腴无水旱”，即便“园税十倍田租平”，花户仍能获得较好的收益。就连陈州（今河南淮阳）的园户也是“植花如种黍粟，动以顷计”[1]。

扬州就有人以莳花、卖花为业，扬州八怪之一的郑板桥曾说：“十里栽花当耕田”，就是指扬州附近的郊区庄家不种稻麦，也不事桑麻，专门莳植四时花木。

[1] ［宋］张邦基：《唐宋史料笔记：墨庄漫录》卷九，251页，北京，中华书局，2002。

花市

赪肩负薪行，所直不满百。大舸载之来，江头自山积。不如花作䌷，先后价增损。身逸得钱多，人宁知务本。

（［宋］赵蕃《见角梅趋都城者甚夥作卖花行》）

确如诗中所言，宋代卖花胜于卖薪，无负薪贩卖之沉重，还可以轻松卖出好价钱。今天，我们无法考证卖花行业究竟始于何时，但有一点是明确的，那就是在唐代，卖花业已经比较普遍了。例如，来鹄《卖花谣》诗云：“紫艳红苞价不同，匝街罗列起香风。无言无语呈颜色，知落谁家池馆中。”唐代后妃、宫女们每月还享有专门的买花钱。

南宋都城临安，气候温暖，城市里面购买鲜花的非常多。南宋诗人杨万里《经和宁门外卖花市见菊》诗云：“君不见内前四时有花卖，和宁门外花如海。”在《西湖老人繁胜录》中“端午节”记载当时“初一日，城内外家家供养，都插菖蒲、石榴、蜀葵花、栀子花之类，一早卖一万贯花钱不啻。何以见得？钱塘有百万人家，一家买一百钱花，便可见也。”❶可见当时鲜花市场的巨大需求与丰厚收益。吴自牧著《梦粱录》卷二“暮春”条，详细记载了京城临安花市的繁盛景况：

是月春光将暮，百花尽开，如牡丹、芍药、棣棠、木香、荼蘼、蔷薇、金纱、玉绣球、小牡丹、海棠、锦李、徘徊、月季、粉团、杜鹃、宝相、千叶桃、绯桃、香梅、紫笑、长春、紫荆、金雀儿、笑靥、香兰、水仙、映山红等花，种种奇绝。卖花者以马头竹篮盛之，歌叫于市，买者纷然。❷

宋代种花业之所以昌盛，是因为不仅买花的人多，而且购买的量也大，婉约派大词人柳永在《剔银灯·何

❶ ［宋］西湖老人：《西湖老人繁盛录》，10页，北京，中国商业出版社，1982。

❷ ［宋］孟元老等：《东京梦华录（外四种）》，151页，上海，上海古典文学出版社，1957。

事春工用意》中形容道："渐渐园林明媚，便好安排欢计。论篮买花，盈车载酒。"可以想象，在那明媚的春光下，一辆辆装满鲜花的马车从花园里出来，喧阗而又热闹。又如司马光《次韵和复古春日五绝句》中形容："车如流水马如龙，花市相逢咽不通。"花市上车水马龙，游人拥挤，竟到了难以通行的地步，其热闹程度可想而知。

商业发达和文化昌盛，使得苏州、扬州、成都、洛阳等宋代名城的花市也各有"色彩"。据李清照之父、苏门"后四学士"之一的李格非《洛阳名园记》中"天王院花园子"记载，宋代洛阳花市，一般在每年牡丹盛开的时候开张，那些"凡城市赖花以生者，毕家于此"都要想尽办法，"至花时，张幙幄，列市肆，管弦其中"，歌舞相伴，希望吸引更多的游春人与买花者。宋人家铉翁《上元夜》也写道："沙河红烛暮争然，花市清箫夜彻天。"红烛争燃，箫声连夜，洛阳花市的繁与热闹程度自可想象。成都则二月举办花市，尤以海棠花为最好；扬州的开明桥"春月有花市"，市上卖的芍药的价格有时会比洛阳牡丹还要贵，以至宋代韩琦《和袁陟节推龙兴寺芍药》诗云："广陵芍药真奇美，名与洛

❶ ［宋］李格非：《洛阳名园记》，7页，上海：商务印书馆，1936。

花相上天。洛花年来品格卑，所在随人趁高价。”

由于宫廷和民间装饰、插戴鲜花的风气流行，使鲜花的需求量增加，南宋京都四郊遍布着以鲜花种植为业的大小花圃。宋人王观在《扬州芍药谱》中记道：“扬之人与西洛不异，无贵贱皆喜戴花。故开明桥之间，方春之月，拂旦有花市焉。”[1]明田汝成《西湖游览志》卷一三载：“（杭州）寿安坊，俗称官巷，又称冠巷，宋时谓之花市，亦曰花团。盖汴京有寿安山，山下多花园，春时赏燕，争华竞靡，锦簇绣围。移都后，以花市比之，故称寿安坊。”[2]又，“花市巷，宋时作鬻花朵者居之。今寿安坊两岸，多卖花之家，亦其遗俗也。”[3]

为了方便鲜花买卖，南宋政府甚至还专门设置了用于鲜花交易的花市。北宋代邵伯温在《邵氏闻见录》中回忆北宋时的洛阳风俗：

岁正月梅已花，二月桃李杂花盛开，三月牡丹开，于花盛处作园圃，四方伎艺举集，都人士女载酒争出，择园亭胜地，上下池台间引满歌呼，不复问其主

[1] ［宋］左圭辑：《左氏百川学海》，3页，武进陶氏涉园影刊，1927。

[2] ［明］田汝成：《西湖游览志》卷一三，161页，杭州，浙江人民出版社，1980。

[3] ［明］田汝成：《西湖游览志》卷一三，168页，杭州，浙江人民出版社，1980。

人。抵暮游花市，以筠笼卖花，虽贫者亦戴花饮酒相乐，故王平甫诗曰："风暄翠幕春沽酒，露湿筠笼夜卖花。"❶

❶［宋］邵伯温：《邵氏闻见录》卷一七，186页，北京，中华书局，1997。

文中对当时人们赏花、购花的情景作出细致的描写。在鲜花开放之际，吸引了各方人士来到花圃，面对群芳，举杯畅饮，纵情放歌。暮色降临，花农们用竹笼小篮盛着鲜花来到花市"唱卖"。可见，北宋花市，当以夜间最为热闹。尤其是在每年正月十五的元宵之夜，在火光交错间，鲜花争妍。这盛大美景成为宋代文人雅士笔下的一幅美景。诗人文彦博曾夜游花市，在《游花市示之珍慕容》中写道："去年春夜游花市，今日重来事宛然。到肆千灯多闪铄，长廊万蕊斗鲜妍。交驰翠幰新罗绮，迎献芳尊细管弦。人道洛阳为乐园，醉归恍若梦钧天。"在灯光闪烁间，诗人夜游花市，故地重游，恍惚间，去年美景再现眼前。除了游春买花者，也有为邂逅情人，或与情人幽会而来花市的情况。欧阳修《生查子》写道："去年元夜时，花市灯如昼。月上柳梢头，人约黄昏后。今年元夜时，月与灯依旧。不见去年人，泪湿春衫袖。”

运花

虽然也有像生花，但毕竟不如鲜花受人青睐，像宫中举行“回鸾”“节典”“赏花局”“钓鱼宴”等场合，宋代皇帝都要赐予大臣的鲜花，而且身份越高，赐的鲜花也越珍贵。

然而，花开花落，鲜花会受到季节影响，这就带来了区域性，又由于花期短暂，便产生了运送鲜花进京过程中的保鲜问题。据记载，宋真宗时洛阳的牡丹花闻名遐迩，又尤以姚黄、魏紫等珍品冠绝一时。但洛阳距京城200多公里，以当时运输条件，要把那些牡丹完好地送到京城，博帝王一笑，一骑红尘自然要想尽办法，费尽周折。

除了加速运送之外，负责运花的人们还想了许多特殊的方法。据欧阳修《洛阳牡丹记》记载，宋人为了保持花朵温润、防止花瓣掉落，先将牡丹花放置于填满了鲜嫩菜叶的竹笼中，再用蜡封好花蒂使其保持水分。使

用“菜叶藉覆法”和“蜡封花蒂法”，可保证花朵数日不落。❶

花贩

卖花担上，买得一枝春欲放。泪染轻匀，犹带彤霞晓露痕。怕郎猜道，奴面不如花面好。云鬓斜簪，徒要教郎比并看。

（［宋］李清照《减字木兰花》）

除了花市，宋代都城里还有专门卖花的门铺和挑担卖花的流动商贩，也有女子挎一个花篮在手，走街串巷地卖。这些卖花的商贩堪称宋代都城的独特景色。在宋代诗词中，自然少不了关于卖花的描述，如诗人方岳《湖上》描写了南宋西湖上卖花的场景：“马塍晓雨如尘细，处处筠篮卖牡丹。”又如，欧阳修《六一诗话》中写道：“京师辇毂之下，风物繁富，而士大夫牵于事役，良辰美景，罕获宴游之乐。其诗至有‘卖花担上看桃李，拍酒楼头听管弦。’之句”❷再如，北宋诗人、

❶ 欧阳修：《洛阳牡丹记》卷三“风俗记”见《左氏百川学海》第31册，北京，人民文学出版社，1981。

❷ 郭绍处主编：《中国古典文学批评理论专著选集》，5页，北京，人民文学出版社，1962。

苏门四学士之一的张耒《二月十五日》诗云："春风扬尘春日白，衡门向城人寂寂。淮阳三月桃李时，街头时有卖花儿。"这个卖花儿给三月扬尘的淮阳带来了春的消息。

花是流动摊点上的常见品，也是诗人们最热衷的话题。宋诗诗题中有许多关于卖花的记述。宋代诗人张镃《南湖集》卷六《卖花》："种花千树满家林，诗思朝昏恼不禁。担上青红相逐定，车中摇兀也教吟。虽无蜂过曾偷采，犹恐尘飞数见侵。应是花枝亦相望，恨无人似我知音。"诗人陆游《剑南诗稿》卷二三中的《城南上原陈翁以卖花为业得钱悉供酒资又不能》描写一位卖花翁："君不见会稽城南卖花翁，以花为粮如蜜蜂。朝卖一株紫，暮卖一枝红。屋破见青天，盎中米常空。卖花得钱送酒家，取酒尽时还卖花。春春花开岂有极，日日我醉终无涯。"

北宋坊郭户按经营种类的不同分成许多行业，各行都有其行会、行规和行业服装等。宋人耐得翁《都城纪胜》"诸行"载有"城南之花团""官巷之花行"等卖花行会，"官巷之花行，所聚花朵、冠梳、钗环、领

6·1 《皇都积胜图卷》局部

6·2 清代外销画描画的广州街头卖花景象

抹，极其工巧，古所无也”❶。

至明代，卖花仍然是一门产业。在表现明朝中、后期北京城繁盛景况的《皇都积胜图卷》中就有卖花郎的形象〔6·1〕。该画对明代市区商业街道面貌做了精致的描画，街道上车马行人熙来攘往，茶楼酒肆店铺林立，招幌牌匾随处可见，马戏、小唱处处聚集有人群看客，金店银铺人潮如涌。尤其是长卷所绘正阳门前就有一位卖花郎。该人身穿交领长袍，头戴黑色巾帽，右手持一木棒，棒上插数支鲜花，形态生动自然。在清代外销画中也有描画广州街头小贩担篮卖花景象的作品〔6·2〕。

❶［宋］耐得翁：《都城纪胜》，4页，北京，中国商业出版社，1982。

卖花声

睡觉啼莺晓。醉西湖、两峰日日，买花簪帽。去尽酒徒无人问，唯有玉山自倒。任拍手、儿童争笑。一舸乘风翩然去，避鱼龙、不见波声悄。歌韵远，唤苏小。 神仙路近蓬莱岛。紫云深、参差禁树，有烟花绕。人世红尘西障日，百计不如归好。付乐事、与他年少。费尽柳金梨雪句，问沉香亭北何时召。心未惬，鬓先老。

（［南宋］刘过《贺新郎·游西湖》）

宋代城市商业繁荣，街巷市井间买卖行业众多，为了吸引顾客各使解数，尤其盛行吆喝吟唱吸引顾客。卖花自然要叫卖，尤其是那些挑担的流动小贩。无论是北宋汴京，还是南宋临安，穿行于大街小巷的贩花小贩，叫卖之声皆处处可闻。在《东京梦华录》卷七“驾回仪卫”条，宋人孟元老以细致的笔触描画了汴京清晨的卖花景象：“是月季春，万花烂熳，牡丹、芍药、棣棠、木香，种种上市。卖花者以马头竹篮铺排，歌叫之声，清奇可听。晴帘静院，晓幕高楼，宿酒未醒，好梦初觉，闻之莫不新愁易感，幽恨悬生，最一时之佳况。”[1]与此对应的是《清明上河图》中的卖花摊位，而且花都是摆在“马头竹篮”里〔6·3〕。

宋人将卖者的吟唱声称为“吟叫”，宋人高承《事物纪原》卷九“博弈嬉戏部·吟叫”：“京师凡卖一物，必有声韵，其吟哦俱不同，故市人采其声调，间以

[1] ［宋］孟元老：《东京梦华录全译》，142页，贵阳，贵州人民出版社，2009。

6·3 ［宋］张择端 《清明上河图》局部

词章，以为戏乐也。今盛行于世，又谓之吟叫也。”❶又，宋代孟元老《东京梦华录》卷三“天晓诸人入市”记载，每天五更时分，在寺院“行者打铁牌子或木鱼循门报晓”声中“诸趋朝入市之人，闻此而起。诸门桥市井已开，如瓠羹店门首坐一小儿，叫饶骨头，间有灌肺及炒肺……更有御街州桥至南内前趁朝卖药及饮食者，吟叫百端。”❷有时叫卖者又以“关扑”的形式吸引买者，南宋吴自牧《梦粱录》卷一“正月”中“街坊以食物、动使、冠梳、领抹、缎匹、花朵、玩具等物沿门歌叫关扑。”❸又，卷十九“园囿”写杭州蒋苑使园：“每岁春月，放人游玩，堂宇内顿放买卖关扑，并体内庭规式，如龙船、闹竿、花篮、花工，用七宝珠翠，奇巧装结，花朵冠梳，并皆时样。官窑碗碟，列古玩具，铺列堂右，仿如关扑，歌叫之声，清婉可听……。”❹

当然，这些花团、花行也会有各自不同的叫卖声，让人一听即知所卖为何物。好听的卖花声能吸引买主更能抬高花价。有些顾客甚至主动要求卖花人吟叫并乐意多掏买花钱。宋代诗人方回《清湖春早二首》之一云：“闲听卖花声自好，可须多费买药钱。”按“药”

❶［宋］高承：《事物纪原》卷九，496页，北京，中华书局，1989。

❷［宋］孟元老：《东京梦华录》卷三，58页，上海，上海古典文学出版社，1957。

❸［宋］孟元老等：《东京梦华录（外四种）》，139页，上海，上海古典文学出版社，1957。

❹［宋］孟元老等：《东京梦华录（外四种）》，295页，上海，上海古典文学出版社，1957。

即花。又如，《武林旧事》卷二“元夕”条写元夕街市上的种种节日物品“皆用镂输装花盘架车儿，簇插飞蛾红灯彩叠，歌叫喧阗。幕次往往使之吟叫，倍酬其直。”[1]由此推知卖花人的吟叫自然可使其所卖之花增值。

从文献记载来看，宋人卖花声富有旋律美感，且“各有声韵”。正如宋代顾逢《花市》：“卖声喧市巷，红紫售东风。”这时隐时现的卖花声无疑成为宋代城市里“悠悠街巷”间时时不断，处处可闻的一道惹人怜爱的“风景”。冬去春来，万物复苏，人们对花开也有了格外的期盼，因此，那悠长的卖花声也就成为了春天的象征，宋代王嵎《夜行船》：“午梦醒来，不觉小窗人静，春在卖花声里。”也有人将春光与卖花者的吟唱融为一体，张枢《瑞鹤仙》：“卷帘人睡起。放燕子归来，商量春事。风光又能几？减芳菲、都在卖花声里。”词人们甚至将它演绎成为一个固定的词牌名。

南宋人的嗜花情结，在南宋遗民陈著（1214—1297）的诗中体现得淋漓尽致，其诗《夜梦在旧京忽闻卖花声有感至于恸哭觉而泪满枕上因趁笔记之》：“卖

[1] ［宋］周密：《武林旧事》卷三，55页，北京，中华书局，2007。

花声，卖花声，识得万紫千红名。与花结习夙有分，宛转说出花平生。低发缓引晨气软，此断彼续春风萦。九街儿女芳睡醒，争先买新开门迎。泥沙视钱不问价，惟欲荡意摇双睛。薄鬓高髻团团插，玉盆巧浸金盆盛。人心世态本浮靡，庶几治象犹承平。”响彻临安大街小巷的卖花吟叫，成了南宋政权全盛繁华时的一种象征，宋徽宗《宣和宫词》也有“隔帘遥听卖花声”。这种故国之思十分真挚动人，给人以强烈的震撼。

在20世纪70年代的苏州，还能听到卖花女子在深巷里叫卖栀子花、白兰花、茉莉花的叫卖声。其声悠远，其韵绵长。这卖花的歌声随小巷辗转，一波三折后，飘飘荡荡而最终消失在人们的记忆里。

第七章　像生花开

季节与亦逝的特性，使人们在使用自然鲜花之外，必然会采用各种手段寻求仿制鲜花。这对于以手工工艺见长的中国古人而言，制作形态逼真，工艺精湛的像生花自然不是什么难事。在古代文献中，真花被称为“生花”，人工仿制的假花则称为“像生花”或“彩花”。其质有罗、帛、纸、绒、通草、宝石、珍珠，等等。中国古人仿制鲜花的历史从汉代就已开始，魏晋成业，隋唐兴盛。直至宋代，由于经济富足，文化昌盛，贵族生活的奢靡超越前代，这不仅使养花业繁荣，更促成了像生花行业的兴盛。明清时期亦流行簪戴假花。清富察敦崇《燕京岁时记·花儿市》：“花儿市在崇文门外迤东，自正月起，凡初四、十四、二十四日有市，市皆日用之物。所谓花市者，乃妇女插戴之纸花，非时花也。花有通草、绫绢、绰枝、摔头之类，颇能混真。”[1]其品种和工艺日趋多样。与真花相比，假花更为耐用，且

[1] ［清］富察敦崇：《燕京岁时记》，54页，北京，北京古籍出版社，1961。

不受季节限制。其优点自然很多。

清人李渔在《闲情偶寄》中称：“近日吴门所制象生花，穷精极巧，与树头摘下者无异。纯用通草，每朵不过数文，可备月余之用。绒绢所制者，价常倍之，反不若此物之精雅，又能肖真。而时人所好，偏在彼而不在此，岂物不论美恶，止论贵贱乎！噫！相士用人者，亦得如此。奚止于物！吴门所制之花，花象生而叶不象生，户户皆然。殊不可解。若云其假叶而以真者缀之，则因叶真而花益真矣。亦是一法。”❶

罗帛花

五代马缟《中华古今注·冠子》记载，秦始皇“冠子者，秦始皇之制也。令三妃九嫔，当暑戴芙蓉冠子，以碧罗为之，插五色通草苏朵子。”❷由于秦人尚无戴冠的习惯，所以此文有后人猜测之嫌。但是，汉末刘熙《释名》卷四“释首饰”记载，“华胜，华象草木华也。胜言人形容正等，一人着之则胜。蔽发前为饰也。”❸在汉代，“华”通假“花”，“华胜”即“花

❶ ［清］李渔：《闲情偶寄》，33页，北京，中国社会科学出版社，2005。

❷ ［五代］马缟：《中华古今注》卷中，101页，北京，中华书局，2012。

❸ ［汉］刘熙：《释名》（丛书集成本），75页，北京，中华书局，1985。

胜”，像生花是也。前引文献明言花胜之花是像生花。又《说文》卷七“巾部”载，“幓，残帛也。”段玉裁注：“《广韵》曰：幓缕桃花。《类编》曰：今时剪缯为华者。”[1]以上文献，将像生花的源头指向汉代。

又据宋高承《事物纪原·岁时风俗·花䌽》：“《实录》曰：‘晋惠帝令宫人插五色通草花。’汉王符《潜夫论》已讥花彩之费。《晋·新野君传》‘家以剪花为业，染绢为芙蓉，捻蜡为菱藕，剪梅若生之事。按此则是花朵起于汉，剪䌽起于晋矣。’《岁时记》则云：‘今新花，谢灵运所制，疑彩花也。’唐中宗景龙中，立春日出剪彩花。又四年正月八日立春令侍臣迎春，内出彩花，人赐一枝。董勋《问礼》曰：‘人日造花胜相遗，不言立春。则立春之赐花自唐中宗始也。”[2]司马歆在太康（280—289）中封新野县公，这说明，西晋时期制作像生花已经是一门产业了。所谓“剪花”是指以绢罗等纺织材料制作的像生。因为像生花的流行，耗费了大量社会财富，王符在《潜夫论·浮侈》有“或裁好缯”“或裂拆缯彩”“克削绮縠”[3]之

[1] ［汉］许慎撰，［清］段玉裁注：《说文解字注》，628页，南京，凤凰出版社，2007。

[2] ［宋］高承：《事物纪原》卷九，429页，北京，中华书局，1989。

[3] ［汉］王符：《新编诸子集成·潜夫论笺校正》卷三，127页，北京，中华书局，1985。

语，故宋代高承在《事物纪原》卷八中称："汉王符《潜夫论》已讥花采之费。"[1]在魏晋时期，彩花之费已经引起了政府的注意，皇帝下诏禁止，《南齐书》卷一《高帝纪上》记载："大明泰始以来，相承奢侈，百姓成俗。太祖辅政，罢御府，省二尚方诸饰玩。至是，又上表禁民间华伪杂物：不得以金银为箔，马乘具不得金银度，下令不得剪綵帛为杂花，不得以绫作杂服饰。"[2]

据《资治通鉴》卷一八〇记载，隋炀帝杨广兴建洛阳西苑时，"宫树秋冬凋落，则剪采为华叶，缀于枝条，色渝则易以新者，常如阳春。沼内亦剪采为荷芰菱芡，乘舆游幸，则去冰而布之。"[3]此"剪采为华叶"，即为制作绢花。[4]隋炀帝奢侈无度，竟然在萧条寒冬，用罗帛制作各种像生花、叶，将宫苑装饰为百花盛开的春景。其綵帛消耗的数量自然非常惊人。

唐代经济富足，文化昌盛，贵族生活的奢靡超越前代，像生花的制作不论规模和精细程度远超前代。唐代宋之问《奉和立春日侍宴内出剪彩花应制》诗云："今

[1] ［宋］高承：《事物纪原》卷八，429页，北京，中华书局，1989。

[2] ［南朝·梁］萧子显：《南齐书》卷一，14页，北京，中华书局，1972。

[3] 国家文物局主编：《中国文物精华大辞典·金银玉石卷》，220页，上海，上海辞书出版社，商务印书馆（香港），1996。

[4] ［宋］司马光：《资治通鉴》卷一八〇，5620页，北京，中华书局，1956。

7·1　唐代绢花实物

年春色早，应为剪刀催。”据说，那位因风韵胖硕得宠的杨贵妃因鬓角有一颗黑痣，常将大朵鲜花戴在鬓边用以掩饰。杨贵妃因鲜花容易枯萎，就令人研制鲜花颜色做绢花。此工艺不断发展，越制越精。在1973年新疆吐鲁番阿斯塔那墓葬中还出土了唐代绢花实物〔7·1〕。花高32厘米，花枝主干选用较直的树枝，叶、花、茎多用细竹丝插树枝构成，花瓣、花叶用绢、纸，花柱头用纸团，花蕊用白丝线、黑色棕丝等。其工艺程序大约经过染色、剪切、上浆、绘画、沾黏、扎缚等。花中有白色百合、粉色蝴蝶兰，衬托着绿色枝叶，色彩鲜丽，形象逼真。

宋人簪花流行“一年景”主题，但四季鲜花很难凑到一起，加之鲜花价格昂贵，须花“数十券”才能买上几朵，非一般人家可以做到。这促成了宋代像生花行业的繁荣。与真花的珍贵稀少相比，彩花相对便宜。在宋代，有辽朝使节参加的皇帝生日宴，宋代官员都用绢帛花以示礼俭。每年三月，君臣共赴金明池游赏，与游群臣才得遍赐“生花”（即鲜花）。真宗时，有一次在曲宴宜春殿，赐花，出牡丹百余盘，将十余朵千叶牡丹花赐给亲王、宰臣。其他大臣则是人造像生花。宋时宴集所赐像生花一般分为三品：绢花制像生花、罗帛制像生花和以小巧著称的滴粉缕金花。罗帛制像生花一般用于春秋两次宴会；滴粉缕金花用于大礼后庆贺、上元游春、从臣随驾出巡，以及小宴招待。

在北宋《东京梦华录全译》卷三“相国寺万姓交易”条记载“两廊皆诸寺师姑卖绣作、领抹、花朵、珠翠、头面、生色销金花样幞头帽子、特髻冠子、絛线之类。”❶此时汴梁的市面上，还有许多专卖花冠的铺子。南宋临安的百业中还有专修花冠的手艺人。因为像生花过于逼真，其价格便宜，颇受庶民百姓的欢迎。又有李斗在《扬州画舫录》卷四中谈到重宁寺佛殿扮饰时说：“四边饰金玉，沉香为罩，芝兰涂壁。菌屑藻井，上垂百花苞蒂，皆辕门桥像生肆中所制通草花、绢蜡花、纸花之类，象散花道场。”❷此外，宋太祖时，洛阳有姓李的染匠，擅长打造装花，人称李装花。宋代话本《花灯轿莲女成佛记》中的莲女就“家传做花为生，流寓在湖南潭州，开个花铺”。

❶［宋］孟元老：《东京梦华录全译》，45页，贵阳，贵州人民出版社，2009。

❷［清］李斗：《扬州画舫录》，95页，北京，中华书局，1960。

据宋人孟元老《梦粱录》卷十三记载，南宋临安（杭州）行市中有花团、花市和花朵市，在御街上汇集着苏家巷二十四家花作，其间花作行销的首饰花朵“极其工巧，前所罕有者悉皆有之。”[1]在这诸多花作中，又以齐家、归家花朵铺最负盛名。同书卷十三“诸色杂货”条还记载，南宋临安市井上不但日间有专门销售花朵的店铺，而且在夜市中也有“罗帛脱蜡像生四时小枝花朵，沿街市吟叫扑卖。”[2]

因为彩花做得逼真而且便宜，这样就给生花业带来了冲击，形成了鲜花种植户与生花制造者之间的利益冲突。南宋诗人许棐《马塍种花翁》一诗就折射出两者的矛盾：“东塍白发翁，勤朴种花户。盆卖有根花，价重无人顾。西塍年少郎，荒嬉度朝暮。盆卖无根花，价廉争夺去。年少传语翁，同业勿相妒。卖假不卖真，何独是花树。”

中国古人剪彩为花的风俗一直沿袭至明清不衰，明代叶权《贤博编》记载，明代中叶苏州“卖花人挑花一担，灿然可爱，无一枝真者。”[3]清代政府设置七作中就有花作，专门负责宫廷用像生花的制作。在《红

[1] ［宋］孟元老等：《东京梦华录（外四种）》，239页，上海，上海古典文学出版社，1957。

[2] ［宋］孟元老等：《东京梦华录（外四种）》，245页，上海，上海古典文学出版社，1957。

[3] ［明］叶权：《贤博编、粤剑编》，6页，元明史料笔记丛刊，北京，中华书局，1987。

楼梦》第七回“送宫花贾琏戏熙凤，宴宁府宝玉会秦钟”，就提到薛姨妈带来“宫里头的新鲜样法，拿纱堆的花儿十二支”[1]，托周瑞家的将“宫里作的新鲜样法堆纱花儿”[2]送给大观园中每一位姑娘的情节。谁先挑选宫花和挑选什么样的宫花，都引得贾府中的大小姐们相互争风吃醋。可见，这时人们对“剪彩为花”的喜爱。此外，清朝扬州的闹市地区辕门桥，有售卖工艺花的专业市肆——像生肆。可知当时的工艺花是很有市场的。

花腊

花腊，即用酴醿制成的干花。除了用罗帛、绢制作像生花，宋代妇女还在春末酴醿盛开时，将酴醿花朵采摘收集起来，放置在书册之中，晾干脱水成形后即可长久保存簪戴了。宋代陶谷《清异录・花腊》：“脂粉流爱重酴醿，盛开时，置书册中，冬间取以插鬓，盖花腊耳。”[3]可见，花腊就是专指用酴醿花脱水制作的干花。亦写作悬钩子蔷薇、山蔷薇、荼蘼、百宜枝、独

[1] ［清］曹雪芹、高鹗：《红楼梦》第七回，105页，北京，人民文学出版社，2005。

[2] ［清］曹雪芹、高鹗：《红楼梦》第七回，108页，北京，人民文学出版社，2005。

[3] ［宋］陶谷：《清异录》卷上，38页，惜阴轩书业，光绪间长沙重刻本。

7·2 ［明］纯金花簪

步春、琼绶带等。花枝梢茂密，花繁香浓，入秋后果色变红。

纸花

纸花是指用纸制成的像生花。约与苏东坡同时，房州有一个隐居的异人，常在耳边簪三朵纸花入城市，因为不知他的真实姓名，市人叫他“三朵花”。苏轼《三朵花》诗云：“学道无成鬓已华，不劳千劫漫蒸砂。归来且看一宿觉，未暇远寻三朵花。”有的时候，将罗、帛、绫等与纸掺杂在一起，时称“红绫子纸花”，如《水浒传》第四十回，即将被执行的宋江和戴宗的头上就“各插上一朵红绫子纸花❶”。清李百川《绿野仙踪》第二一回：方氏“脸上抹了极厚的浓粉，嘴上抹了极艳的胭脂，头上戴了极好的纸花”❷。

❶ ［明］施耐庵：《水浒传》第四十回，531页，北京，人民文学出版社，2005。

❷ ［清］李百川：《绿野仙踪》第二十一回，232页，北京，中华书局，2001。

金花

金器从秦汉以后就不再只是贵族的专利，宋代逐

7·3 ［明］金花

7·4 ［明］金花

7·5 ［明］金花簪

渐开始在民间使用。在《水浒》里写到金枪将徐宁、小李广花荣对阵时，二人的装扮便是“鬓边都插翠叶金花”❶。这种金片制成的像生花自隋代已有，如《隋史》卷十二记载太子侍从田猎服时，“平巾，黑帻，玉冠枝，金花饰，犀簪导，紫罗褶，南布袴，玉梁带，长靿靴。”❷

2001年湖北省钟祥市长滩镇大洪村龙山坡梁庄王墓❸出土一朵纯金花簪〔7·2〕，长13.4厘米，簪头花瓣宽10厘米，厚3厘米，重60克。簪头做成一朵牡丹花，由四层花叶组成，每层八瓣花叶，叶面有叶脉纹，层间夹有花须；簪尾较短，是直插式簪。此簪每片花瓣及簪尾系先各自锤锞，冲压出花瓣正面的叶脉纹，再撮合瓣梗，用金丝以祥丝法将其与簪尾的曲尺形头端固定，便合成了一器。花叶逼真，造型优美，做工精细，乃金首饰中上乘之作，为皇帝赏赐梁庄王之物。戴时竖插，位于正中，俗称“顶簪”，出土时位于亲王棺床之上。

江苏南京市沐昌祚夫妇墓出土金花两件，金片和金丝捶打、编结而成，为牡丹花形象，花背托以金叶。沐

❶［明］施耐庵：《水浒传》，第七六回，991页，北京，人民文学出版社，2005。

❷［唐］魏征等：《隋书》卷十五，269页，北京，中华书局，1973。

❸梁庄王墓是明仁宗朱高炽（1378—1425）第九子朱瞻垍（1411—1441）及其继妃魏氏的合葬墓。墓葬位于湖北省钟祥市长滩镇大洪村二组龙山坡上，西北距钟祥市城区25公里。因盗墓分子三次盗掘未遂，经国家批准，文物考古工作者于2001年对梁庄王墓进行了抢救性发掘，墓中共出土金器、玉器、瓷器等珍贵文物5300余件。在已发掘的明朝十余座王墓中，梁庄王墓的墓葬规模不是最大，但随葬物品的丰富与精美程度仅次于明十三陵中的定陵，是新世纪以来明代考古工作的一项重大成就。

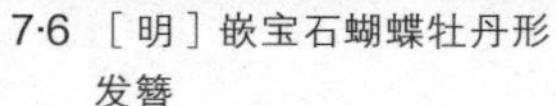

7·6 ［明］嵌宝石蝴蝶牡丹形发簪

7·7 19世纪西方白银花头饰

7·8 18世纪西方金花饰

昌祚左侧墓室金花为盛开牡丹〔7·3〕，衬以金叶，长10.7 厘米；沐昌祚妇人右侧墓室出土金花为长茎叶片的牡丹〔7·4〕，长15.6厘米。报告称金花为帽花，所谓帽花是巾帽上的簪花，而女子一般不戴巾帽，恐是直接簪于头发上。❶

1978年南京中华门外戚家山俞通源明墓出土金花簪〔7·5〕，用金片、金丝制成花朵和花叶，长12.8厘米，簪针呈扁平状，簪顶用薄金片捶锞出两重牡丹花瓣，并用金丝相接，六片叶子用金丝缠绕连接，花瓣和叶子再錾刻出细线纹；另一件为牡丹金花簪，七片叶子的叶柄特长，飞出花外，叶面茎脉突出，长15.6厘米。❷有的金花上还嵌有宝石，如江阴青阳邹令人墓出土明代嵌宝石蝴蝶牡丹形发簪〔7·6〕。

19世纪中叶，西方流行用珠宝、金银制作像生花头饰饰。例如，西方私人收藏1860年制作的白银花头饰〔7·7〕、纽约大都会艺术博物馆收藏的18世纪金花饰〔7·8〕。这些花饰与配套的晚礼服身上的图案作互补或搭配使用。

❶ 南京市博物馆：《江苏南京市明黔国公沐昌祚、沐睿墓》，载《考古》，1999（10）。

❷ 南京市博物馆、雨花台区文化局：《江苏南京市戚家山明墓发掘简报》，载《考古》，1999（10）。

7·9 通草

通草花

通草，也称通脱木、寇脱、离南、活苋、倚商等，一般长0.3~0.6米，直径1.2~3厘米〔7·9〕。花朵洁白，有横纵沟纹。体轻，质柔软，有弹性，易折断，断面平坦，分布于陕西、湖北、四川、贵州、云南等地。

据《太平广记》卷四〇六记载："通脱木，如蜱麻，生山侧，花上粉主治恶疮。如空，中有瓤，轻白可爱，女工取以饰物。"[1]通草的内茎趁湿时取出，截成段，晒干切成纸片状，染色制作的像生花。通草的白髓轻而薄，具有纹理，性近于纸张，较纸柔而有骨，宜于剪裁染色，色调秀雅，所制花朵质感逼真，可与真花媲美。由于通草富有弹性，天然易得，所以很适合制做花卉，有人将通草染上不同的颜色，然后精心编制出各种花卉，以供簪首。据《中华古今注》记载，早在秦始皇时期命妇的头上，就已插有"五色通草苏朵子"[2]其他文献也有类似记载，只是人物不同，如宋人高承《事物纪原》："《实录》曰：晋惠帝令宫人插五色通草

[1] ［宋］李昉等：《太平广记》卷四〇六，3280页，北京，中华书局，1961。

[2] ［五代］马缟：《中华古今注》卷中，101页，北京，中华书局，2012。

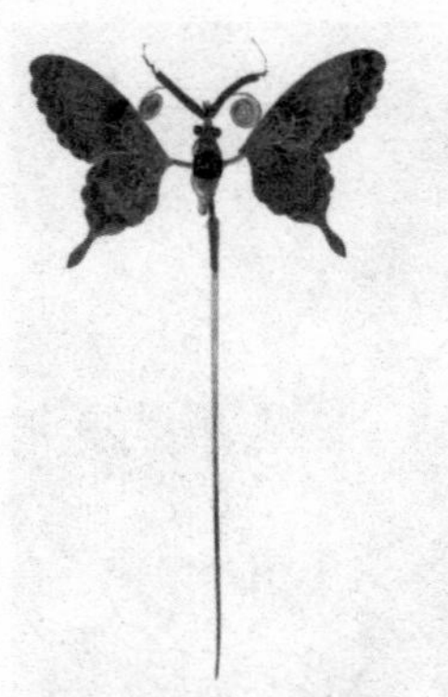

7·10 ［清］通草蝴蝶头花簪 《清代后妃首饰》

花。”❶又如，明代罗颀《物原·衣原》：“吕后制五彩通草花”。❷

在宋代，已有人以通草花的制作为业，宋洪迈《夷坚支志癸》卷八“李大哥”记载：“饶州天庆观后居民李小一，以制造通草花朵为业。”❸可知，通草花的使用是比较普遍的。有时，宋人也用通草做冠。赵长卿《夜行船·咏美人》云：“龟甲炉烟轻袅。帘栊静、乳莺啼晓。拂掠新妆，时宜头面，绣草冠儿小。衫子揉蓝初著了。身材称、就中恰好。手捻双纨，菱花重照，带朵宜男草。”所谓“绣草冠儿小”就应是由通草编织的冠子。宋代之后，该工艺仍然沿袭使用。明代杨慎《竹枝词》云：“红妆女伴碧江渍，通草花簪茜草裙。”诗中“通草花簪”就是用通草花做成的发簪。

清代亦有用通草花做像生首饰的实物，如台北故宫博物院藏清宫通草蝴蝶头花簪〔7·10〕，长22厘米，宽9厘米，银镀金针，通草蝴蝶翅膀，点翠嵌宝石蝶身，累丝触须。到了19世纪，广州又兴起将通草树心切成薄片，编成画纸，在上面画水彩画，时称“通草画”

❶ ［宋］高承：《事物纪原》卷九，429页，北京，中华书局，1989。

❷ ［明］罗颀：《物原》，27页，北京，商务印书馆，1937。

❸ ［宋］洪迈：《夷坚志》，夷坚志癸卷八，1282页，北京，中华书局，1981。

7·11　19世纪广州流行的“通草画”

〔7·11〕。题材以反映清末的社会生活场景和各种形色人物为主，诸如官员像、兵勇像、杂耍图、纺织图、演奏图等。通草画主要用于出口，也是民间婚嫁喜庆的常用礼品。由于采用西方绘画原理，又反映中国本土风情，所以深受当时西方人的喜爱。不过由于通草纸很容易破裂，所以很少有大尺寸的作品，加上难以保存，目前传世不多。

珍珠花

珍珠花，是指女性发型或服装上用珠子串制的花饰。珍珠独有的光泽，使得珍珠制作的像生花，在黑发的映衬下显出特有的光彩。古代珍珠主要产于南海，广州南越王墓曾经出土大量珍珠，晋墓中也多次见到珍珠。南北朝时范静妻沈氏《咏步摇花》：“珠华萦翡翠，宝叶间金琼。剪荷不似制，为花如自生。低枝拂绣领，微步动瑶瑛。”

珍珠花有时简称“珠花”，如《宋史》卷四六三记载：“尝侍宴群玉殿，仁宗独赐珠花、飞白字，宠顾

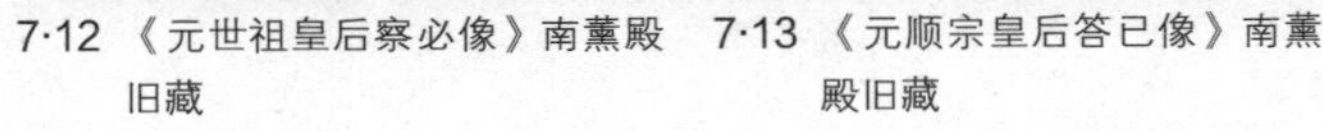

7·12 《元世祖皇后察必像》南薰殿旧藏

7·13 《元顺宗皇后答己像》南薰殿旧藏

特异。”[1]蒙元王朝是一个崇尚宝石装饰的民族。珍珠宝石应用之种类也极多，元代萨都剌《上京即事》诗之四：“昨夜内家清暑宴，御罗凉帽插珠花。”曾经在元代游历过中国的意大利传教士鄂多立克，在《鄂多立克东游录》一书中称：“当大汗登上宝座时，皇后坐在他的左手；矮一级坐着他的另两个妃子，而在阶级的最底层，立着他宫室中的所有其他妇女。已婚者头上戴着状似人腿的东西。高为一腕尺半，在那腿顶有些鹤羽，整个腿缀有大珠；因此若全世界有精美大珠，那准能在那些妇女的头饰上找到。”[2]另“大汗妃子的姑姑冠上缀有大珠。”[3]又《克拉维约东使记》中说帖木儿大夫人：“面罩白色薄纱，头髻高耸，颇类头顶盔盖，发际有珠花宝石等首饰，髻旁插有金饰为一象形，其上亦镶有大粒珍珠。另有红宝石三块镶于象上。宝石之巨大，约有二指长，发际尚插有鸟羽一枚。”[4]其形状与《元世祖皇后察必像》〔7·12〕和《元顺宗皇后答己像》〔7·13〕中的形式类似。

明朝规定，皇后的礼冠为九龙四凤冠。它与画有或织有翟文的深青色的袆衣以及中单、蔽膝、玉革带、

[1] ［元］脱脱等：《宋史》卷四六三，13571页，北京，中华书局，1977。

[2] （意）鄂多立克：《鄂多立克东游录》，何高济译，74页，北京，中华书局。

[3] （意）鄂多立克：《鄂多立克东游录》，何高济译，74页，北京，中华书局。

[4] (西)罗伊·哥泽来兹·德·克拉维约：《克拉维约东使记》，144页，上海，商务印书馆，1985。

7·14 明代十二龙九凤冠

大带、玉佩等衣物相配，在受册、朝会时服用。据《明史·舆服志》记载，洪武三年（1370）定制九龙四凤冠为“其冠圆匡，冒以翡翠，上饰九龙四凤，大花十二树，小花数如之，两博鬓十二钿。”永乐三年（1405）规定为：其冠“饰翠龙九、金凤四。正中一龙衔大珠一，上有翠盖，下垂珠结，余皆口衔珠滴。珠翠云四十片。大珠花、小珠花数如旧。三博鬓，饰以金龙、翠云，皆垂珠滴。翠口圈一副，上饰珠宝钿花十二，翠钿如其数。托里金口圈一副。珠翠面花五事。珠排环一对。皁罗额子一，描金龙文，用珠二十一。”[1]定陵出土的明代凤冠共有四顶，分别是“十二龙九凤冠”“九龙九凤冠”“六龙三凤冠”和“三龙二凤冠”。孝端、孝靖两位皇后各两顶。四顶凤冠制作方法大致相同，只是装饰的龙凤数量不同。

十二龙九凤冠〔7·14〕，冠上饰十二龙凤，全冠共有宝石121块，珍珠3588颗。凤眼共嵌小红宝石18块。正面顶部饰一龙，中层七龙，下部五凤；背面上部一龙，下部三龙；两侧上下各一凤。龙或昂首升腾，或四足直立，或行走，或奔驰，姿态各异。龙下部是展翅飞

[1] ［清］张廷玉等：《明史》卷三六，1621页，北京，中华书局，1974。

翔的翠凤。龙凤均口衔珠宝串饰，龙凤下部饰珠花，每朵中心嵌宝石1块或6、7、9块不等，每块宝石周围绕珠串一圈或两圈。另外，在龙凤之间饰翠云90片，翠叶74片。冠口金口圈之上饰珠宝带饰一周，边缘镶以金条，中间嵌宝石12块。每块宝石周围饰珍珠6颗，宝石之间又以珠花相间隔。博鬓六扇，每扇饰金龙1条，珠宝花2个，珠花3个，边垂珠串饰。

九龙九凤冠，高27厘米、口径23.7厘米、重2320克，有珍珠3500余颗，各色宝石150余块。此冠用漆竹扎成帽胎，面料以丝帛制成，前部饰有9条金龙，口衔珠滴下，有8只点翠金凤、后部也有一金凤，共9龙9凤。后侧下部左右各饰点翠地嵌金龙珠滴三博鬓。这顶豪华的凤冠，共嵌红宝石百余粒、珍珠5000余粒。

六龙三凤冠，通高35.5厘米，冠底直径约20厘米。整个凤冠，共嵌红宝石71块、蓝宝石57块、珍珠5449颗。龙全系金制，凤系点翠工艺（以翠鸟羽毛贴饰的一种工艺）制成。其中，冠顶饰有三龙：正中一龙口衔珠宝滴，面向前；两侧龙向外，作飞腾状，其下有花丝工艺制作的如意云头，龙头则口衔长长珠宝串饰。三龙之前，中层为三只翠凤。凤形均作展翅飞翔之状，口中所衔珠宝滴稍短。其余三龙则装饰在冠后中层位置，也均作飞腾姿态。冠的下层装饰大小珠花，珠花的中间镶嵌红蓝色宝石，周围衬以翠云、翠叶。冠的背后有左右方向的博鬓，左右各为三扇。每扇除各饰一金龙外，也分别饰有翠云、翠叶和珠花，并在周围缀左右相连的珠串。由于龙凤珠花及博鬓均左右对称而设，而龙凤又姿态生动，珠宝金翠色泽艳丽，光彩照人，使得凤冠给人端庄而不板滞，绚丽而又和谐的艺术感受，皇后母仪天下的高贵身份因此得到了最佳的体现。

珠花具体形状在明清的小说中多有描写。冯梦龙《醒世恒言》卷十四“闹樊楼多情周胜仙”，周胜仙随身的“一朵珠子结成的栀子花，那一夜朱真归家，失下这朵珠花。”[1]因为婆婆不知其价，私下捡到后，仅卖了两贯铜钱。至清代，珠花仍在使用，蒲松龄《聊斋志异》卷十《神女》：“乃于髻上摘珠花一朵，授生曰：‘此物可鬻百金，请缄藏之。’”[2]可知，珠花价值

[1] ［明］冯梦龙：《冯梦龙全集：醒世恒言》卷十四，269页，南京，凤凰出版社，2007。

[2] ［清］蒲松龄：《聊斋志异》（会校会注会评本）（下），1314页，北京，中华书局，1978。

7·15 ［清］镶宝石碧玺花簪

不菲。

水晶花

水晶性质坚硬，不易琢磨，不易造型，因此历来看成珍物。《宋史》卷四八〇吴越钱氏，记载太宗即位时，钱俶贡“龙脑檀香床、银假果、水晶花凡数千计，价直巨万”❶。除了水晶，中国古代还有许多翠玉宝石之类的像生花，据清代李斗《扬州画舫录》记载，扬州有条“翠花街”，“肆市韶秀，货分队别，皆珠翠首饰铺也。”❷这条街在今市区甘泉路南柳巷口内。清代这里金银首饰店铺多，珠宝首饰多，品种多，且不同于其他地区，颇有地方特色。

清代宫廷水晶头花，多将宝石做成的花瓣、花蕊的底部钻上孔，穿细铜丝，绕成弹性很大的弹簧，轻轻一动，颤摆不停。使飞禽的眼睛、触角，植物的须叶、枝杈形象逼真，惟妙惟肖。其实物如台北故宫博物院馆藏的清乾隆镶宝石碧玺花簪〔7·15〕，长25厘米，宽12厘米。花簪为铜镀金点翠，上嵌碧玺、珍珠、翡翠。以

❶［元］脱脱等：《宋史》卷四八〇，13901页，北京，中华书局，1977。

❷［清］李斗：《扬州画舫录》卷“小秦淮录”，130页，北京，中华书局，2007。

7·16 ［清］《贞妃常服像》

7·17 慈禧照片

碧玺做立体芙蓉花，花蕊为细小米珠，花叶为翡翠薄片细雕而成，花蕾为碧玺雕成，花托为点翠。一只蝴蝶停落于芙蓉花上，其翅膀为翡翠薄片雕成，并嵌珍珠、碧玺。花簪使用了雕刻、金累丝、串珠、镶嵌、点翠等多种工艺，均细致精美，立体感强，彰显了皇家用品的尊贵。其中翡翠薄片的雕刻是广东宝玉石雕刻行典型的代表作，又称为“广片”，其特点是薄而匀、精而细，常用来雕刻花叶、蝴蝶翅膀。让人惊叹的是，那些驻留于古典时代终端的“蝶恋花”首饰，依然保存着温婉美艳的精致和心情。

在清代宫廷画家绘《贞妃常服像》中的贞妃头上就戴着类似镶宝石碧玺花簪的首饰〔7·16〕。后妃喜戴头花，因花朵大、覆盖面大，戴在“两把头”上显得富丽堂皇。头花有美饰发髻的用意，亦有显示身份、地位的意思。在清代慈禧的照片〔7·17〕中，可以见到高耸发髻上的大朵头花。

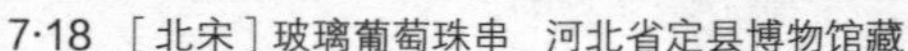

7·18 ［北宋］玻璃葡萄珠串　河北省定县博物馆藏

7·19 ［北宋］玻璃葫芦瓶

琉璃花

南宋度宗时，宫中流行簪戴琉璃花，世人争相仿效。琉璃，亦作“瑠璃”，是指各种颜色的人造水晶。因其读音与“流离”相同，故宋代文人认为这是“流离之兆”，证以《宋史》卷六五《五行志三》记载，绍熙元年（1190）“里巷妇女以琉璃为首饰”，后文又引《唐志》“琉璃钗钏有流离之兆，亦服妖也，后连年有流徙之厄。”咸淳五年（1269）“都人以碾玉为首饰有诗云京师禁珠翠，天下尽琉璃。”[1]确实，度宗逝后五年，南宋即告灭亡。

考古遗址中未见琉璃花实物，但有1969年河北省定县五号塔基出土的北宋玻璃葡萄珠串〔7·18〕和玻璃葫芦瓶〔7·19〕可做参考借鉴。玻璃葡萄珠串的单珠葡萄最大径为1.82厘米，长2.15厘米；最小径为1.3厘米，长1.4厘米。葡萄珠粒大小不一，为圆形、椭圆形，腹壁极薄，内部中空，颜色以棕色为主，以及少量白色和绿色，均为半透明。玻璃珠以米黄色绢卷成纸筒，做葡萄

[1] ［元］脱脱等：《宋史》卷六五，1430页，北京，中华书局，1977。

7·20 清代点翠闹蛾绒花头花

的枝干，以此串连玻璃葡萄珠。玻璃葫芦瓶出土于河北定县宋代5号、6号塔基，共43件，葫芦形，中束腰，顶有圆口，凹底，玻璃氧化铅含量高，高4.5厘米左右，腹径3.7厘米左右，透明、半透明、不透明玻璃质，颜色有蓝色、绿色、棕色、褐色及无色透明，表面光滑亮泽，无模吹制，器壁很薄，通透者玻璃质内气泡清晰可见。

绒花

清代妇女也戴绒花，尤其是年轻女子出嫁的时候一定戴红色绒花，图火红吉利的寓意。绒花不仅外观上雍容华丽，还谐音“荣华”，正合中国祥瑞文化，因而得到了宫女们的喜爱，故此绒花又得名“宫花”。

绒花之制兴起自明朝。明清两朝，南京有为皇家织造御用云锦的江宁织造。云锦剩下的下脚料，正好是制造绒花的绝佳材料。这促成了南京绒花业的繁荣。清宫后妃们的头花，还有大批的绒花、绢花、绫花流存于世，这些花色彩协调，晕色层次丰富。清代遗留下来的头花实物如点翠闹蛾绒花头花〔7·20〕，历时百年之久，仍鲜艳悦人。

绒花制作分为材料准备和绒花制作两个部分。首先是材料准备：熟绒，绒花花瓣和花蕊的主要材料是蚕丝，蚕丝在购进后，须经碱水煮熟，煮后的蚕丝称熟绒；染色，将熟绒染成不同的颜色，染色后的熟绒应套于竹竿上晾晒；制作铜丝，用木炭文火将黄铜丝烧至退火软化。铜丝是绒花的花骨，是整个绒花的支架，根据所制作绒花的不同，黄铜丝的规格大小不一。烧铜丝时用文火，将铜丝加工到不太硬的程度。其次是制作绒花：第一步勾条，将熟绒分成若干股后固定于一器物上，排匀，用猪棕毛刷子将其梳通，再用上下木板对铜丝进行搓擀，擀紧后便形成做绒花的最基本部件“绒条”。第二步是打尖，用剪刀对绒条进行加工，使圆柱体状的绒条变成钝角、锐角、圆角、球体、椭圆体等各种形状。第三步是传花，用镊子对打过尖的绒条进行造型组合，配合铅丝、皮纸、料珠等辅助材料制作出所需的产品。传花就是一个组装的过程。把打尖后的绒条按照心中的想法做成形状。

7·21 翠鸟

7·22 翠羽

点翠

羽毛点翠首饰，发展到乾隆时代已达到顶峰。它以色彩艳丽、富丽堂皇而著称。点翠工艺是利用鸟羽的自然纹理形成幻彩光效，并与金属工艺完美结合的一种首饰品制作工艺。翠鸟，又叫翡翠〔7·21〕。它全身翠蓝色，腹面棕色，平时以直挺姿势，栖息在水旁，很长时间一动不动，等待鱼虾游过，每当看到鱼虾，立刻以迅速凶猛的姿势，直扑水中，用嘴捕取。翠鸟的翠羽〔7·22〕由于折光缘故，翠色欲滴、闪闪发光，翠鸟因此而得名。用点翠工艺制做出的首饰，光泽感好，色彩艳丽，而且永不褪色。

据说，翠羽必须从活的翠鸟身上拔取，才可保证颜色之鲜艳华丽，翠羽根据部位和工艺的不同，可以呈现出蕉月、湖色、深藏青等不同色彩，点翠的羽毛以翠蓝色和雪青色为上品。点翠的制作工艺极为繁杂，制作时先将金、银片按花形制做成一个底托，再用金丝沿着图案花形的边缘焊个槽，在中间部分涂上适量的胶水，

7·23 清代金质累丝点翠嵌红宝石、珍珠蝙蝠喜字纹面簪一对

将翠鸟的羽毛巧妙地粘贴在金银制成的金属底托上，形成吉祥精美的图案。这些图案上一般还会镶嵌珍珠、翡翠、红珊瑚、玛瑙等宝玉石，越发显得典雅而高贵。其实物如北京故宫博物院珍藏的清代金质累丝点翠嵌红宝石、珍珠蝙蝠喜字纹面簪一对〔7·23〕。

第八章　节令时物

与今天“节日”的概念不同，中国古代的“节”主要是指“节气”，即所谓的“四时八节”——“四时”是指春、夏、秋、冬四季，“八节”则是指立春、春分、立夏、夏至、立秋、秋分、立冬、冬至八个反映四季变化的节气。其中，立春、立夏、立秋、立冬齐称“四立”，表示四季的开始。这八个节气是二十四节气中的关键节点，即《周髀算经》卷下：“凡为八节二十四气”赵爽注“二至者，寒暑之极；二分者，阴阳之和；四位者，生长收藏之始；是为八节。”❶

先秦时期，中国古代的大部分节日就已初步形成。到了汉代，中国主要的传统节日已基本定型。至唐代，中国传统节日已从祭拜、禁忌的气氛中解放出来，娱乐性大为增加。稍后的宋代，城市人口众多❷，商业发达，民间娱乐丰富，节日庆典繁盛❸，所谓“时节相次，各有观赏”。节日娱乐增多，人们对节令饰品的需

❶ 佚名：《周髀算经》卷下，103页，北京，文物出版社，1980。

❷ 据《宋史・王安石传》记载，东京居民有100多万。加上一大批没有户口的“游手浮浪”以及官府机构和几十万军队，人口更多，是当时世界上无与伦比的最大城市。

❸ 宋朝每十天当中才有一个休息日，叫作“旬休”，“旬假”唐代既有，可溯《假宁令》。宋假宁制度延续唐制，可参《天圣令・假宁令》。但宋朝节假日颇多，春节放假七天，冬至放假七天，寒食放假七天，元宵节放假七天，天庆节放假七天。众所周知，元宵节就是正月十五。天庆节是（转下页）

（接上页）宋真宗定下的节日。据说宋真宗在位时的某年某月某日，天上掉下一封信，信上写了一些话，大意是夸宋真宗这皇帝当得好，可以万寿无疆，宋真宗一高兴，就把那天定成“天庆节”，号召全体国民在那天集体放假，普天同庆。在宋朝，短日假期更多，夏至放假三天，腊八放假三天，七月十五鬼节放假三天，九月九重阳节放假三天，二月二中和节又放假三天，到了皇帝母亲过生日那天，叫作“天圣节”，再放假三天。宋朝的春节假期特别长，虽然一般也是七天假，但经常跟其他假期连在一块儿。

求大增。宋·陆游《老学庵笔记》卷二：“靖康初，京师织帛及妇人首饰衣服，皆备四时，如节物则春幡、灯球、竞渡、艾虎、云月之类。”❶金盈之《醉翁谈录》卷三《京城风俗记》载：“（正月）妇人又为灯毬、灯笼，大如枣栗，如珠翠之饰，合城妇女竞戴之。”❷由此可见，宋时节日饰品消费量巨大的程度。

在不同的季节和节气中，中国古人要举行不同的活动和仪式。随着时间的推移，这种活动和仪式渐渐地分别固定在某些日子上，形成了比较固定的传统节日。魏晋南北朝时，这种一年一度的庆祝节日被称为“岁时”。对于节日生活的重视，使节日饰物越来越具有特殊的意义。为了营造节日气氛，人们着装配饰都会选择不同主题的饰物，如元旦梅花、年吉葫芦、人日人胜、立春春燕、端午天师、元宵灯笼、中秋月兔、冬至绵羊引子，等等。这些饰物在古代被称为节令时物。尤其是宋代以后，根据时令、季节和风俗穿衣装饰的风尚更为流行和讲究。明代宦官刘若愚所著《酌中志》卷二〇《饮食好尚纪略》，详细记载了宫眷及内臣在各个时令节日中的着装：

❶ ［宋］陆游：《老学庵笔记》卷二，27页，北京，中华书局，1979。

❷ ［宋］金盈之：《醉翁谈录》卷三，34页，拜经搂抄写本。

正月初一日正旦节。自年前腊月廿四日祭灶之后，宫眷内臣即穿葫芦景补子及蟒衣……自岁暮正旦，咸头戴闹蛾，乃乌金纸裁成，画颜色装就者，亦有用草虫蝴蝶者。或簪于首，以应节景。仍有真正小葫芦如豌豆大者，名曰“草里金”，二枚可值二三两不等，皆贵尚焉……十五日曰上元，亦曰元宵，内臣宫眷皆穿灯景补子、蟒衣……清明之前，收藏貂鼠、帽套、风领、狐狸等皮衣……三月初四日，宫眷内臣换穿罗衣。清明，则秋千节也，带杨枝于鬓。坤宁宫后及各宫，皆安秋千一架……四月初四日，宫眷内臣换穿纱衣。钦赐京官扇柄……五月初一日起，至十三日止，宫眷内臣穿五毒艾虎补子、蟒衣……七月初七日七夕节，宫眷穿鹊桥补子。宫中设乞巧山子，兵仗局伺候乞巧针……八月宫中赏秋海棠、玉簪花……九月，御前进安菊花。自初一日起，吃花糕。宫眷内臣自初四日换穿罗重阳景菊花补子、蟒衣……是月也，糟瓜茄，糊房窗，制诸菜蔬，抖晒皮衣，制衣御寒……十月初一日颁历。初四日，宫眷内臣换穿纻丝……十一月，是月也，百官传带暖耳。冬至节，宫眷内臣皆穿阳生补子、蟒衣。室中多画绵羊引子画贴……廿四日祭灶，蒸点心办年，竞买时兴紬缎制衣，以示侈美豪富。[1]

据明代沈德符《万历野获编》卷二《列朝》记载："七夕，暑退凉至，自是一年佳候。至于曝衣穿针、鹊桥牛女，所不论也……今内廷虽尚设乞巧山子，兵仗局进乞巧针，至宫嫔辈则皆衣鹊桥补服，而外廷侍从不及拜赐矣。"[2]又据《酌中志》卷十九"内臣佩服纪略·贴里"条目记："贴里，其制如外廷之褳褶。司礼监掌印、秉笔、随堂、乾清宫管事牌子、各执事近侍，都许穿红贴里缀本等补，以便侍从御前。……自正旦灯景以至冬至阳生，万寿圣节，各有应景蟒纻。自清明秋千与九月重阳菊花，具有应景蟒纱。"[3]可知，明宫嫔、御前宦官是可以缀节令补子。在《酌中志·饮食好尚纪略》中提及各类应景补子时，明确记载除"宫眷"外，还有"内臣"可以穿用[4]。在定陵出土文物中，孝靖、孝端皇后棺内有吉祥图案、文字补子及应景的艾虎五毒补子。

[1] ［明］刘若愚：《酌中志》卷二〇，177页，北京，北京古籍出版社，1994。

[2] ［明］沈德符：《万历野获编》卷二，68页，北京，中华书局，1959。

[3] ［明］刘若愚：《酌中志》卷二〇，165页，北京，北京古籍出版社，1994。

[4] ［明］刘若愚：《酌中志》卷二〇，177页，北京，北京古籍出版社，1994。

节令时物既体现了农耕生活方式在中国古人物质生活上的影响，也反映了中国传统文化为顺应宇宙万物变更规律，而创造的一套与自然景物呼应的“插戴法则”。

元日·梅花·蜜蜂

元日是指农历的正月初一，也称元正、元朔。[1]这一天标志着夏历旧的一年的结束，新的一年的开始。又因为这一天是四季的开头，一月的开始，所以古人又称元日为“三元”或“三正”。据南朝梁代宗懔（约501—565）《荆楚岁时记》记载，汉代已有元日“长幼悉正衣冠”[2]的风俗。到了南宋，人们不仅在元日穿新衣，还要相互拜年以示庆祝。吴自牧在《梦粱录》卷一《正月》中记载：“士大夫皆交相贺，细民男女亦皆鲜衣，往来拜节。”[3]元日穿新衣的风俗明清之际亦沿袭不衰。在中国传统元旦节俗里，新衣新帽和喜庆气氛相得益彰。

[1] 1911年辛亥革命以后，中国开始采用公元计年，人们把每年的1月1日称为“元旦”，而把夏历的正月初一改称为“春节”了。

[2] ［南朝·梁］宗懔：《荆楚岁时记》卷一，7页，太原：山西人民出版社，1987。

[3] ［宋］吴自牧：《梦粱录》卷一，1页，北京，中国商业出版社，1982。

8·1 ［元］王振鹏《钟馗送嫁图》局部

簪梅

海日团团生紫烟，门联处处揭红笺。鸠车竹马儿童市，椒酒辛盘姊妹筵。鬓插梅花人蹴鞠，架垂绒线院秋千。仰天愿祝吾皇寿，一个苍生借一年。

（［明］唐寅《岁朝》）

“岁朝”，就是农历正月初一。“鬓插梅花”就是描写中国古人在元日这天插梅花于鬓的风俗。又，清代诗人唐子畏《元日》也有“鬓插梅花人蹴鞠”之句。在元人王振鹏绘《钟馗送嫁图》中便有诗中此景〔8·1〕，画中侧骑牛背的年轻女子薄衣轻裙，帔帛飘飘，纤纤玉手，头绾云髻，鬓插梅花，枝态舒展，一幅娇艳婀娜的样子。画幅最后的钟馗，骑驴牵缰，头戴乌纱帽，身穿圆领袍，帽侧插梅花。在宋人绘《大傩图》中，也有一人“帽插梅花”〔8·2〕，两人梅竹同插的形象。可见插梅是一件不论男女的风俗。此风习一直沿袭至清代。清代蒋莲所绘《三星图》中有福、禄、寿三星〔8·3〕，下部白发红颜，左手持灵芝，右手执杖，身躯矮小而精干

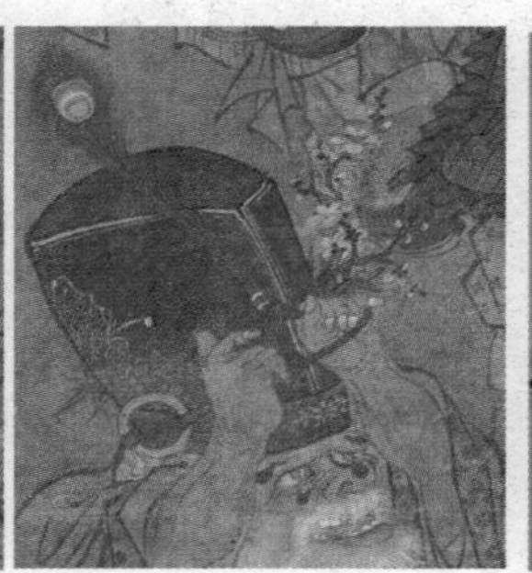

8·2 宋人绘《大傩图》簪梅花者

8·3 ［清］蒋莲《三星图》轴 纸本

的是寿星。左上持杖者头戴风帽，一枝梅花从下往上插入帽檐。右立者虽未插梅，但手中也持有一枝梅花，似隐居高士。

据观察，古画图人物所簪梅花多是生花（真花），枝多叶少，花朵生动，但也不排除这些梅花是用累丝镶宝工艺做的像生首饰。明人《天水冰山录》有“金玉顶梅花簪”“金梅花宝顶簪”“金嵋点翠梅花簪”“金点翠梅花簪”“金珠宝梅花簪”“金镶（厢）玉梅花簪”❶。其实物如明代累丝镶宝梅枝金鬓簪〔8·4〕，长12.3厘米，宽8.5厘米，重23克。它是以长约10厘米的上粗下细金簪脚，簪顶一头是用金累丝工艺做成的蟠曲状梅花枝干，枝丫和树洞俱全，形态逼真、生动自然。在梅花枝干的枝梢是金累丝花蕾三朵和梅花四朵。其形态各不相同，有盛开的，花心吐金丝为蕊，再镶珍珠点缀；也有刚刚展开花瓣的，花心镶红宝石做蕊。花朵与枝干各在两端，干上花下，却也平衡稳妥。其形态生动自然，表现堪称逼真写实，宝石的浓艳与珍珠的清冷呈现出一幅明代文人画的雅致气质。

除了以金银为质，清代还流行用宝石、翡翠做发

❶［清］鲍廷博辑：《天水冰山录》，知不足斋丛书，第十四集。

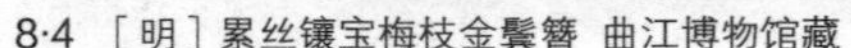

8·4 ［明］累丝镶宝梅枝金鬓簪 曲江博物馆藏

8·5 ［清］翡翠碧玺梅花发簪

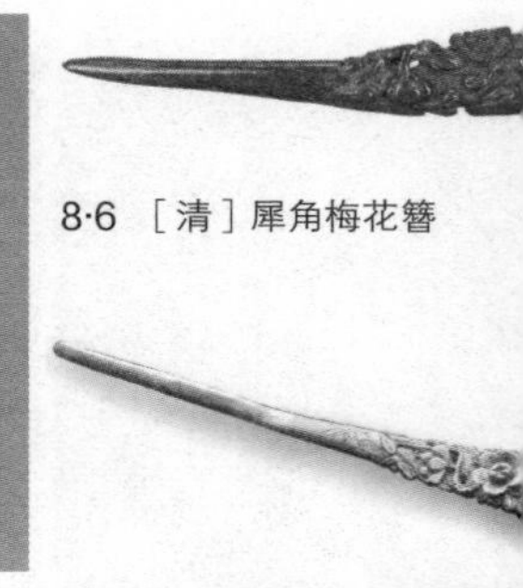

8·6 ［清］犀角梅花簪

8·7 ［清］铜鎏金喜上眉梢发簪 私人收藏

簪，如清代翡翠碧玺梅花发簪〔8·5〕，长22.7厘米、宽6厘米。簪首有银镀金托柄，柄身上部饰三道亚腰圆箍，柄身中空，上部插一枝白绿相间的翡翠透雕竹竿，竿上有竹叶三组，两面雕刻叶脉纹理。翠叶上嵌两朵粉色碧玺雕成的梅花，花蕊镶玉环，环上饰白色珍珠。梅花晶莹剔透，竹叶翠绿清馨，再衬上簪脚的金色，呈现格调高雅的富贵气质。此外，清代亦有犀角梅花簪〔8·6〕和铜鎏金喜上眉梢发簪〔8·7〕。

除了累丝镶宝梅枝金鬓簪这类枝干花朵俱全的生花式样，也有单朵梅花的造型形式，如北京定陵出土明代镶宝梅花金簪一对〔8·8〕和曲江艺术博物馆馆藏明代累丝镶珠宝梅花金簪一对〔8·9〕。前者簪脚为金圆杆，上粗下细，簪头为金累丝梅花花瓣，上下两层，每层五瓣，顶部花心嵌红宝石做蕊；后者簪脚为金圆杆，长12.7厘米，直径3.1厘米，重9.7克。簪头为五朵花瓣围成梅花花朵，以金丝掐边做花瓣轮廓，里面平填细卷丝，形如凸起的半圆，花瓣间嵌一外翻小叶脉，五朵花瓣中间簇镶一颗红宝石，宝石一周用金炸珠做花蕊，每朵花瓣上再以金丝缀白色珍珠一颗。形状饱满，意蕴端庄，

8·8 ［明］镶宝梅花金簪

8·9 ［明］累丝镶珠宝梅花金簪

8·10 ［清］银鎏金掐丝镶玉嵌宝贴翠发簪

形色俱美。也有仅在簪头饰一朵梅花的形式，如清代银鎏金掐丝镶玉嵌宝贴翠发簪〔8·10〕，长12.5厘米，顶部有梅花，下面有楼阁。

除了发簪，也有梅花形的耳饰，《明史》卷六十六“舆服志”，永乐三年更定：皇妃、皇嫔及内命妇冠服有“梅花环、四珠环，各二”❶。《明大会典》卷六十六“亲王婚礼”记载，皇妃礼服和亲王妃礼服所配耳环皆有“金脚珠环一双（金脚五线重）”“梅花环一双（金脚五线重）”❷。《天水冰山录》中也有“金折丝梅花耳环”“金珠梅花耳坠”❸。其实物如曲江艺术博物馆馆藏的明代梅花金耳环，直径2.5厘米，重2.1克〔8·11〕。梅花环，以梅花造型的耳环。又如，清代金嵌珠翠宝石花卉耳环〔8·12〕，长2.8厘米，耳环以红色宝石、绿料（玻璃器）和珍珠组成葵花一朵作为主要装饰，下半环仍镶蓝色宝石、翠玉和粉红碧玺组成花叶陪衬。

除了各式发簪、耳环，也有花钿和梅花形饰件，花钿实物如明代武进王洛家族墓徐氏出土狄髻圈口外插一条由11朵花蕊饰珍珠的梅花所组成的带状金饰

❶ ［清］张廷玉等：《明史》卷三十六，1624页，北京，中华书局，1974。

❷ ［明］李东阳等：《大明会典》卷六六，等26册，明正德六年司立监刻本，东京大学国立图书馆藏。

❸ ［清］鲍廷博辑：《天水冰山录》，知不足斋丛书，第十四集。

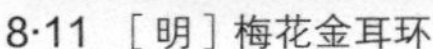

8·11 ［明］梅花金耳环

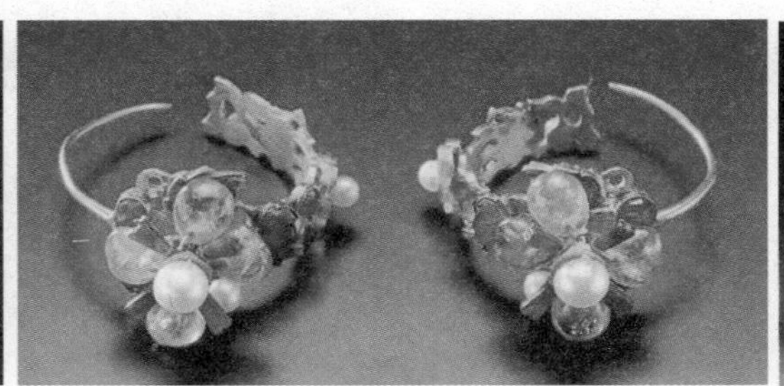

8·12 ［清］金嵌珠翠宝石花卉耳环　台北故宫博物馆藏

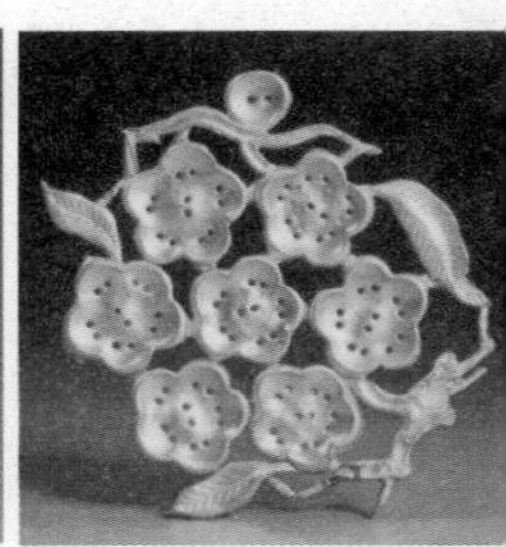

8·13 ［明］梅花形金饰

〔8·13〕。饰件实物如南京中华门外出土一件明代梅花形金饰。该金饰由7朵梅花、3片梅叶、2根梅枝、1颗花蕾构成。花瓣有穿孔，两两一组，装饰点缀。1朵梅花在中心，6朵在外，围成一圈，又组成了一个大的梅花形。梅花之外横梅枝，梅枝连叶，花蕾在梅枝上。其构图松紧适宜，轻松怡然。

蜜蜂

频听银签，重燃绛蜡，年华衮衮惊心。饯旧迎新，能消几刻光阴。老来可惯通宵饮，待不眠、还怕寒侵。掩清尊。多谢梅花，伴我微吟。邻娃已试春妆了，更蜂腰簇翠，燕股横金。勾引东风，也知芳思难禁。朱颜那有年年好，逞艳游、赢取如今。恣登临。残雪楼台，迟日园林。

（［宋］韩疁《高阳台·除夜》）

诗中“蜂腰”“燕股”是指以蜜蜂和燕子为形做成的饰品。除了穿新衣、簪梅花，元日还有戴像生蜜蜂和燕子节令饰物的风尚。

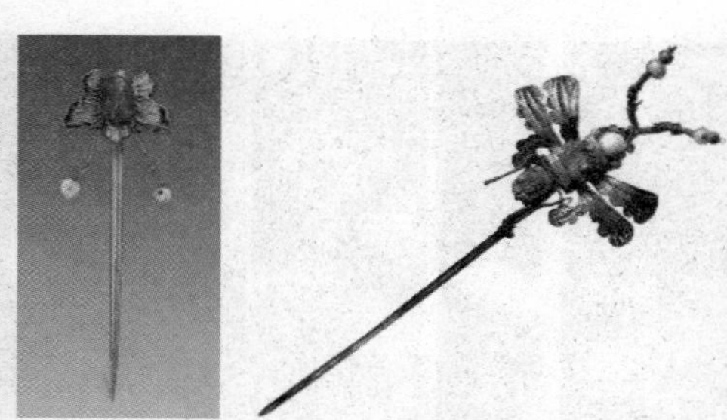

8·14 ［明］金累丝嵌宝石蜜蜂金簪

8·15 ［清］嵌宝蜜蜂发银簪 私人收藏

8·16 ［明］玛瑙佛手蜜蜂采花金簪

在中国传统文化中，蜜蜂象征勤劳、繁荣和爱情。蜜蜂的“蜂”字与“丰”谐音，寓意风调雨顺。宋人黄庚《小酌》诗“插花归去蜂随帽，傍柳行来鸥避人”这里的蜂可能是真蜂，因为帽子上插了鲜花，所以围着人飞舞，但也可能是像生蜂饰，因为簪插在头上，故似随人游走状。像生蜂饰的实物如北京定陵明墓出土的金累丝嵌宝石蜜蜂簪〔8·14〕。金针为簪脚，簪首以金丝勾勒蜜蜂翅膀形状和翅膀纹理。黄金錾刻出蜜蜂的首部，背部嵌红宝石一块。金弹簧丝做蜜蜂触须，顶端嵌珍珠。另一件私人收藏的清代嵌珠宝蜜蜂银发簪〔8·15〕，长14厘米，重4.7克，与其极为相似，只是材质和蜂头朝向的区别。又如，1974年南京江宁殷巷沐叡墓出土的一对玛瑙佛手蜜蜂采花金簪〔8·16〕。簪首镶一块橘红色玛瑙，色泽鲜亮，玛瑙雕刻成佛手形，顶端有一支玛瑙制成的小蜜蜂，栩栩如生。❶

蜜蜂也装饰在耳环上，如清宫旧藏翠嵌珠宝蜂纹耳环〔8·17〕，长2.7厘米，宽0.6厘米。耳环翠玉质地，半圆形，一半为绿色，一半为白色。绿色一端部有铜镀金质蜜蜂及长弯针，蜜蜂腹嵌粉红色碧玺，翅膀由两组米

❶ 南京市博物馆编：《金与玉——公元14—17世纪中国贵族首饰》，38页，上海，文汇出版社，2004。❶

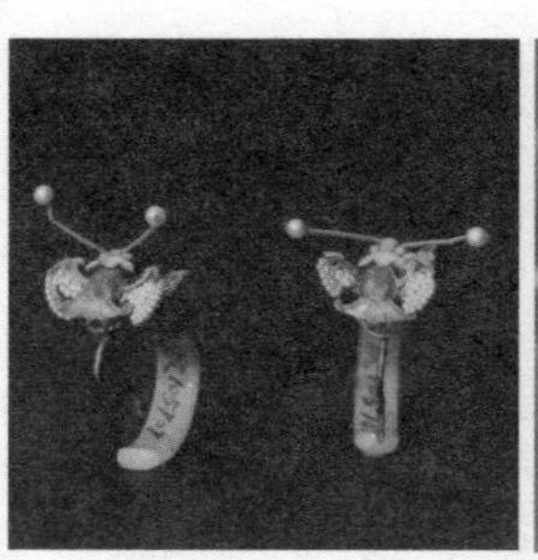

8·17 清宫旧藏翠嵌珠宝蜂纹耳环

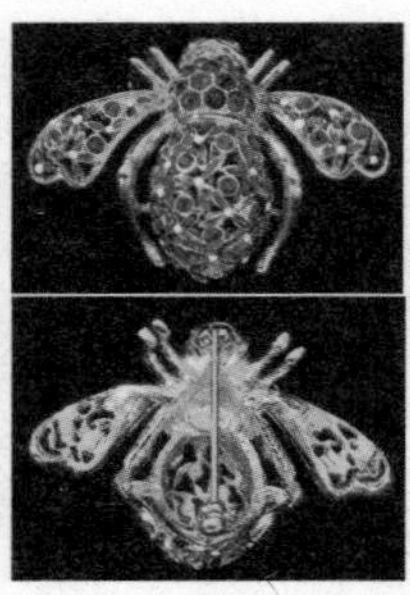

8·18 Joan River重彩蜜蜂胸针

8·19 Alexander McQueen 2013春夏女装

珠组成，余皆点翠，两根长须之须端各有珍珠一粒。

在当代首饰设计中，蜜蜂题材并不少见，如欧美设计师JOAN RIVERS的重彩蜜蜂胸针〔8·18〕，造型憨态可掬，配色有圣诞的热烈欢乐气息。Alexander McQueen 2013春夏女装秀的设计主题亦来自蜜蜂主题，在该系列设计中的玳瑁纹树脂颈环和腕环上，装饰着许多蜜蜂形饰物〔8·19〕。

在明清时期的图案组合中，匠人们习惯将蜜蜂与鲜花组合，形成“蜂采花”的主题纹样。在明代记述严嵩抄没之家财的《天水冰山录》中就有“金厢蜂采花钗一根”，如此充满神韵和画面感的名字，确实引人遐想。明代武进王洛家族墓徐氏出土狄髻上簪插的首饰（明清两代称为“头面”），就有“蜂采花”的设计〔8·20〕。其前部金佛像之下有一条呈弧形带状梅花金饰，共有11朵梅花，花蕊内有珍珠。冠顶部插一大簪，簪顶为大朵金质葵花，大葵花四周由小蜜蜂和小葵花间隔组合的纹样烘托，最下部为卷曲的叶子。此外，徐氏墓还有一枚蜂赶牡丹银簪出土〔8·21〕，簪头为一朵盛开的牡丹花和一只小蜜蜂。在纹样上，银簪和顶簪相呼

8·20 ［明］狄髻

8·22 ［明］凝香子《吴氏先祖容像》浙江义乌博物馆藏

8·21 ［明］蜂赶牡丹银簪

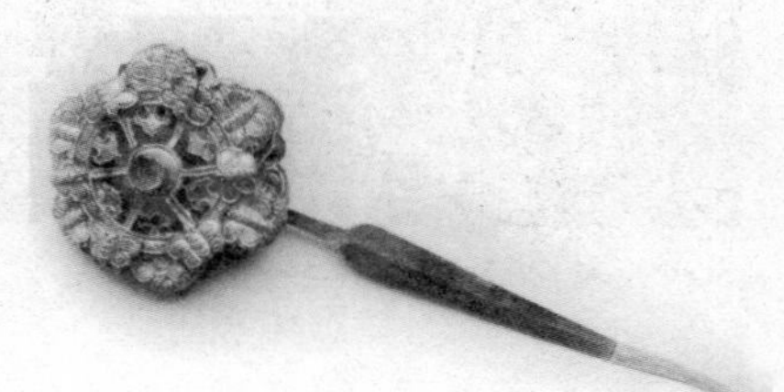

8·23 ［明］嵌宝蜜蜂花形金簪

应，结合两对花头簪，整套头面都以蜂采花为题材。其造型式样正与明末吴之艺妻凝香子所绘《吴氏先祖容像》〔8·22〕中的妇人所戴头面相互印证。

明代还有一种将蜜蜂和花朵形状融为一体的蜂采花式样，如1967年湖南永顺老司城墓出土明代嵌宝石蜜蜂花形金簪〔8·23〕，长14.7厘米，重28.2克。簪柄扁平，簪头分为上小下大两层，由大小12只蝴蝶组成，上下各6只，并夹行草叶纹饰。花心原镶有宝石，现已遗失。此簪设计的巧妙之处在于，簪上的六只蜜蜂形状正好构成了花朵的六瓣双层金花。蜜蜂和花朵相互交融，形态共用。

如果花形具体可识，就直接说出花名，如“蜂赶梅”或“蜂赶菊”。南宋前期诗人张孝祥《折骨扇》一首：“宫纱蜂赶梅，宝扇鸾开翅。”宋代蜂赶梅首饰如湖北蕲春漕河镇罗州城遗址窖藏出土的宋代蜜蜂花卉金耳环〔8·24〕，耳环上是五瓣金片錾刻的梅花，金丝从花瓣中间吐出为梅花花蕊。梅花下一金环吊坠着用金片打制的蜜蜂，两对翅膀从蜂腰处伸出。宋代之后，“蜂赶梅”纹样依旧很是流行。实物如北京定陵出土蜂赶梅嵌宝金钗〔8·25〕，金钗钗头为一朵白玉錾刻的梅花，

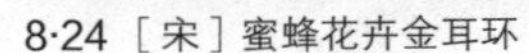

8·24 ［宋］蜜蜂花卉金耳环

8·25 ［明］蜂赶梅嵌宝金钗

8·26 ［明］蜂赶梅金簪

花蕊以金丝勾边，嵌白色水晶一枚。梅花上下各嵌三颗宝石，二红一蓝，蓝宝石在中，红宝石分列两侧。均以金片做托底，蜜蜂在梅花与蓝宝石之间。蜂头朝花，做采花状。下面为金质钗脚。又如，江苏溧阳县城西公社上阁楼大队明墓出土的蜂赶梅金簪〔8·26〕。素簪脚，蜜蜂在簪首与簪脚的交接处，金片錾刻蜜蜂形状，身嵌红宝石，金丝做触须，漩涡纹。蜜蜂之上分两支，各有梅花形圆托金片两片，圆托上再饰梅花金花瓣，中有近似吐出，即为花蕊，又做固定之用。

在朝鲜的元代汉语教科书《老乞大》中铺陈的缎子纹样中就有“草绿蜂赶梅”❶一词。北京定陵出土蜂赶梅织金妆花方领女夹衣〔8·27〕，纹样为四方连续纹样，梅花为黄色，蜜蜂用扁金线织出。明代还有将蜜蜂、蝴蝶与梅花组合在一起的“蜂蝶梅花纹”。其实物如北京定陵出土蜂蝶梅花纹月白立领女夹衣〔8·28〕。蜂蝶梅花纹以大朵五瓣梅花盛放，梅花下衬折枝花秆，右与上面花瓣亦有花枝伸出，花枝上有小朵梅花和花苞。大朵梅花左右各是飞蝶，上面紧贴花瓣之间的是小蜂，蜂蝶飞舞，映衬出盛放梅花的富贵气

❶ 丁邦新：《老乞大谚解·朴通事谚解》，323页，台北，联经出版事业公司，1978。

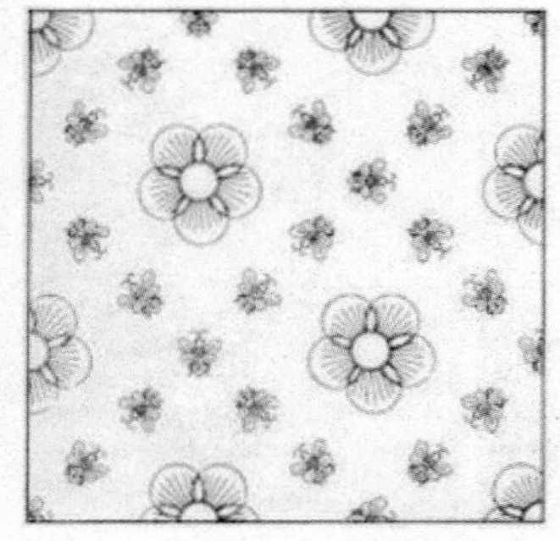

8·27 ［明］蜂赶梅织金妆花纹样
8·28 ［明］蜂蝶梅花纹样

息。四方连续，单位纹样长17.2厘米，宽16厘米。

人日·人胜

人日是农历的正月初七，也称“人胜节”“人庆节”“人口日”“人七日”等。中国古代故事传说女娲初创世界，在造出了鸡、狗、猪、牛、马等动物后，于第七天造出了人，所以这一天就是人类的生日。

人日节俗最早可追溯至汉代，魏晋开始受到重视。到了唐代，人日已经成为一个政府性节日。每至人日这天，皇帝赐群臣彩缕人胜，登高大宴群臣。唐景龙四年（710）正月初七，唐中宗在清晖阁赐宴群臣，正遇雪天，李峤、宗楚客等都作有同题诗《奉和人日清晖阁宴群臣遇雪应制》。皇家重宴大明宫，赐百臣彩缕人胜，又有十二人作了《人日侍宴大明宫恩赐彩缕人胜应制》诗。杜甫《人日二首》之二“樽前柏叶休随酒，胜里金花巧耐寒。”诗中“胜”是一种头饰，分为人胜、华胜、幡胜。人胜是镂刻金箔为人形的饰物；华胜是花叶形像生首饰，簪戴于发髻前；幡胜是一种用金银箔纸绢

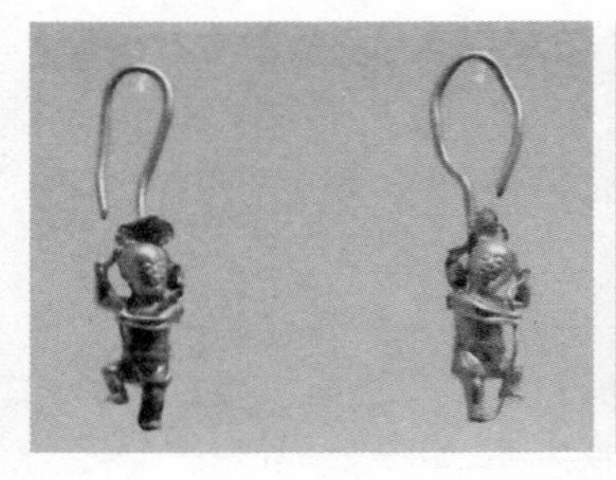
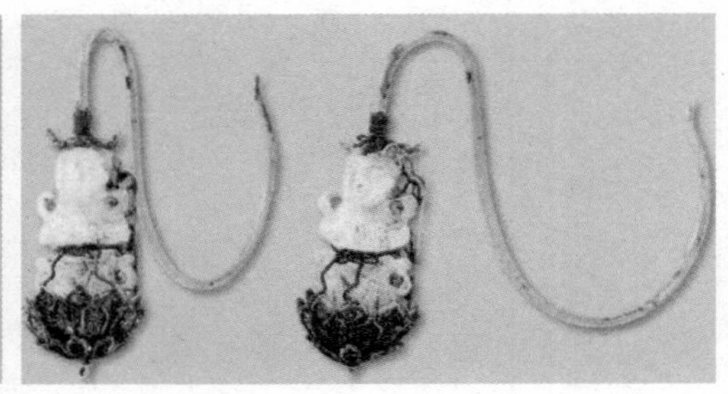

8·29 ［南宋］金执荷童子耳环
8·30 ［明］金镶玉莲花童子耳坠

剪裁制作的装饰品，有的形似幡旗，故名幡胜。立春日戴在头上或系在花下。

在每年农历正月初七，中国古人有戴"人胜"的习俗。据南朝梁代宗懔（约501—565）《荆楚岁时记》记载，荆楚地区每到人日这天便会"剪彩为人，或镂金箔为人，以贴屏风，亦戴之头鬓。又造华胜以相遗"[1]。其大意是说，荆楚地区在人日节时，中国古人要剪彩纸或者镂刻金箔制成人的造型，将其贴于屏风上，或者簪插于两鬓作为节日装饰。妇女们还做华胜，相互馈赠。关于人胜的诗词亦有很多，如唐代李商隐《人日即事》："镂金作胜传荆俗，剪彩为人起晋风。"又如，唐代温庭筠《菩萨蛮·水精帘里颇黎枕》："藕丝秋色浅，人胜参差剪。"再如，宋代李清照《菩萨蛮》："烛底凤钗明，钗头人胜轻。"

在中国古代像生人形首饰的主题中，最为常见的是婴戏题材。婴戏图最早见于唐代长沙窑的釉下彩绘瓷上，宋代亦有瓷童枕。此外，宋代还流行持荷童子，与当时民间生活习俗有关。据文献记载，宋代民间有儿童执荷叶、持荷花的习俗，如《东京梦华录》卷八《七

❶［南朝·梁］宗懔：《荆楚岁时记》卷一，15页，太原，山西人民出版社，1987。

8·31 ［明］婴戏莲纹金钗

夕》记载“七夕前三五日，车马盈市，罗绮满街，旋折未开荷叶，都人善假作双头莲，取玩一时，提携而归，路人往往嗟爱。又小儿须买新荷叶执之，盖効颦磨喝乐。”❶宋代持荷童子题材便是此种习俗的再现。其实物如2002年松江区上海电视大学松江分校窖藏出土南宋金执荷童子耳环一对〔8·29〕，通高6.1厘米，重9克，桃形发，额宽大，八字形眉，眉梢上翘，棱鼻，嘴微张，全身只穿短裤，颈佩项饰，手腕、脚腕戴镯，脚踩手握莲梗，梗梢从头顶绕至肩部，一片荷叶直铺于头顶上方，展现出一个活泼、顽皮、天真的儿童形象。

明清时期，婴戏图达到鼎盛，从简单的一两个幼童形象发展到百多个幼童，幼童神态各异。明代婴戏首饰，如1993年上海市卢湾区打浦桥顾东川夫妇墓出土明代（嘉靖）金镶玉莲花童子耳坠〔8·30〕，高4.5厘米，用粗金丝做成S状，在一端焊接金镶玉莲花童子，童子大头，头顶托金片锤鍱的花叶宝盖，面相丰腴，肩披帛带，双肩帛带隆起，腰束带，双手合十，立于莲花座上。莲座由金片锤鍱錾刻而成，双层莲瓣似一朵盛开的莲花。又如，1963年南京太平门外板仓徐达家族墓出土

❶［宋］孟元老：《东京梦华录全译》卷九，152页，贵阳，贵州人民出版社，2009。

8·32［明］婴戏莲纹金饰件

8·33［清］百子如意纹金手镯　首都博物馆藏

8·34［清］“童子报平安”金簪

明代婴戏莲纹金钗〔8·31〕，长13.6厘米，钗首长3.4厘米，宽3厘米，钗首制成朵云状，其上用锤鍱，錾刻，焊接等工艺手法，表现出童子手捧莲叶嬉戏的主题。另外，1960年南京中华门外郎家山宋晟墓出土明代永乐五年（1407）三件婴戏莲纹金饰件，高2.9厘米，宽4.2厘米〔8·32〕。均是用锤鍱工艺制作如意云状，其上锤鍱孩童眉清目秀，天真烂漫，稚趣可爱，长裙曳地，披锦缠绕。婴戏荷，寓意连生贵子、五子登科、百子千孙的流行，反映了当时民众传宗接代的观念。该题材洋溢着自然活泼的情趣，欢愉之态跃然而出。

清代婴戏题材的像生首饰亦有很多，如北京海淀区花园村出土清代百子如意纹金手镯〔8·33〕，直径7.2厘米，重201克。金质。周身浮雕婴儿图案。婴儿形态各异，生动活泼。手镯上下口以细小连珠纹连成绳纹装饰。该手镯有端口，可以调节手镯的宽度。在端口两边各有一个单独如意纹样图案装饰。又如，北京故宫博物院藏有由一颗特大珍珠、珊瑚、蓝宝石镶嵌成的“童子报平安”金簪〔8·34〕，簪首以异形大约5厘米的童子状珍珠，头发用墨点出，双手捧金爵盘，与双脚镀金点

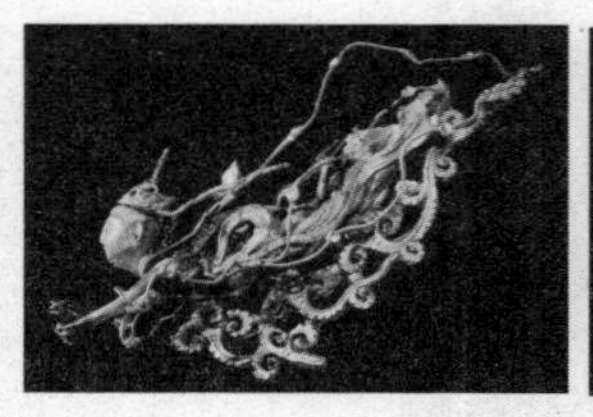

8·35 ［元］金仙女飞天头饰 山西灵丘县文物管理所藏

8·36 ［明］白玉飞天头饰 私人收藏

翠，镶接在珍珠上。珍珠左边饰一蓝宝石雕琢的宝瓶，下有绿松石座，瓶口插几支细细的红珊瑚，枝杈上缠绕金累丝点翠图案，有缠带如意、“卐”字、“安”字、灵芝、戟、花卉等，皆含吉祥寓意。整支簪子连在一起，构思巧妙，称为“童子报平安”。

除了婴戏题材之外，还有仙人飞天、侍女奏乐、仙人采药和佛像题材也是比较常见的人形像生主题，《天水冰山录》中有“金厢玉人耳环”“金水晶仙人耳环”❶。仙人飞天首饰如1982年山西灵丘县曲寺村出土的元代金仙女飞天头饰〔8·35〕，横8.8厘米，飞天仙女头戴宝冠，披帛、裙带与祥云向后飞扬，繁复精美。仙女一腿屈曲，一腿后举，双手前伸，做献物状。与其相似的是私人收藏元代金飞天头饰，宝冠、飘带一如前者，双手前伸至下腭前，手中握鲜花一枝，也做献礼状〔8·36〕。由此可知，山西曲寺村元代仙女金飞天头饰手中本应还有一枝鲜花，现已遗失。又如，1993年上海市卢湾区打浦桥顾氏家族墓出土明代白玉透雕飞天簪饰，长5.7厘米、宽3.5厘米，飞天成对，头戴宝冠，袒上身，裸双臂，腕部戴镯，双手曲臂前伸托花钵，腰间

❶ ［清］鲍廷博辑：《天水冰山录》，知不足斋丛书，第十四集。

8·37 ［西夏］镂空人物纹金耳坠

8·38 ［明］采药仙子形金耳环一对

8·39 ［明］金镶宝石仙人采药簪

束带，下着长裙，长裙裹足，向一侧飘转呈尖锥形。飞天身披长帛，帛带飘缠于身后，与身下雕琢的卷云纹相连，在外围形成一近似心形的边框。该器出土时用一银簪的一端分出五爪，扣于飞天之空隙中，另一端分别插入两鬓发髻上，是为发簪。

侍女奏乐题材如内蒙古巴彦淖尔市临河区高油房西夏古城遗址出土西夏镂空人物纹金耳坠〔8·37〕，高4.2厘米。每坠正面雕刻三尊造像，中间一尊双手捧物，似为竹笙之类乐器，两旁站立二尊身形较矮，双手也捧起，也似有乐器之类物件。三尊人物脚踩莲花，背连一长弯钩。其顶部和脚下各有三朵花形饰物，花朵中间应有宝石镶嵌，现已缺失。

仙人采药题材如南京太平门外板仓徐达家族墓出土采药仙子形金耳坠一对，长10.3厘米〔8·38〕。S形金丝长脚弯钩下坠一朵莲花形六角宝盖顶，上镶细小宝石若干，宝盖下又坠一个脚踏莲花宝座的仙子。右手握锄，身后背篓，篓中露出一枝刚刚摘得的灵芝，挽高髻，戴项圈，衣裙周身有飘带。又如，2009年蕲州镇雨湖村王宣明墓出土的时代金镶宝石仙人采药簪〔8·39〕，簪首花饰占去簪子的

8·40 ［明］镶宝立佛鎏金银簪

一半长度，自上至下依次为华盖，身穿树叶的“仙人”神农氏右手扶华盖曲柄，立于六方形宝台上，下连球形镂空花卉、双层莲花、鼓状，中端还嵌有一颗宝石，花色繁复令人惊叹。据传说神农氏尝百草，一日中毒七十二次。

佛像题材如北京定陵明神宗孝端、孝靖二皇后墓出土镶宝立佛鎏金银簪〔8·40〕，簪身为扁锥形，簪身上半部有花丝制作的莲座及佛背光托。托上承直立金佛一尊，佛面方圆，袒胸，跣足，右手下平伸，掌心向前，左手弯曲于胸前，手捧钵。头带肉髻，上身著敷搭双肩袈裟式大衣，下系裙。胸部刻一“卍”字。佛周围及莲座镶嵌宝石11颗。同类题材还有上海市浦东新区陆家嘴陆深家族墓出土明代金镶玉观音发簪，观音作立状，置于金质莲座上，头顶伏一神鸟，身穿对襟衫，右臂屈于胸前，手执一物似云帚，左臂下垂，肩有飘帛，周身用金丝环绕，前腰嵌一宝石，后背配置一插扦，是为插发之用。

元夕·玉梅

农历正月十五是元夕节，又称“上元节”“元宵节”，是汉民族除春节以外最重要的节日之一。元夕节的节期长短是随历史发展而变化的——汉代一天，唐代三天，宋代五天，明代则是自初八点灯，一直到正月十七夜才落灯，整整十天。正月十五元夕节是宋代最热闹的节日，每年元夕夜政府都解除宵禁，特许人们彻夜游玩。平时足不出户的闺阁小姐们更是可以穿戴走出大门，赏灯看月，尽兴游玩。这一天也是历代词人及文人墨客经常吟咏的话题。

宋代元夕节，衣物尚白色。元夕夜，月光皎洁，妇女穿白衣，会显得更加鲜明夺目、漂亮飘逸。元夕夜穿白衣的风俗后世沿袭，如明代《金瓶梅》第二十四回描写元夕节晚上，陈敬济带着妇女们出门放焰火、观灯、探亲，宋蕙莲“跟着众人走百病儿，月色之下，恍若仙娥，都是白绫袄儿，遍地金比甲，头上珠翠堆满，粉面朱唇。”[1]《帝京景物略》卷二《东城内外》，引蕲州张宿《走百病》诗云：“白绫衫照月光殊，走过桥来百病无。”[2]《北京风俗杂咏》引高士奇《灯市竹枝词》云：“鸦髻盘云插翠翘，葱绫浅斗月华娇。夜深结伴门前过，消病春风去走桥。”下注曰：“正月十六夜，京师妇女行游街市，名曰走桥，消百病也。多着葱白色

[1] ［明］兰陵笑笑生：《金瓶梅》卷二四，339页，北京，中华书局，1998。

[2] ［明］刘侗：《帝京景物略》卷二，75页，北京，北京古籍出版社，1980。

绫衫，为夜光衣。”[1]由此可见，元宵节期间，妇女穿白绫袄是明代元宵节的妇女服饰殊俗。此外，每年正月十四、十五、十六日夜，宋代宫廷皆穿“灯景”补子衣，衣上饰灯笼纹样。

北宋朱弁《续骫骳说》的“元宵词”条云“妇女首饰，至此一新，髻鬟篸插，如蛾、蝉、蜂、蝶、雪柳、玉梅、灯球，袅袅满头，其名件甚多，不知起于何时。”[2]又，宋代周密《武林旧事》卷二《元夕》记载“元夕节物，妇人皆戴珠翠、闹蛾、玉梅、雪柳、菩提叶、灯球、销金合、蝉貂袖、项帕，而衣多尚白，盖月下所宜也。游手浮浪辈则以白纸为大蝉，谓之夜蛾。又以枣肉炭屑为丸，系以铁丝燃之，名火杨梅。”[3]综合以上文献，宋代元夕节夜晚妇女头上的饰物有玉梅、雪柳、灯球、菩提叶、闹蛾、蝴蝶、蝉、蜜蜂等物。

灯球

据传，中国古代元夕节燃灯的习俗起源于道教的“三元说”——正月十五日为上元节，天官主管；七月十五日为中元节，地官主管；十月十五日为下元节，人

[1] 孙殿起辑，雷梦水编：《北京风俗杂咏》，23页，北京，北京古籍出版社，1983。

[2] ［宋］朱弁：《曲洧旧闻》（唐宋史料笔记）附录，235页，北京，中华书局，2002。

[3] ［宋］周密：《武林旧事》卷二，55页，北京，中华书局，2007。

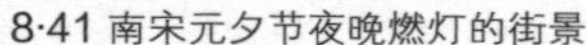

8·41 南宋元夕节夜晚燃灯的街景

8·42 挂满灯笼的元夕节南京街景

官主管。天官喜乐，故上元节要燃灯。

在南宋时，每年的元夕节都有规模宏大、繁盛空前的娱乐活动〔8·41、8·42〕。这元夕节节期的夜里，朝野上下，赏月观灯，进行各种文娱活动。据周密《武林旧事》卷二《元夕》记载，都中元夕，每年都要在重要的殿、门、堂、台起立鳌山，“灯之品极多”，其中苏州灯“圈片大者，径三四尺，皆五色琉璃所成，山水、人物、花竹、翎毛，种种奇妙，俨然著色便面也”，福州白玉灯“纯用白玉，晃耀夺目，如清冰玉壶、爽彻心目”。新安琉璃“虽圈骨悉皆琉璃所为，号无骨灯”令人称绝；禁中的琉璃灯山高五丈，“人物皆用机关活动，结大彩楼贮之。又于殿堂梁栋窗户间为涌壁，作诸色故事”，活动自然，“龙凤噀水，蜿蜒如生，遂为诸灯之冠。”❶与灯品相衬的是绵延的舞乐列队，人数之多“至数千百队”，一眼望去不见边际，“连亘十余里”，令人叹为观止，上自帝妃百官，下至庶民百姓，观者如潮之涌，“宫漏既深，始宣放烟火百余架，于是乐声四起，烛影纵横，而驾始还矣。”❷

与街上四处悬挂的灯笼相对的节令饰物有各种灯

❶ ［宋］周密：《武林旧事》卷二，50页，北京，中华书局，2007。

❷ ［宋］周密：《武林旧事》卷二，51页，北京，中华书局，2007。

8·43 《市担婴戏图》中头戴灯球的妇人

8·44 《货郎图》中头戴灯球的妇人

8·45 竹编橄榄灯

球造型的首饰。陈元靓《岁时广记》卷十一“戴灯球”条引《岁时杂记》：“都城仕女有神戴灯球，灯笼大如枣栗，加珠茸之类。”[1]又，宋代金盈之《新编醉翁谈录》卷三京城风俗，正月里妇人“妇人又为灯球、灯笼，大如枣栗，加珠翠之饰，合城妇女竞戴之。”[2]可知，宋代灯球以金银、料珠、茸球为之，插在头上以为装饰。茸球者如南宋民俗画家李嵩所绘的《市担婴戏图》〔8·43〕和《货郎图》〔8·44〕中怀抱或手牵婴儿的妇人头裹的包髻前面插着的球状饰物。宋人侯寘作有《清平乐》词一首，题为《咏橄榄灯球儿》：

缕金剪彩。茸绾同心带。整整云鬟宜簇戴。雪柳闹蛾难赛。休夸结实炎州。且看指面纤柔。试问苦人滋味，何如插鬓风流。

所谓“橄榄灯”似是指一种中间粗、两头尖的灯笼，其形状好似橄榄，故名。而“橄榄灯球儿”亦是一种两头尖、形似橄榄状的灯球饰品〔8·45〕。元夕夜，上街游玩尽兴的妇女们多会将几个灯球首饰“簇戴”在

[1] 陈元靓：《岁时广记》卷十一，117页，上海，商务印书馆，1939。

[2] ［宋］金盈之：《新编醉翁谈录》卷三，拜经楼抄写本，10页。

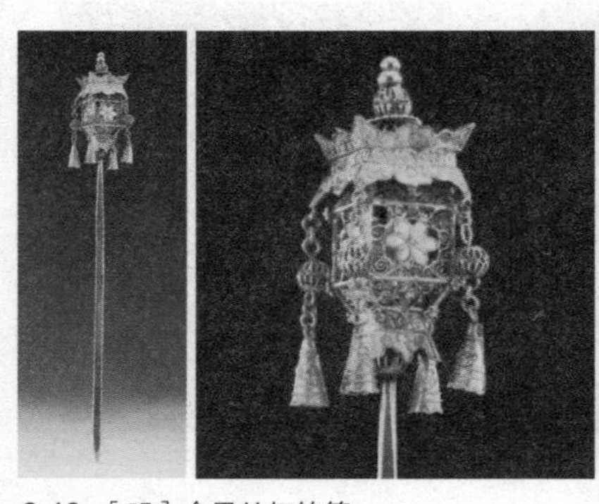

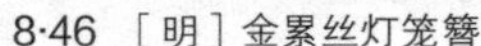

8·46 ［明］金累丝灯笼簪

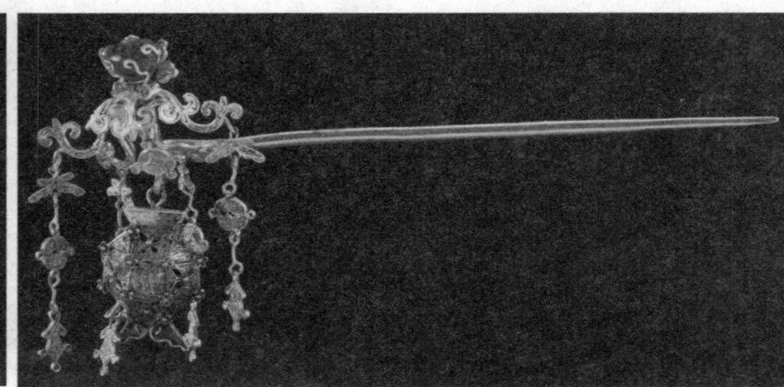

8·47 ［明］金累丝镶宝灯笼金簪

绾起的发髻上，热闹且充满情趣。明人沿袭此风，《金瓶梅》第十五回“佳人笑赏玩灯楼，狎客帮嫖丽春院”里就描写道，正月十五之夜，潘金莲的打扮就是身穿“大红遍地金比甲。头上珠翠堆盈，凤钗半卸，鬓后挑着许多各色灯笼儿。[1]”顾名思义，“鬓后挑着”自然是灯笼发簪了。“许多各色灯笼儿”又与《咏橄榄灯球儿》词中的“簇戴”对了景儿。其实物如曲江博物馆藏明代金累丝灯笼簪〔8·46〕，簪脚长14厘米，顶部二颗金珠，其下是一颗累丝金珠，再下是上下对称、四角挑尖的宝顶，四角下口垂饰金环，衔挂与顶部相同的累丝圆球。球下再挂金环，最下方挂四枚金铃。宝顶之下为累丝灯笼，灯笼框架内填旋涡纹金丝，四面中间各嵌六瓣梅花一朵。宝顶与灯笼总长4.7厘米灯笼，簪重25.2克。又如，曲江博物馆藏还有一枚明代金累丝镶宝灯笼簪〔8·47〕，长9.8厘米，物长3厘米，宽4.8厘米，重10.1克。簪头部翘起金提系，提系金托上镶一红宝石，四角做忍冬如意头造型，其下挂铜钱状金环与铃状饰物。簪头金托下垂六棱十八面的累丝灯笼。灯笼是以粗金丝做成主框架，其内填细金丝花纹。灯笼面与面交接

[1] ［明］兰陵笑笑生：《全本金瓶梅词话》，卷十五，387页。

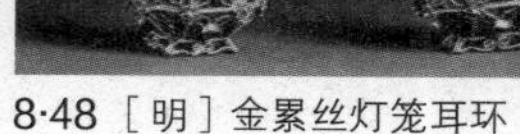

8·48 ［明］金累丝灯笼耳环

8·49 ［清］累丝宫灯形金耳坠　首都博物馆藏

的结点饰五瓣金丝梅花。

令人可惜的是宋代灯笼首饰尚未见到实物，好在明代人继承了宋代风尚，且越发精巧，有纯金累丝、金镶珠玉等工艺。其类别不仅有发簪，还有耳坠。在《天水冰山录》中有“金镶珠宝累丝灯笼耳环”“金镶玉灯笼耳环”“金折丝珠串灯笼耳环”“金珠串灯笼耳环”“金累丝灯笼耳环”❶等几十种。《金瓶梅》二十四回就写道，元宵夜，宋蕙莲在随孟玉楼到街上走百病之前，特意回房打扮，“换了一套绿闪红缎子对衿袄儿、白挑线裙子。又用一方红销金汗巾子搭着头，额角上贴着飞金，三个香茶面花儿”，尤其是戴上了应景的“金灯笼坠子”❷。明代金灯笼坠子实物如南京鼓楼明墓出土一对金累丝灯笼耳环〔8·48〕，耳坠提系上悬挂一个金丝编结的六角形塔顶，各角起翘云头挂角上各挂一个以金花丝花瓣为顶的铃铛形金牌饰，塔顶下接金丝编结做成的镂空六棱十八面的宫灯，每面内嵌四瓣对角花，花心上嵌极小的红蓝宝石。清代灯笼坠子实物如北京石景山区出土清代累丝宫灯形金耳坠〔8·49〕，长7.3厘米，重24.6克。耳坠上端为金丝编结六角双层塔

❶ ［清］鲍廷博辑：《天水冰山录》，知不足斋丛书，第十四集。

❷ ［明］兰陵笑笑生：《全本金瓶梅词话》卷二十四，339页。

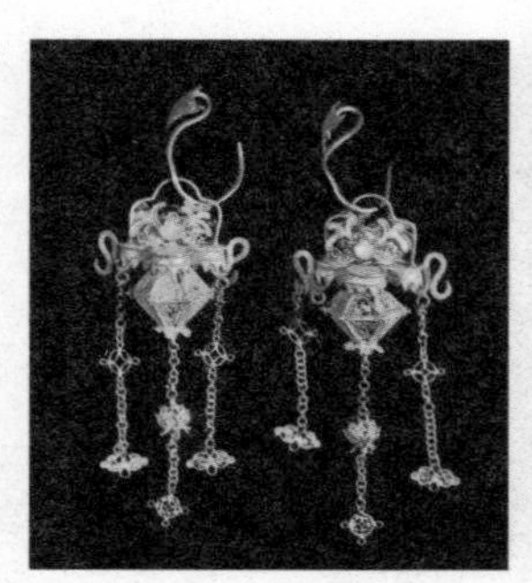
8·50 ［清］累丝宫灯形金耳坠 私人收藏

8·51 ［明］孔雀羽洒线绣升龙灯笼纹元宵圆补 澳大利亚私人收藏

8·52 ［明］双龙灯笼景刺绣圆补

顶，各角起翘四瓣花挂角，下层挂角各缀一金花丝球，球下缀铃铛形累丝金牌饰，塔顶下接六面宫灯，一面中空无饰，其他面内嵌花丝。宫灯下面有金累丝莲瓣花形托底。讲究者灯笼耳环更是做成了宫灯形状，如北京石景山区清墓出土累丝宫灯形金耳坠〔8·50〕。

与灯球相呼应的是“灯景”补子衣。在元夕节夜晚，人们出门赏灯，皆穿“灯景”补子衣，衬托出节日的喜庆气氛，也与头上的灯球首饰对称呼应。普通庶民受限于制度规定，只能以灯笼和日常花鸟为景，而皇家则要有标志性的龙纹，如明代万历孔雀羽洒线绣升龙灯笼纹元宵圆补〔8·51〕，长31厘米，宽32厘米。补子下面是一条盘金绣三爪蟒，蟒身做蟠曲状，蟒嘴张开，双眼看上。头上有灯笼三只，中间灯笼为球路纹❶，两侧为全红色。祥云、江崖海水俱全。又如，明代万历双龙灯笼景刺绣圆补〔8·52〕，直径36厘米。补子中两条升龙各立两侧，左黑右红，张嘴吐舌，看着中间的灯笼。灯笼为三层，顶层为宝盖，中间为球路纹灯笼，下部为方形宫灯。灯下有红色莲花做衬底。祥云、牡丹、太湖石、海水纹分列其中，一幅祥和气象。

❶ 又称“毬露纹”。以一大圆为一个单位中心，组成主题图案，上下左右和四角配以若干小圆，圆圆相套相连，向四周循环发展，组成四方连续纹样，在大圆小圆中间配以鸟兽或几何纹，这种图案风格、形式，称为球路。它是唐联珠、团花图案的发展变格。

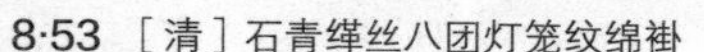

8·53 ［清］石青缂丝八团灯笼纹绵褂

8·54 ［清］粉绿八团灯笼纹吉服袍

清代存世的灯笼景衣服亦有不少，如故宫博物院清嘉庆石青缂丝八团灯笼纹绵褂〔8·53〕，身长142厘米，两袖通长176厘米，下幅宽115厘米。石青色缂丝面，月白色小折枝暗花绫里。周身以双色捻金线缂织八团灯笼纹，灯笼内饰海屋添筹、红蓼寿石等内容，寓“添寿”“长寿”之意。下幅织蝙蝠、灵芝、水仙、牡丹、寿石及八宝立水，寓“灵仙祝寿”“福寿富贵”等吉祥意。此褂是嘉庆年间缂丝工艺的代表作。黄条墨书：“嘉庆十三年十二月十七日收，造办处呈，览石青缂丝八团花有水棉褂一件。”[1]又如，清粉绿八团灯笼纹吉服袍〔8·54〕，盘领，大襟右衽，马蹄袖口，裾左右开。粉绿色素缎面上用五彩丝线绣灯笼景八团，宫灯笼四周环绕牡丹、菊花、蝙蝠和卷草叶。袖及襟边均以石青色缎为面，亦以宫灯笼及牡丹、菊花、蝙蝠和卷草叶为饰，下幅为海水江崖纹，江崖上有珊瑚，布局左右对称而不显呆板，构图疏朗而不失丰富多彩。纹样采用平金、打籽、抢针、套针、滚针、网绣等多种技法绣制而成，技法纯熟，水路清晰，绣线斑斓，饱含丝光。

[1] 张琼：《清代宫廷服饰》，187页，上海，上海科学技术出版社，2006。

玉梅

帝城三五，灯光花市盈路。天街游处，此时方信，凤阙都民，奢华豪富。纱笼才过处，喝道转身，一壁小来且住。见许多才子艳质，携手并肩低语。东来西往谁家女，买玉梅争戴，缓步香风度。北观面顾，见画烛影里，神仙无数。引人魂似醉，不如趁早，步月归去。这一双情眼，怎生禁得，许多胡觑。

（［宋］李邴《女冠子·上元》）

诗中“买玉梅争戴”，其实是一种用白罗剪制的像生梅花，这种用白罗剪缝的玉梅，尤其受年轻女子喜爱。很可能，这个用白罗剪制的“玉梅”在做好后，还要用香薰薰过再卖。否则，怎么出来“缓步香风度”呢?

宋代元夕节，节物尚白色，尤其是元夕夜女性出游更是以白衣为尚，因此，白绢梅花便成了每年正月十四、十五、十六日夜里，青年妇女盛装出行的一种应景头饰。玉梅与白衣呼应，两物一色，格调素雅，是宋人的风情。届时，街头巷陌，皆有售卖。证以宋代孟元

8·55 蝶恋花镶玉嵌宝累丝金簪

老《东京梦华录》卷六《十六日》条："市人卖玉梅、夜蛾、蜂儿、雪柳、菩提叶。"[1]或许，在宋代词人眼里，玉梅已然成为元夕节的代名词。宋代晁冲之《传言玉女·上元》词云："娇波向人，手捻玉梅低说。相逢常是，上元时节。"

宋时，也有人将玉梅称为"雪梅"，如宋金盈之新编《醉翁谈录》："妇人又为镜球、授笼，大如枣栗，加珠翠之饰，合城妇女竞戴之。又插雪梅，凡雪梅皆绘楮为之。"[2]文中所言"楮"是一种落叶乔木，叶似桑，树皮是制造桑皮纸和宣纸的原料。古时亦作纸的代称。如此而言，"雪梅"或是一种以白纸剪制的节时饰物。与"玉梅"相似，或是一物异名而已。

元夕节戴玉梅的风俗，宋代之后仍有沿袭。在明代冯梦龙纂辑的白话短篇集《古今小说》卷二四中"杨思温燕山逢故人"一回中即有"艳妆初试，把珠帘半揭，娇羞向人，手捻玉梅低说。相逢长是，上元时节。"[3]只是，此时的玉梅已经是名副其实的玉雕梅花。其实物如蝶恋花镶玉嵌宝累丝金簪〔8·55〕和定陵明神宗出土镶珠宝玉花蝶金簪〔8·56〕。后者插戴于孝端显皇后

[1] ［宋］孟元老：《东京梦华录》卷六，41页，北京，中国商业出版社，1982。

[2] ［宋］金盈之等：《新编醉翁谈录》卷三，2页，适园丛书本，沈阳，辽宁教育出版社，1998。

[3] ［明］冯梦龙：《古今小说》卷二四，365页，南京，凤凰出版社，2007。

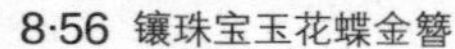
8·56 镶珠宝玉花蝶金簪

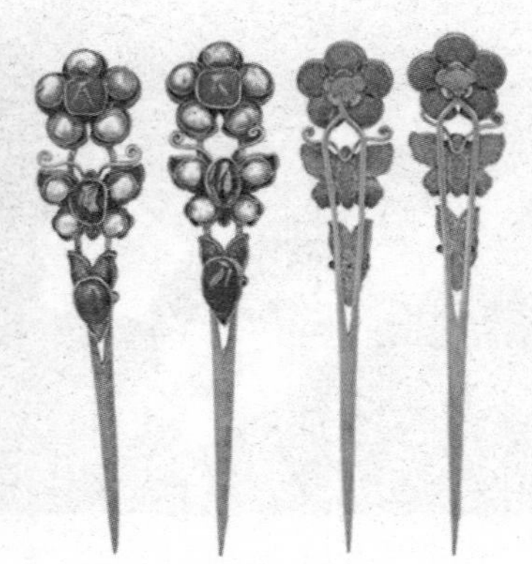

8·57 镶珠宝花蝶金簪

“棕帽”上，其中一件通长15.6厘米、簪首长7厘米、宽2.7厘米，重28克，簪体上部镂刻古钱形花纹，正面中部浅刻流云纹，簪首缀白玉花卉、绿玉蝴蝶、红玉花，并嵌有红蓝宝石及珍珠。如果不用玉，还可以用白色的珍珠，如北京定陵出土明代镶珠宝花蝶金簪〔8·57〕。

雪柳

沙堤香软。正宿雨初收，落梅飘满。可奈东风，暗逐马蹄轻卷。湖波又还涨绿，粉墙阴、日融烟暖。蓦地刺桐枝上，有一声春唤。任酒帘、飞动画楼晚。便指数烧灯，时节非远。陌上叫声，好是卖花行院。玉梅对妆雪柳，闹娥儿、象生娇颤。归去争先戴取，倚宝钗双燕。

（［南宋］《孤鸾·早春》）

诗中“玉梅对妆雪柳”引出了宋时元夕节的又一节令饰物，宋人《宣和遗事》记载，当时的京都汴梁“京师民有似云浪，尽头上戴着玉梅、雪柳、闹蛾儿，直到鳌山下看灯。”[1]宋代妇女在上元节时，竞插玉梅、雪

[1] ［宋］佚名：《新刊大宋宣和遗事》，72页，北京，中国古典文学出版社，1954。

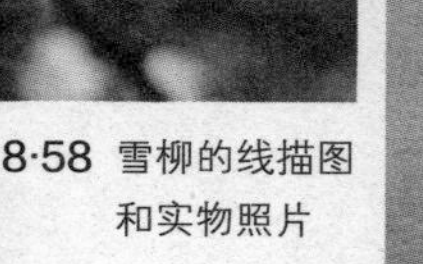

8·58 雪柳的线描图和实物照片

8·59《宋仁宗后坐像》中侍者　南薰殿旧藏

柳的盛况，借此可以想见。

雪柳，别名挂梁青、珍珠花，叶绿花白，木樨科、属落叶灌木或小乔木〔8·58〕。多长在温暖又阴湿之地。适应性强，河北、陕西、山东、江苏、安徽、浙江、河南及湖北东部均可见到。嫩叶可代茶；枝条可编筐，茎皮可制人造棉，亦栽培作绿篱。每年4至6月间，花季时成簇盛开，远远望去，犹如雪花挂柳。雪柳的形象如南薰殿旧藏《历代帝后坐像》中宋代皇身后右边侍者头上簪戴的白花〔8·59〕。

考虑到花期，元夕节妇人簪戴的雪柳也应该是一种人工再造的像生花。李清照《永遇乐·元宵》词："中州盛日，闺门多暇，记得偏重三五，铺翠冠儿，捻金雪柳，簇带争济楚。"又赵必象《齐天乐（簿厅壁灯）》："雪柳捻金，玉梅铺粉，妆点春光无价。"所谓"捻金雪柳"或"雪柳捻金"，目前尚无考古实物可证。从字面上解释，捻金也称圆金、撚金，是指将金镂切、捻卷于丝线外层的金线。捻金多用织造织金锦。元朝尤其盛行。故此，"捻金雪柳"有可能是以捻金金线或金箔錾刻成的雪柳花，也可能是以捻金金线织成有雪

8·60 ［南宋］《大傩图》中人物所穿的服装

8·61 1906年法国卡地亚品牌铂金镶钻胸针

柳纹样的织金锦。其形象如宋人绘《大傩图》中人物所穿的服装〔8·60〕。有很多词都有相关描写，如辛弃疾《青玉案·元夕》“蛾儿雪柳黄金缕”、宋代丘密《满江红》“雪柳垂金幡胜小”。无论哪种方式，都与金有关，所以也有人称其为“金柳”，如周密《探春慢·修门度岁，和友人韵》：“竞点缀、玉梅金柳。”

西方首饰中也有类似款式，如华盛顿上流社会名媛玛丽·斯科特·唐森夫人（Mrs Mary Scott Towsen）收藏的1906年法国卡地亚品牌铂金镶钻胸针〔8·61〕，两边各长27厘米，铂金镶钻，即使是纤细的花蕊上也装饰着珠齿式镶嵌的玫瑰式切割的钻石，精美奢华异常。

闹蛾

闹蛾，是取蛾儿戏火之意，也称闹嚷嚷，如明代沈榜《宛署杂记》记载元旦出游，人们都头“戴闹嚷嚷”，其形状为“飞鹅、蝴蝶、蚂蚱之形，大如掌，小如钱”❶。清代王夫之《杂物赞·活的儿》引宋代柳永词云：“所谓‘闹蛾’儿也，或亦谓之闹嚷

❶［明］沈榜：《宛署杂记》卷十七，190页，北京，北京古籍出版社，1980。

嚷。”[1]蛾的形状略似蝴蝶，但腹部短粗，触角呈羽状，静止时双翅平伸。因为有良好的嗅觉和听觉，所以蛾子常在夜间活动，且有趋光性。它正与元夕夜街上装点的各色灯笼相呼应。在中国传统文化中，蛾有交合、求偶、两性之类的寓意，与蝶恋花、蜂赶蝶相同。仅读“闹蛾”之名，便能感到一种嬉戏的情调和娱乐至上的感觉。其实，闹蛾本也不属于庙堂礼仪，是一种非常接地气的民俗元素。

与彩燕和春鸡相同，闹蛾也是宋人用于节令饰品。该习俗至迟在唐已有。唐人张祜《观杨瑗柘枝》诗云：

促叠蛮鼍引柘枝，卷帘虚帽带交垂。紫罗衫宛蹲身处，红锦靴柔踏节时。微动翠蛾抛旧态，缓遮檀口唱新词。看看舞罢轻云起，却赴襄王梦里期。

唐代闹蛾实物最知名的当属陕西西安玉祥门外隋朝李静训墓出土的一件黄金闹蛾扑花（详见第二章）。花团锦簇，闹蛾做扑花将落之状。工匠以金丝盘出蛾子的翅膀形状，里面填花丝。金丝钩编出蛾子身体，上面

[1] ［清］王夫之：《王船山诗文集》，97页，北京，中华书局，1962。

8·62［唐］银鎏金闹蛾头饰

8·63 M.buccellati黄金蛾嵌红宝石胸针

嵌数颗珍珠。蛾子眼睛亦以珍珠做出，金丝点睛，做触须和蛾脚。又如山西历史博物馆藏唐代银鎏金闹蛾头饰〔8·62〕，鎏金银片錾刻出镂空的闹蛾纹样，闹蛾翅膀里錾刻镂空卷草纹，蛾胡触须外张卷曲成卷草。蛾子头、身、睛细节均錾刻出来，细致准确。周身以錾刻小连珠纹，成为装饰线条。与中国的闹蛾首饰不同，西方珠宝设计师M.buccellati所做的黄金蛾嵌红宝石胸针写实性更强〔8·63〕。蛾子足、触须、翅膀上的肌理表现得极为清晰生动。在传唐代画家周昉绘《簪花仕女图》中左边贵妇，髻插芍药花，身披浅紫纱衫，束裙的宽带上饰有鸳鸯图案，白地帔子绘有彩色云鹤。她右手举着颇似闹蛾〔8·64〕。

唐代闹蛾还有花钗实物，如1956年西安南郊惠家村唐大中二年（848）墓出土鎏金闹蛾蔓草纹银钗〔8·65〕，全长35.4厘米，钗头部分宽约5.6厘米、长14.7厘米，银质，通体鎏金，钗头镂空成飞蝶、菊花图案花纹。钗头下连粗银丝两根，盘扭后又绕成“8”字形交花，然后用银套束紧，两银丝通过银套后，并列下伸，成为钗尾。镂空形态的边缘轮廓形与花纹的錾刻线

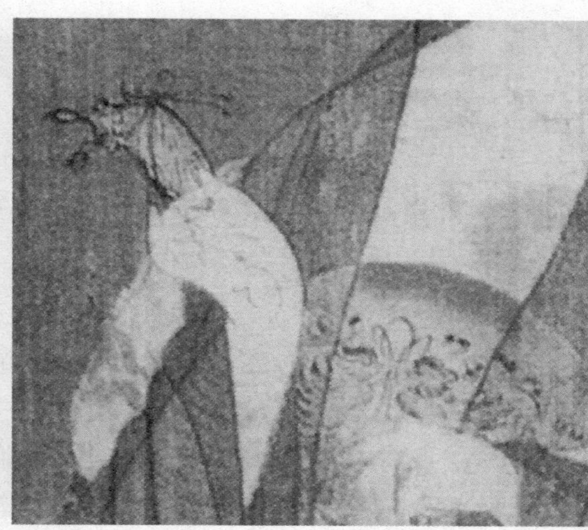

8·64 传［唐］周昉《簪花仕女图》局部

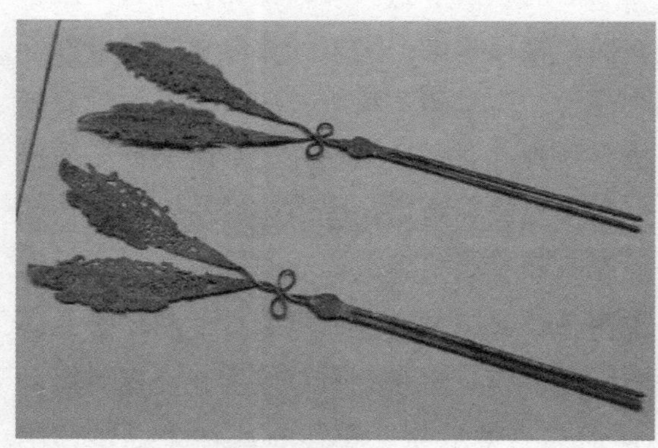

8·65［唐］鎏金闹蛾蔓草纹银钗

天衣无缝地相衔接，如同剪纸一般细微的线条刻画出蝴蝶的双翅，最细处形如发丝，且每一根线条都十分精巧、流畅。

作为应景饰品，簪戴闹蛾在宋代已成为元夕节里不可缺少的风气。辛弃疾在《青玉案》中先描写了元宵的热闹景致："东风夜放花千树。更吹落、星如雨。宝马雕车香满路。凤箫声动，玉壶光转，一夜鱼龙舞。蛾儿雪柳黄金缕。笑语盈盈暗香去。众里寻他千百度。蓦然回首，那人却在，灯火阑珊处。"词中"蛾儿雪柳黄金缕"都是元夕节的应景节物。又如杨无咎《人月圆》词："闹蛾斜插，轻衫窄试，闲趁尖耍。百年三万六千夜，愿长如今夜。"这里的"闹蛾斜插"应是一种有闹蛾装饰的发簪，与彩灯、箫鼓、烟火、歌舞一样，都是宋代热闹节日的一部分。南宋初和宋亡后，国破家亡的元夕夜最易牵动人们对故国之思。许多词人借咏元夕抒感旧之情，蒋捷《女冠子·蕙花香也》："况年来、心懒意怯，羞与蛾儿争耍。"国破家亡后的元夕夜，对词人来讲，则是别有一番滋味。哪还有心情去插戴"闹蛾"满心欢喜地过节呢？

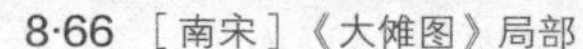

8·66 ［南宋］《大傩图》局部

8·67 ［宋］苏汉臣《五瑞图》局部

男子戴闹蛾的情形在故宫博物院藏南宋《大傩图》中有生动的表现，在舞者人群中就有在头戴巾帽的当心缝缀闹蛾形象〔8·66〕。其热闹景象与宋代周密撰《武林旧事》卷二中记载元夕“内人及小黄门百余，皆巾裹翠蛾，效街坊清乐傀儡，缭绕于灯月之下”❶的情景颇为吻合。此外，传宋苏汉臣绘《五瑞图》表现的是：在春天庭院里，几个孩童穿着彩衣，勾画脸谱，戴着面具，模仿大人们跳“大傩舞”的情景。在其中那位模仿药师的儿童头上插着的春幡上吊着一个白色的闹蛾〔8·67〕。

❶［宋］周密：《武林旧事》卷二，50页，北京，中华书局，2007。

宋代词人史浩在《粉蝶儿·元宵》中写道：“闹蛾儿、满城都是。向深闺，争翦碎、吴绫蜀绮。点妆成，分明是、粉须香翅。”又元代张翥《一枝春·闹蛾》“宫罗轻剪，翩翩鬓影，侧映宝钗双燕。”可知，古代妇女们先用丝绸剪出闹蛾的形，再用笔画勾画出须、翅等细节。因为描画的精彩热闹，所以人们也称闹蛾为花蛾，宋代胡仲弓《己酉上元诗同日立春》有“花蛾巧剪禁风扑，彩燕新裁带月看”的诗句。可见，闹蛾不仅是元夕夜的节令物，也是元旦、立春之日的应景物，《金

8·68 ［北宋］金箔闹蛾线描

8·69 ［明］蝴蝶形金闹蛾

瓶梅词话》第七十八回：“（正月元旦）放炮仗，又嗑瓜子儿，袖香桶儿，戴闹蛾儿。”❶明代沈榜《宛署杂记》称元旦出游时，须戴闹嚷嚷，“大小男女，各戴一枝于首中，贵人有插满头者。”❷

除了丝绸，闹蛾还以乌金纸剪裁成形，并朱粉点染，加绘色彩。明代刘若愚《酌中志》卷二十《饮食好尚纪略》记载“自岁暮正旦，咸头戴闹蛾，乃乌金纸裁成，画颜色装就者；亦有用草虫、蝴蝶者。咸簪于首，以应节景。”❸又王夫之《杂物赞·活的儿》：“以乌金纸剪为缺蝶，朱粉点染。”❹其实物应如湖北麻城北宋石室墓棺床北部正中出土一件剪刻而成的金箔闹蛾〔8·68〕。在明代墓葬中，有很多蝴蝶形的闹蛾实物出土，如南京中华门外郎家山宋晟墓出土一对蝴蝶形金闹蛾〔8·69〕。其制作方法与南京太平门外岗子村吴忠墓出土的一对金闹蛾相似，只是在蝶翅上另有錾刻的圆圈细点纹饰及一些用于系缀的针孔。

据明代刘侗、于奕正《帝京景物略·春场》记载：“今惟元旦日，小民以鬃穿乌金纸，画彩为闹

❶［明］兰陵笑笑生：《金瓶梅词话》，1018页，上海，上海中央书店，1935。

❷［明］沈榜：《宛署杂记》卷十七，190页，北京，北京古籍出版社，1980。

❸［明］刘若愚：《酌中志》卷二〇，178页，北京，北京古籍出版社，1994。

❹［清］王夫之：《王船山诗文集》，97页，北京，中华书局，1962。

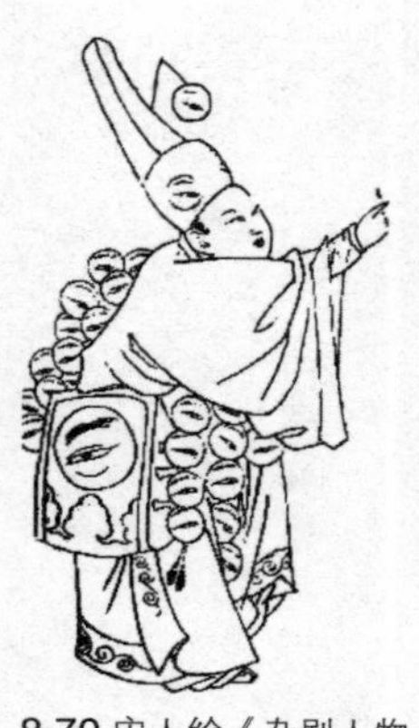

8·70 宋人绘《杂剧人物图》

8·71［北魏］宁恕暨妻郑氏墓窟壁画线描

8·72 明代戴笼冠的官吏

蛾，簪之。”❶为了增强动感，有时闹蛾是用鬃或竹篾将彩燕或闹蛾斜插吊缀在头冠半空上面。如此，只要在人走动行步时震动花朵，牵动钢丝或竹篾，花朵周围的小生物便会颤动飞舞，极富动感，即元代张翥《一枝春·闹蛾》词云“闹春风簇定，冠儿争转。”其形式如宋代李嵩绘《市担婴戏》和《货郎图》中担货游贩头巾上插的春燕。这种方法在宋人绘《杂剧人物图》中也有所表现〔8·70〕。只是卖眼药郎中头上斜插细竹上吊着的不是春燕和闹蛾，而是一个用作标签招牌的眼睛图案。用细丝吊缀饰物的式样与晋代侍从官员冠侧簪的白笔颇为相似，❷如北魏宁恕暨妻郑氏墓窟壁画上身穿曲领大袖衣〔8·71〕，头戴笼冠的男子形象。其笼冠后插簪导，并有一根细丝自冠后弯曲至额前的白笔。据记载，宋明时期官员上朝之时，也在进贤冠上簪“白笔”❸〔8·72〕。

在清代，民间在立春和元夕日簪戴春燕和闹蛾的习俗仍有流传。清代查慎行《凤城新年辞》：“巧裁幡胜试新罗，画彩描金作闹蛾。从此剪刀闲一月，闺中针线岁前多。”❹清代陈维崧《清江裂石·人日送大鸿

❶［明］刘侗、于奕正：《帝京景物略·春场卷》，65页，北京，北京出版社，1963。

❷［晋］崔豹：《古今注·舆服》：“白笔，古珥笔，示君子有文武之备焉。”

❸［元］脱脱等：《宋书·舆服志》卷十八，519页，北京，中华书局，1974。

❹［清］吴长元辑：《宸桓识略》卷十六，350页，北京，北京古籍出版社，1981。

由平陵宛陵之皖桐》词："彩燕粘鸡斗酒天，轻软到钗钿。"和《望江南·岁暮杂忆》："江南忆，忆得上元时。人斗南唐金叶子，街飞北宋闹蛾儿。此夜不胜思。"此风至民国时仍不衰落。

蝴蝶

比蛾子漂亮的当然是蝴蝶。其翅膀和身体有鲜艳花斑，头部有一对棒状或锤状触角，翅宽大，停歇时翅竖立于背上。与蛾相似的是翅、体、足上均有一触即落的尘状鳞片。其差异之处在于蝴蝶多在白天活动。千姿百态的蝴蝶，展现给人们一个五彩缤纷的世界，使人感到人和自然的和谐与温馨，因而人们赋之于"虫国佳丽""会飞的花朵""大自然的舞姬""美的精灵""虫国西施""百花仙子"等美名。[1]

[1] 张建民、李传仁、王文凯、谢广林、杨亚珍：《蝴蝶文化趣谈》，载《昆虫知识》，2008（2），45页。

蝴蝶与闹蛾同为元夕、立春的节令物。在中国浩如烟海的诗词宝库中，吟咏蝴蝶的诗词不胜枚举。现存较早的咏蝶诗为汉乐府歌《蜨蝶行》。唐代李商隐以蝶入诗的有29首，内容涉及情爱、世情和人生际遇。在其

8·73 ［金］蓝地黄彩蝶装花罗额带引自《金代服饰—金齐国王墓出土服饰研究》

名篇《锦瑟》中曾写道："庄生晓梦迷蝴蝶，望帝春心托杜鹃，沧海月明珠有泪，蓝田日暖玉生烟。"李白在《长干行》中，则用"八月蝴蝶黄，双飞西园草"，描述蝴蝶的成双成对、翩翩飞舞，反衬夫妻的离愁别恨，意境悠远。北宋谢逸曾做蝶诗三百首，如《拟岘台》"倦蝶舞酣花坞"、《和饶正叔梅花》"香迷野径蝶南亲"、《梨花已谢戏作二首》"旧日郭西千树雪，今随蝴蝶作团飞"、《桂花》"西风扫尽狂蜂蝶，独伴天边桂子香"等，时人呼之为谢蝴蝶。杜甫在《曲江二首》中写道："穿花蛱蝶深深见，点水蜻蜓款款飞。"南宋诗人杨万里则在《宿新市徐公店二首》诗中云："儿童急走追黄蝶，飞入菜花无处寻。"描述黄粉蝶在油菜花中飞舞的情景，蝶、花一色，蝶、花相映，以致难以辨认。[1]

有的蝴蝶是在布帛上直接绘画而成，如黑龙江阿城金墓中王妃头戴花株冠的额沿就有蓝地黄彩蝶装花罗额带一条。带前额部宽5.3厘米。上印绘着四只形态各异的金彩蝴蝶纹。其上还保留有绘金的痕迹，每只蝴蝶长8厘米、宽4.8厘米，四只蝴蝶总长约35厘米。原系于花珠冠额沿部，带纽系结于冠后〔8·73〕。在宋苏汉臣绘

[1] 张建民、李传仁、王文凯、谢广林、杨亚珍：《蝴蝶文化趣谈》，载《昆虫知识》，2008（2），45页。

8·74［宋］苏汉臣《五瑞图》局部

《五瑞图》中，在一个儿童头戴巾帽的两侧上绘有一个金蝴蝶形象〔8·74〕。

在明代墓葬中，有很多蝴蝶实物出土。例如，1957年南京太平门外岗子村吴忠墓出土的一对蝴蝶形金闹蛾〔8·75〕，墓葬年代为洪武二十三年（1390），闹蛾长7.3厘米。[1]该实物是先用锤鍱工艺做成蝴蝶形状，再用錾刻工艺作出蝶翅上细密的纹饰。蝶髯用金丝缠绕，双目凸出。整个蝴蝶线条流畅，给人以展翅欲飞的姿态。同类还有1986年南京太平门外尧化门出土一件蝴蝶形金闹蛾〔8·76〕。该物用锤鍱工艺制成蝴蝶展翅形状，并用细花丝作出蝴蝶的轮廓线后焊在金片上。蝴蝶的长髯用醋金丝制成。蝶翅分为两层，富有立体感。除了金饰，也有以玉为质的发簪用蝴蝶图案的例子，如明代花蝶纹玉耳挖簪一对〔8·77〕，长18.6厘米，头宽1.9厘米。白玉质，簪为扁平形，上端镂雕宝瓶、花草和蝴蝶，一圆凹为掏耳，下端簪柄尖细，琢刻精细剔透。

还有金玉结合的例子，如上海黄浦区南市朱察卿墓明中期金镶玉蝴蝶〔8·78〕，此蝶张翅露体，仿真作圆雕。翼边呈波折，翅膀有多道阴刻线表示脉络。大

[1] 胡华强：《明朝首饰冠服》，63页，北京，科学出版社，2005。

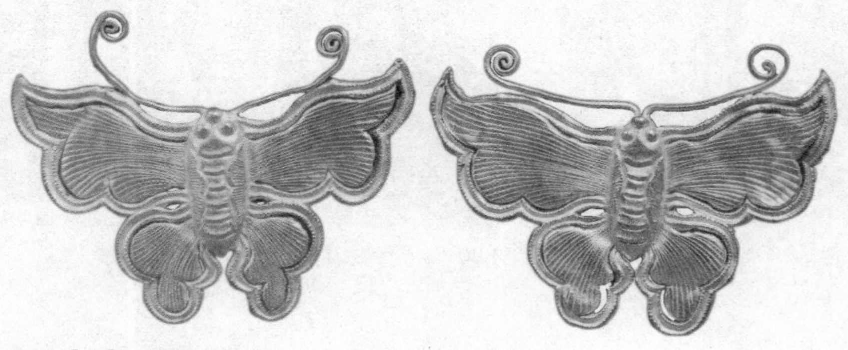

8·75 ［明］蝴蝶形金闹蛾

8·76 ［明］蝴蝶形金闹蛾

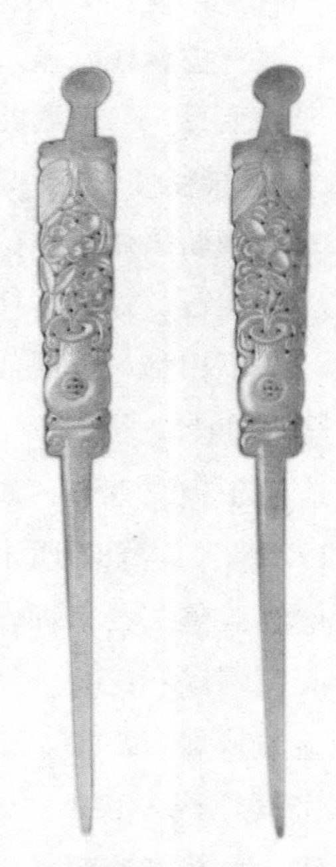

8·77 ［明］花蝶纹玉耳挖簪一对

8·78 ［明］金镶玉蝴蝶

8·79 ［清］金嵌珠宝蝴蝶簪

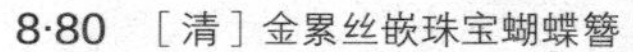
8·80 ［清］金累丝嵌珠宝蝴蝶簪

圆眼，吻前凸。背部有界线。尾部有皮囊线六条。玉蝶镶在金托，长须前展，边框上嵌红宝石。与前者相似，清代也有类似的实物，如嘉庆金嵌珠宝蝴蝶簪，长8厘米，宽7.5厘米，簪为蝴蝶形。蝴蝶翅膀采用透空掐丝技法制成，上有嵌托，分别嵌红、蓝宝石。蝴蝶身体采用系丝技法制成。身体两侧制出一对小翅膀，近观似一只小蝴蝶落在花朵上，远看为一只大蝴蝶。

清代工匠更是将点翠工艺应用于蝴蝶首饰，如清嘉庆金嵌珠宝蝴蝶簪〔8·79〕，17.3厘米，宽8.5厘米，以金累丝做出翅膀、身体，其上嵌红蓝色宝石，蝴蝶前有一嵌东珠、红宝石花朵，翠羽装饰蝴蝶和花朵。又如，台北故宫博物院藏金累丝嵌珠宝蝴蝶簪〔8·80〕和北京故宫博物院藏银鎏金累丝嵌珠宝蝴蝶簪〔8·81〕。后者长18厘米，最宽4.5厘米，银质镀金，簪柄饰蝴蝶。蝴蝶的身体以银镀金累丝为托，头部嵌红宝石一枚，蝶翅为金托点翠，上嵌红宝石及淡粉色碧玺各两块。蝶须嵌珍珠各一颗。这两支簪的造型生动，工艺细腻，彩蝶似翩翩起舞，且“蝶”与“耋”同音，是延年益寿的象征。清代康涛绘《华清出浴图》中刚刚出浴的杨贵妃云鬓

8·81 ［清］银鎏金累丝嵌珠宝蝴蝶簪

8·82 ［清］康涛《华清出浴图》立轴天津艺术博物馆藏

松绾，身披红罗袍，两位男装宫女端着香露，跟随其后。在杨贵妃的发髻上插了一支蝴蝶簪，这与前面的蝴蝶簪实物对应，簪头的蝴蝶好似随簪戴者起舞一般。这也正应了宋代施清臣《夜蛾儿》诗句："碧服银须粉扑衣，又随雪柳趁灯辉。怕寒还恋南华梦，凝伫钗头未肯飞。"

就实际设计而言，中国古人习惯将蝴蝶与牡丹、桃花、菊花和梅花等花卉组合在一起，时称"蝴蝶戏花""蝶赶花"和"蝶恋花"。"蝶恋花"原为唐教坊曲，本名《鹊踏枝》，宋晏殊词改名为"蝶恋花"，取自梁简文帝诗句"翻阶峡蝶恋花情"，又名《黄金缕》《卷珠帘》《凤栖梧》《一箩金》《鱼水同欢》《转调蝶恋花》。宋词中词牌中的"蝶恋花"，分上下两阕，共60个字，一般用来填写多愁善感和缠绵悱恻的内容，像柳永、苏轼、晏殊等人的《蝶恋花》，都是历代经久不衰的绝唱。

扬之水先生认为明代的蝶恋花设计构思大约来自五代、两宋以来绘画中的花卉草虫写生小品，曾流行于宋代织绣，至明清为金银首饰中最为常见的题材。[1]在

[1] 扬之水：《明代金银首饰中的蝶恋花》，载《收藏家》，2008（6），45页。

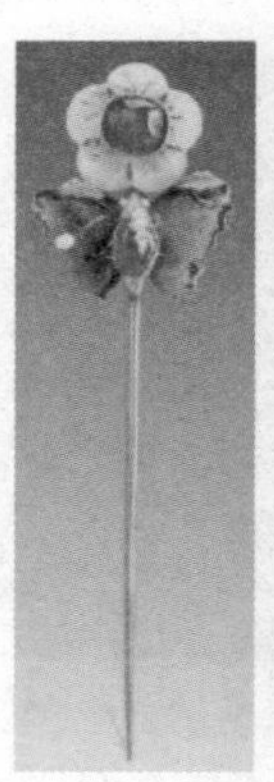

8·83 〔明〕银鎏金镶玉嵌宝蝶恋花啄针

8·84 〔明〕镶宝蝶赶菊鎏金银簪

《天水冰山录》的首饰部分录有“金厢蝴蝶穿梅翠首饰一副”“金厢蝴蝶戏花珍宝首饰一副”“金厢双蝶牡丹珠宝首饰一副”“金蝶恋花钗四根”等。当然，蝶恋花题材在明代首饰题材中是非常常见的，其实物如北京定陵出土一件银鎏金镶玉嵌宝蝶恋花啄针〔8·83〕。啄针上端为一朵白玉錾刻的梅花，花蕊嵌红宝石，以金丝做花蕊，梅花下面是蝴蝶，以金片做底托，做蝴蝶翅膀和身体，以绿色宝石錾刻翅膀嵌于金片内，红宝石嵌蝴蝶身体。金丝做触须，顶端缀珍珠。

在明代头面中，啄针只是十几件首饰中的点缀饰件，所以造型和装饰都比较简单。相对复杂的是顶簪，如北京昌平定陵孝靖皇后墓出土镶宝蝶赶菊鎏金银簪〔8·84〕，这件鎏金银簪子长25厘米，簪首分为两个部分，一部分是用白玉雕成的双层宝相花（形似菊花），上下层之间镶嵌红、蓝宝石一周，顶心花蕊嵌大红宝石一块；另一部分下层在碧玉托上嵌红、蓝宝石，云形托上嵌珍珠，顶部为花丝工艺制作的蝴蝶，蝶背嵌有猫睛石一块，蝶须上系珍珠一对，花蝶之间及蝶后部还点缀有鎏金银质的流云。又如，曲江博物馆藏的明累丝嵌

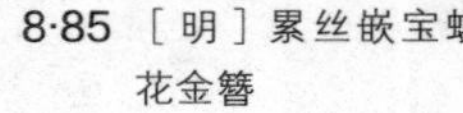

8·85 ［明］累丝嵌宝蝶恋花金簪

8·86 ［清］点翠嵌珊瑚宝蝴蝶耳挖簪

宝蝶恋花金簪〔8·85〕，长15.7厘米，簪首长7.5厘米，宽4.4厘米，重18.8克。与前面两件定陵出土的以宝石为主的工艺不同，后者更强调金累丝工艺。花卉和枝叶均以金累丝做出，当中花蕊嵌宝石，最下面的是金累丝蝴蝶，蝴蝶触须以金丝做出旋涡状，细节亦表现得足够仔细工整。从北京定陵出土的明代银鎏金镶玉嵌宝蝶恋花啄针和玉嵌宝蝶赶菊鎏金银簪分析，中国古人在制作蝴蝶簪的时候，为了突出动态感，特意将蝴蝶髯须做成可以活动的弹簧丝的形式。将其簪戴于头上时，这些髯须会随着人的行走而颤动。明代蒋之翘《天启宫词》句有“玉云侧掠轻移袖，怕著新娥闹扫垂”，自注曰“宫人春日咸头戴闹蛾，掠风撩草，须翅生动。”❶

在中国传统文化的通俗比喻里，蝴蝶象征男子，花朵象征女子，那么“蝶恋花”是“才子佳人”与“才郎共淑女”愿望的最直白表达。❷到了清代，金银首饰的制作工艺则在累丝、镶嵌之外，又添出点翠一项。“蝶恋花”的题材依然为人所喜爱。清代同治元年（1862）点翠嵌珊瑚宝蝴蝶耳挖簪〔8·86〕就是这样的题材。银镀金、翠羽、珊瑚，再加上珍珠，银丝编成簪首基底，

❶［明］朱権等：《明宫词》，50、62页，北京，北京古籍出版社，1987。

❷撷芳主人：《蝶恋花 蜂赶菊》，载《北京青年报》2014-06-20。

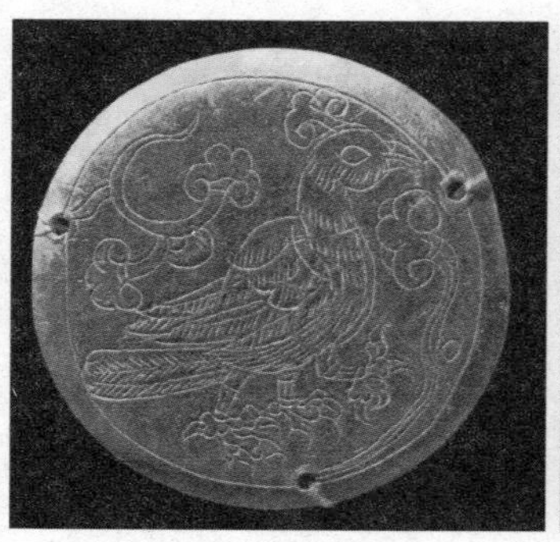

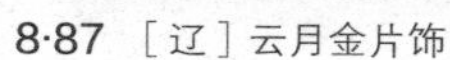
8·87 ［辽］云月金片饰

8·88 ［明］云托“日”字纹金饰件

其上加上蝴蝶金片，经由金属丝连接成形，蝶翅可微微颤动，白色、深青、暗红搭配，分外素雅。

云月

云月是一种云托日、月的象形装饰物。今人所见最早的云月实物应属内蒙古通辽市科左后旗吐尔基山辽墓出土辽代云月金片饰〔8·87〕，直径3.3厘米。原本是缝缀在袍服肩部的饰品。金饰片画面为一只立于云间的三足乌，象征太阳；银饰片画面为桂树、仙女和玉兔，象征月亮。

四川广汉发现的南宋窖藏玉器中，有一件云月形的玉饰，高1.8厘米、宽3.5厘米，是一枚朵云托着一枚圆月❶。1970年南京中央门外张家洼汪兴祖墓出土明代云托“日”字纹金饰件〔8·88〕，高4.5厘米，宽3.6厘米。金质，锤鍱云头托日图案，下端祥云弯曲缭绕，线条流畅细腻，上托一轮太阳，太阳中心锤鍱一“日”字，四周压出均匀的短直线纹。又如1977年南京太平门外板仓徐俌墓出土明代正德十二年（1517）云托“日”“月”

❶ 邱登成等：《四川广汉南宋窖藏玉器》，见《中国隋唐至清代玉器学术研讨会论文集》，25页，图七，上海，上海古籍出版社，2002。

字纹银饰件，高4.2厘米，宽6.3厘米，银质，共两件。用银片锤镤成祥云托日、月的图案。下端镂刻如意形祥云纹，弯曲缭绕，云上托圆形，中间分别锤镤“日”“月”二字〔8·89〕。相同的实物还有私人收藏明代云托日月纹纯金掩鬓簪〔8·90〕，其中的月为半月形。整体构图简洁不繁缛，舒朗而大气。这样的纹样金质和银质的都有不少出土记录，在当时应该是流行的时样。这些云月与唐寅《孟蜀宫伎图》中仕女所簪云月极为相似〔8·91〕。另外，在2014年国际刺绣艺术设计大展的戏曲刺绣展品中有一件戏剧人物图〔8·92〕中，前有两位仕女和山石，后有一青年男子站立，后面的背景即为云朵造型，且云朵上绣着一个“云”字。[1]

除了素金饰，还有金镶宝的云月形式，如2001年湖北省钟祥市长滩镇大洪村龙山坡明代梁庄王墓出土金镶宝云月金饰一对〔8·93〕、明代益宣王墓云日金掩鬓簪一对〔8·94〕，形制相同，均作成一朵如意云形，正面拱起，背面内凹，边缘有4个小穿孔。如意云顶金焊一个封底的素金托，托内“碗镶”一颗大的宝石。1件长4厘米，宽3.4厘米，通高1厘米，重11.7克。金托为三角

[1] 张保华：《纺织艺术设计2014年第十四届全国纺织品设计大赛暨国际理论研讨会 2014年国际刺绣艺术设计大展——传承与创》，北京，中国建筑工业出版社，2014。

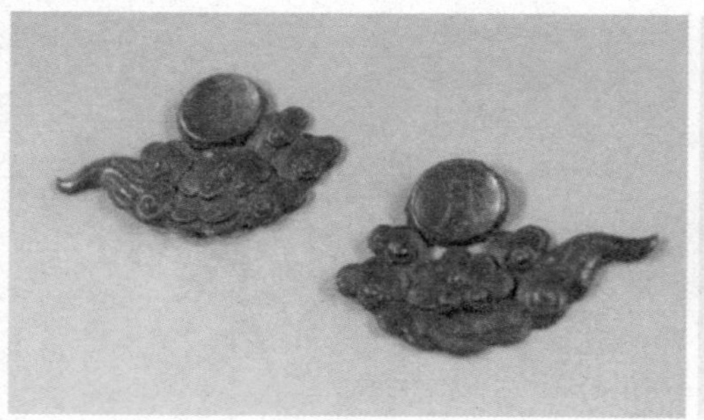

8·89 ［明］云托“日”“月”字纹银饰件

8·90 ［明］云托日月纹纯金掩鬓簪

8·91 ［明］唐寅《孟蜀宫伎图》局部

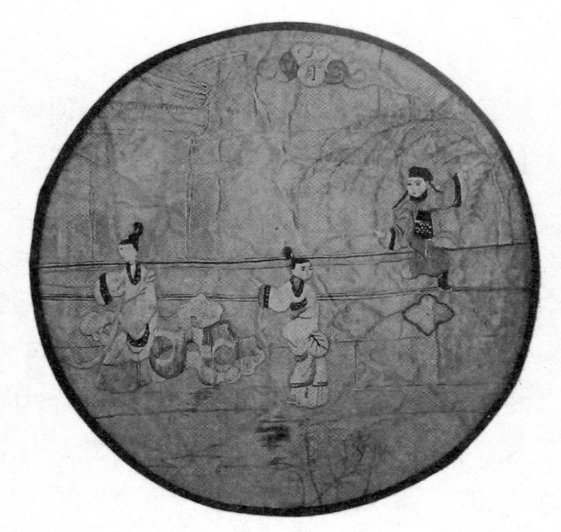

8·92 戏曲刺绣展品（中国中华文化促进会织染刺绣艺术中心 张琴提供）

8·93 ［明］金镶宝云月金饰

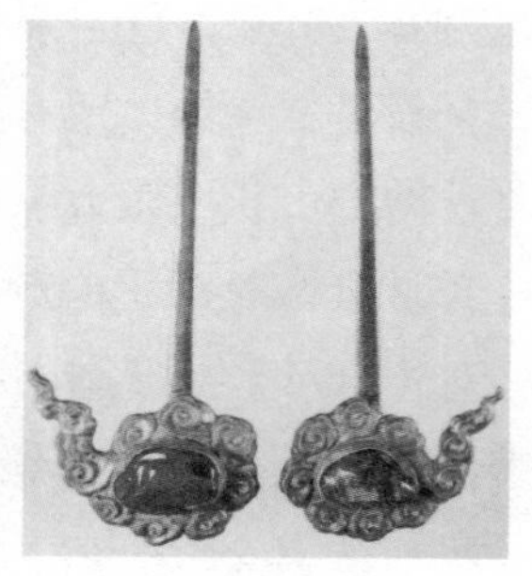

8·94 ［明］云日金掩鬓簪

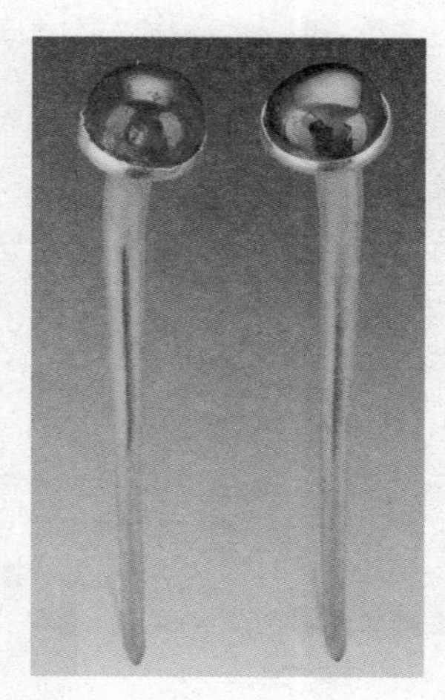

8·95 ［明］金镶宝发簪

形，镶嵌1颗三角形红宝石。另1件，长4厘米，宽3.2厘米，通高1.2厘米，重10.9克。金托为椭圆形，镶嵌1颗圆弧面淡黄色的蓝宝石。其共同特点是都不錾字，而是分别用红蓝宝石象征日月。毋庸置疑，红色是日，蓝色是月。更有甚者，北京定陵出土的明代金镶宝发簪〔8·95〕，只以红蓝宝石做簪顶，无任何纹样，堪称明代“极简主义式样”的代表。

宜男蝉

宋代金盈之《新编醉翁谈录》卷三《京城风俗》，记载正月里妇人插戴饰物中提到了一种“状如纸蛾，而稍加文饰”的“宜男蝉”❶。宜男，是萱草的别名，又称金针花、黄花菜、健脑菜，别名忘忧草，多年生草本，叶基生，排成两列。花柠檬黄色，具淡的清香味。花果期5~9月。据传，曾有一妇人因丈夫远征，遂在家居北堂栽种萱草，借以解愁忘忧，从此世人称萱草为“忘忧草”。以宜男草编蝉，外形像蛾，但比蛾大，取求子寓意。李时珍《本草纲目》草部第十六卷注引周

❶［宋］金盈之：《新编醉翁谈录》卷三，10页，拜经楼抄写本。

8·96 成都锦里草编蝉

8·97 ［五代］黄筌《写生珍禽图》北京故宫博物馆收藏

处《风土记》曰："怀妊妇人佩其花则生男，故名宜男。"[1]又据南朝梁代宗懔（约501—565）《荆楚岁时记》记载："都人上元夜作宜男蝉，似蛾而大。"[2]可见，早在魏晋南北朝时期的正月十五日夜里，中国古人已经开始佩戴用宜男草编织的草编蝉，用以祈求妇女生子目的。当前，在四川锦里的草编艺人仍制作和出售各种草编蝉〔8·96〕。在四川北川还有棕榈叶编织的昆虫和生肖：蜻蜓、蝉、蜜蜂、蚂蚁、蜘蛛、螳螂、蝈蝈、蜈蚣、蝴蝶、虾等小昆虫。

古人认为蝉性高洁，《史记》卷八四《屈原贾生列传》，记载"其志洁，故其称物芳。其行廉，故死而不容自疏。濯淖污泥之中，蝉蜕于浊秽，以浮游尘埃之外。不获世之滋垢，皭然泥而不滓者也。"[3]蝉在最后脱壳成虫之前，一直生活在污泥之中，等脱壳化为蝉时，飞到高高的树上，只饮露水，可谓出淤泥而不染〔8·97〕。唐代文学家骆宾王《在狱咏蝉》说："无人信高洁，谁为表予心。"更著名的莫过于唐代诗人虞世南《蝉》里的"居高声自远，非是藉秋风"。

汉代是我国封建社会发展的繁荣鼎盛时期，尤其

[1] ［明］李时珍：《本草纲目》中册，草部第十六卷，715页，北京，华夏出版社，2008。

[2] ［梁］宗懔撰、宋金龙校注：《荆楚岁时记》，91页，太原，山西人民出版社，1987。

[3] ［汉］司马迁：《史记》卷八四，2482页，北京，中华书局，1959。

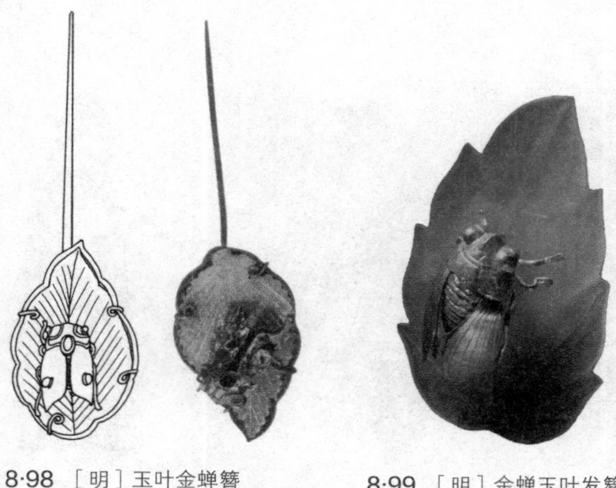

8·98 ［明］玉叶金蝉簪

8·99 ［明］金蝉玉叶发簪

是西汉早中期，社会稳定，经济繁荣，人们的生活条件得以改善，汉人开始幻想永生不死。《庄子·逍遥游》云："藐姑射之山，有神人居焉。肌肤若冰雪，绰约若处子，不食五谷，吸风饮露，乘云气，御飞龙，而游乎四海之外；其神凝，使物不疵疠而年谷熟。"❶汉代"神仙"的主要特征是轻举善飞，吸风饮露食玉，生不知老，这与蝉最为吻合。由此，喜蝉、崇蝉之风日盛。汉人认为，逝者入殓如同蝉入地冬眠，来年初春又能蜕壳复生、羽化升天的道理一样。一些贵族富人阶层，家中有人去世，便将一只玉蝉放于逝者口中，以求"再生"；而把蝉佩于身上则表示高洁。在徐州汉墓出土的文物中，就有各式各样的汉代蝉形玉琀。

明清时期，中国古人以金银制像生蝉。其制作工艺精美，造型逼真。在无锡华复诚妻曹氏墓头饰中挑心的佛像簪的左右各插一支玉叶金蝉簪〔8·98〕。簪头在银托上嵌玉叶，叶上有錾刻的叶脉纹理，上栖金蝉。蝉上嵌红包石做眼睛和装饰。在玉桐叶上栖息、奏鸣，寓意封建社会的"金振玉声"和"一夜成名"。此外，1954年江苏吴县五峰山还出土了一件银托金蝉玉叶发簪〔8·99〕，用

❶ 陈鼓应：《庄子今注今译》，28页，北京：商务印书馆，2007。

8·100 中国古代金蝉实物

8·101 ［清］银鎏金累丝珊瑚点翠艾叶、莲蓬、蝉簪

8·102 Joel Arthur Rosenthal嵌宝石银蝉饰针

玉做成梧桐叶，外形扁薄，玲珑剔透，长5.1厘米。其上衬托一只金光闪烁、形神毕肖的金蝉，蝉长2.4厘米。全簪共重4.65克。这样的簪子通常为一对，是明代女性全套头面之一，多用在狄髻上。遗憾的是其底托和簪脚已经遗失。其形象妙趣横生，具有极高的艺术鉴赏价值。另外，在台湾全圆艺术中心收藏品中也有一件金蝉实物〔8·100〕，该金蝉长9.5厘米。明代金蝉风格写实逼真，注重细节刻画，制作异常精美，反映了明人的高超的细金工艺水平。清人做像生蝉更强调装饰性，如银鎏金累丝珊瑚点翠艾叶、莲蓬、蝉簪〔8·101〕。其写实性已经不如前代。受此影响，西方珠宝设计师也做了类似设计，如Joel Arthur Rosenthal就有一个以粉红钻石和蓝宝石制成的嵌宝石银蝉饰针〔8·102〕，呈现18—19世纪的珠宝风格。

除了宜男蝉和头上装饰用的金蝉、玉蝉，中国古代还有一种以蝉为主题的图案，叫做“孟家蝉”。据宋人朱彧《萍洲可谈》卷一：“元祐时，孟氏作后，京师衣饰，画作双蝉，目为孟家蝉。蝉有禅意，久之后竟废。”❶宋熊克《中兴小记》卷五引朱胜非《闲居

❶ ［宋］朱彧：《萍洲可谈》卷一，15页，北京，中华书局，1985。

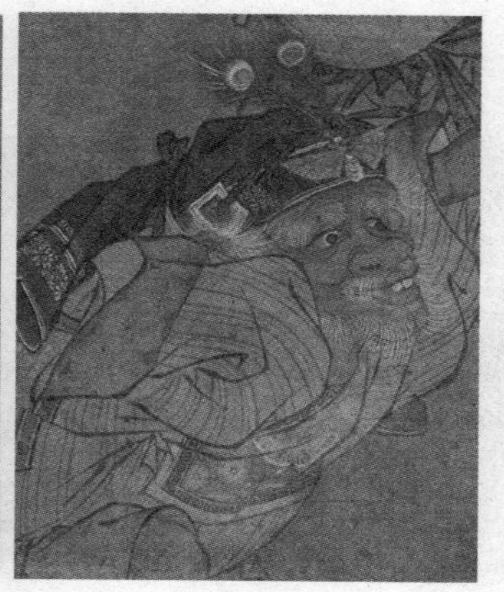

8·103 宋人绘《大傩图》中的“孟家蝉”

录》曰：“绍圣间，宫掖造禁缬，有匠者姓孟，献新样两大蝴蝶相对，缭以结带，曰‘孟家蝉’，民间竟服之。”❶可知，孟家蝉是一种双蝉相对，且装饰绶带的装饰纹样。这在宋代颇为流行，许多诗词中也有记载，如宋代姜夔《观灯口号》诗之三云：“游人总戴孟家蝉，争托星球万眼圆。”岳珂《宫词》：“宫样新装锦缬（衤颉）鲜，都人争服孟家蝉。”但考察图像，虽有很多近似，如宋人绘《大傩图》中人物所穿服装上就有相对蝴蝶图案〔8·103〕。

孟家蝉其名称来源相传甚多，第一种：可能原是从宋代潘元质（汾）自度曲牌。故清代张德瀛《词征》卷一云：“《孟家蝉》九十七字，潘元质所创调也……姜尧章诗‘游人总戴孟家蝉’，张伯雨词‘玉梅金缕孟家蝉’，指此。”❷第二种：为宋代著名妓女的名字。宋人周密《武林旧事》卷六《歌馆》，记载平康诸坊“皆群花所聚之地……前辈如赛观音、孟家蝉、吴怜儿等甚多，皆以色艺冠一时，家甚华侈。”❸两者比较，似乎前者更为可信。

❶［宋］熊克：《中兴小记》卷五，9页，广雅书局，民国九年（1920）。

❷ 王弈清、唐圭璋：《词话丛编》第五册，4089页，北京，中华书局，1986。

❸［宋］周密：《武林旧事》卷三，162页，北京，中华书局，2007。

8·104 菩提树与菩提叶

8·105 ［清］菩提叶佛教绘画作品

菩提叶

菩提叶为菩提树之叶，叶子呈鸡心形，是中国古代元夕节，妇女插在头上的应景装饰〔8·104〕。例如，宋代孟元老《东京梦华录》卷六《正月十六》[1]和周密《武林旧事》卷六记载妇人所戴的元夕节物中都有“菩提叶”[2]。菩提树原产于印度，后随佛教传入中国。相传释迦牟尼在菩提树下修得正果，从而成佛，所以菩提树也受到人们的珍视。为了满足节日之需，也有用纸绢做成菩提叶者。在北宋都城汴京，南宋都城临安，还有不少专卖这类饰物的小贩，穿梭往来于街巷之中。北京故宫博物院还藏有清代菩提叶佛教绘画作品〔8·105〕。

[1] ［宋］孟元老：《东京梦华录》卷六，41页，北京，中国商业出版社，1982。

[2] ［宋］周密：《武林旧事》卷三，162页，北京，中华书局，2007。

正月·晦日

正月的最后一天是“晦日”。魏晋之前的正月元日到晦日之间，人们要到水边或操桨泛舟，或临水宴乐，或漂洗衣裙。据说这样做，是为了消灾解厄。魏晋南北朝后期，这种活动渐渐地集中在晦日当天，且其最初的消灾解厄的意义反而让位给了游水赏春。

轻灰吹上管，落萤飘下蒂。迟迟春色华，晼晼年光丽。

（［北魏］卢元明《晦日泛舟应诏诗》）

袅袅春枝弱，关关新鸟呼。棹唱忽逶迤，菱歌时顾慕。睿赏芳月色，宴言志日暮。犹豫慰人心，照临康国步。

（［北齐］魏收《晦日泛舟应诏诗》）

从前引诗中，我们可以看到北朝时，皇帝和臣僚们元月晦日在水中泛舟游玩的情景。此时，还有晦日送穷的习俗。传说南北朝时有个叫瘦约的乞丐，终年衣不蔽体，稀粥充腹。人们好意送的衣服，他都要撕坏、烧出破洞后才穿。大家便称期限为“穷子”。后来，瘦约死于正月晦日。随后，人们便在每年的正月晦日这天用粥和破衣在巷中祭祀瘦约，并称这种活动为“送穷鬼”。

立春·春燕

农历二月四日是中国二十四节气中的第一个节

气——立春。由于立春是四时之始，而受到人们的特殊重视。从汉代始，“迎春”就已成为一项国家的公共礼仪活动。至明清时期，社会统治者更是将迎春礼仪制度化[1]。各地的迎春仪式更为热闹。明代田汝成在《西湖游览志余》卷二十，为我们描述了嘉靖年间杭州的迎春活动，在立春前十日“县官督委坊甲，整理什物，选集优人、戏子、小妓，装扮社伙，如昭君出塞、学士登瀛、张仙打弹、西施采莲等，竞巧争华，教习数日，谓之演春。”[2]除了行鞭春礼、挂“春幡”、食春盘、五辛盘（用五种有辛味的生菜拼合而成菜食）外，人们还会剪彩帛为燕形簪插在头上。这是因为燕子的出现预示着一个新的播种季节的开始。它的使用充满了中国古代农业文明的气息。

[1] ［明］俞汝楫编《礼部志稿》卷二二《进春仪》记载，永乐中定：“每岁，有司预期塑造春牛并芒神。立春前一日，各官常服，舆迎至府州县门外，土牛南向，芒神在东西向。”

[2] ［明］田汝成：《西湖游览志余》卷二十，354页，上海，上海古籍出版社，1958。

春牛

春牛在迎春仪式中为主角。古时习俗，立春日劝农春耕，用泥捏纸粘而成的象征性的牛，也叫“土牛”。在“立春”日要进行迎春仪式，由人扮成主管草木生长

8·106 ［明］金累丝伏牛望月簪

8·107 ［清］伏牛望月金簪

的“句芒神”，鞭打春牛；由地方官吏行香主礼，叫做“打春”或“鞭春”。旧时历书和汉族民间木版年画上，常印有春牛图案，大体都是按古时“打春牛”的情景描绘，寓意迎春天，农事始，五谷丰。鞭春牛又称鞭土牛，盛于唐、宋两代，尤其是宋仁宗颁布《土牛经》后。

1975年南京中山门外出土明代伏牛望月金簪〔8·106〕一枚，长11.7厘米，簪首直径2.4厘米。簪针扁平，簪首作如意云形，上卧一金牛，身披金丝绶带，前蹄腾空，回首翘望。牛首右上方焊一圆形金托，内嵌宝石已经丢失，为一幅“伏牛望月”图。此外，春牛的像生首饰如北京海淀区索家坟出土清代金累丝伏牛望月鎏簪〔8·107〕，长15.4厘米，重16.9克，上钳金牛一枚，钗顶雕刻明月，恰似伏牛望月之势。

春燕

彩燕，也称“春燕”或“缕燕”〔8·108〕。据［南朝·梁］宗懔《荆楚岁时记》二卷之八《立春·簪春

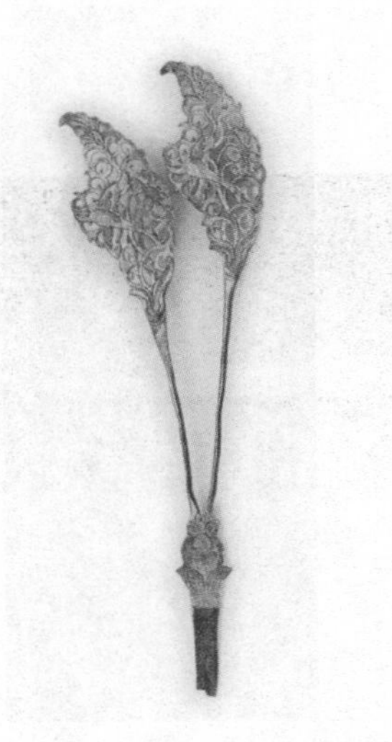

8·109 ［唐］鎏金云雀纹银簪
西安博物院藏

8·108 嬉戏的燕子

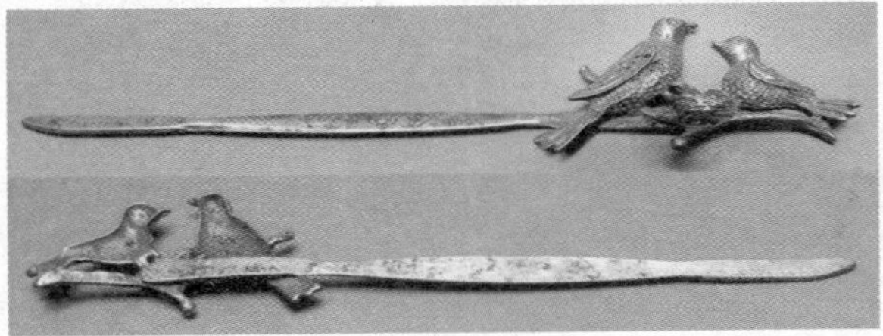

8·110 鎏金双春燕银簪　私人收藏

燕》："立春之日，悉剪彩为燕以戴之，帖'宜春'二字。"隋杜公瞻注引傅玄《燕赋》："四时代至，敬逆其始。彼应运于东方，乃设燕以迎至。翚轻翼之岐岐，若将飞而未起。何夫人之功巧，式仪形之有似。御青书以赞时，着宜春之嘉祉。"[1]可知早在南北朝时期，中国古人已有簪燕示春的先例。

到了唐代，中国先民簪彩燕迎春的例子渐多。唐人冷朝阳《立春》诗云"彩燕表年春"、李远《立春日》"钗斜穿彩燕，罗薄剪春虫。"这种"穿燕钗"是一种以燕为形的像生钗，如1986年陕棉十厂出土唐代鎏金云雀纹银簪〔8·109〕，长25.5厘米，簪体扁平，簪首为双叶，其间装饰一对长凤尾，面上錾刻层层流云，云上各飞一只云雀，尖嘴圆目，双翅齐展，长尾施后，自由翱翔。簪体结构巧妙，簪首薄而宽大，錾满流云与云雀，它是采用中国传统"绘画"形式，将云雀的羽毛刻画得非常细密，尤其腹羽，细如丝发，富有松柔的毛感，表现出云雀向上飞翔的意境，加上鎏金簪插在乌黑色的高髻上，便带有高贵艳丽的气质。又如，私人收藏鎏金双春燕银簪〔8·110〕，长14.8厘米，以鎏金银片錾刻出一

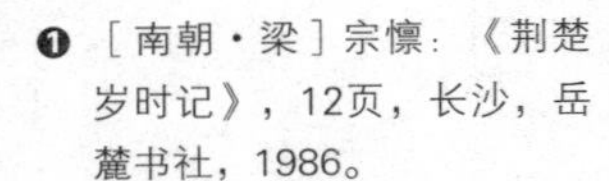

[1] ［南朝·梁］宗懔：《荆楚岁时记》，12页，长沙，岳麓书社，1986。

8·111 ［南宋］李嵩《市担婴戏》局部

8·112 ［南宋］李嵩《货郎图》

对驻足于巢上燕子的形状，短喙、鸟羽、翅膀、尾羽、爪表现俱佳。眼睛原嵌宝石，现已遗失。簪脚上錾刻梅花纹样。当然，此时除了象征春天到来的燕形簪，也还有雀形或鸟羽簪，如白居易《长恨歌》“花钿委地无人收，翠翘金雀玉搔头”中的“翠翘金雀玉搔头”、孟浩然《庭桔》中的“骨刺红罗被，香黏翠羽簪”中的“翠羽簪”、李华《咏史》“泥沾珠缀履，雨湿翠毛簪”中的“翠毛簪”，等等。

至宋代，立春日头戴彩燕成为风俗。这在宋人的诗词中有诸多记载，如宋代王珪《立春内中帖子词·夫人阁》“彩燕迎春入鬓飞”、吴文英《梦窗词·解语花·立春风雨中饯处静》“花鬓愁、钗股笼寒，彩燕沾云腻”和崔日用《奉和立春游苑迎春应制》“瑶筐彩燕先呈瑞，金缕晨鸡未学鸣”。宋代城乡经济的繁荣，唤起了画家们对世俗生活的兴趣。当时绘画的主题增加了表现普通市民平凡琐细的日常小景内容的风俗画和节令画。在传南宋李嵩绘《市担婴戏》〔8·111〕和《货郎图》〔8·112〕中担货游贩的头巾上就插有一只作展翅低首俯冲状的黑色燕子。这

8·113 传［宋］苏汉臣《货郎图》

8·114 ［宋］钱选《招凉仕女图》

8·115 ［南宋］鎏金禽鸟卷云簪 私人收藏

或是宋明时期北方地区用乌金纸剪成燕形的“黑老婆”。证以明代周祈《名义考》：“北俗元日剪乌金纸，翩翩若飞翔之状，容之谓之‘黑老婆’……即彩燕之道也。”除了黑色，也还有白色，如传宋代苏汉臣《货郎图》中的货郎头上也簪戴着一支白色的春燕〔8·113〕。此外，在台北故宫博物院藏宋代钱选《招凉仕女图》〔8·114〕中，两位举止娴雅的宋代贵妇，手持着圆扇，相偕在庭院中漫步。其中，右侧的那位身穿对襟背子、长裙的女妇头戴高高的白纱花冠的莲花底座上，斜伸出的枝条上也装饰有一只白色的燕形饰物。这类春燕的实物如私人收藏南宋鎏金禽鸟卷云簪〔8·115〕。簪首以金片錾刻禽鸟，头似鸳鸯、身似雀、尾似凤凰，尾后又卷云纹。双翅张开，做飞翔状，身上羽毛表现清晰。

元明时期的贵族女性还用金银锤锞、錾刻等工艺做出精致立体的燕形，如株洲丫江窖藏金花鸟银脚步摇，通长23厘米、重17.2克。环绕着折枝牡丹的一对蝴蝶、两只燕雀以薄金片錾刻成形。同样的例子又如在湖南益阳市八字哨关王村宋元窖藏出土元代银片和银丝制成

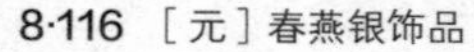

8·116［元］春燕银饰品

8·117［明］双鸾衔寿果金簪

春燕饰品〔8·116〕。它是将簪首制成盛开的琼花、花苞和几片慈姑叶，并在其上用弹簧丝缀燕形，残长11.2厘米、花宽9厘米、重5.5克。当然，还有更为精致的例子，如北京定陵明代孝靖皇后棺内出土一对双鸾衔寿果金簪〔8·117〕，顶端为花丝梅花托，花心伸出两条用无芯螺丝做成的花蕊，像弹簧一样，其上站立花丝制作的鸾鸟一对，口系寿果与方胜滴，两只鸾鸟的身和翅膀，用金丝掐制成小卷纹，直径0.18毫米、长0.9毫米，密密堆垒而成。鸟尾采用錾花工艺，中间契筋，两边组丝（錾花的一种技法，錾雕出平行细线效果）。鸟眼用花丝围“松”❶，经组装焊接做成的双鸾鸟，站在花蕊上，能随时颤动，好像展翅欲飞。与这些实物相对应的明人簪春燕首饰的形象如唐寅所画《王蜀宫妓图》中盛装宫伎中的中间正面者。该宫伎云髻高耸，两侧饰春花，头戴小冠，冠顶部簪有一只小巧的春燕。其形象正可与元代湖南益阳宋元窖藏出土春燕饰品和北京定陵出土明代双鸾衔寿果金簪相互比对。

将春燕花卉簪插于女子发髻间，稍有走动，春燕便会不停地抖动，好似穿梭于花卉丛中，生气勃勃。其实

❶ 将螺丝绕在一根粗丝上，在每个圆圈的对口处剪断放平后，再吹一小珠放在上边焊好即成为“松”。

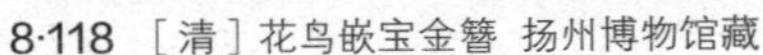
8·118 ［清］花鸟嵌宝金簪 扬州博物馆藏

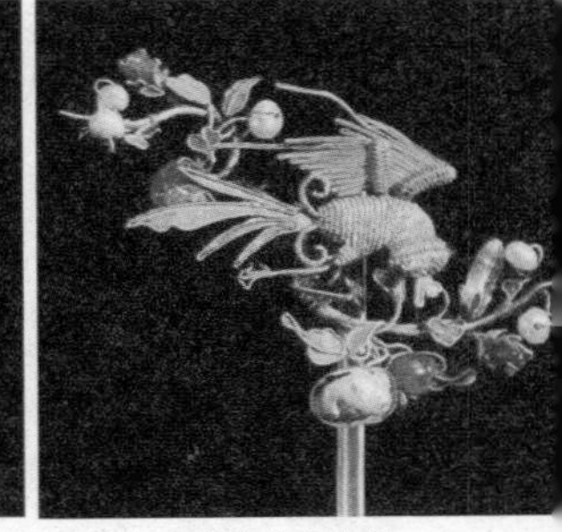

8·119 ［清］金累丝镶宝石嵌珠花鸟首簪

物如扬州博物馆馆藏清代花鸟嵌宝金簪〔8·118〕，是在两丛花叶中栖息一只小鸟。在花瓣和花蕊中同样镶嵌了珍珠和红宝石，花丛中的小鸟传神可爱，凸眼长尾，歪着脑袋，背上也用红宝石装饰。又如，清早期金累丝镶宝石嵌珠花鸟首簪〔8·119〕，共重13克。簪柄细长，柄端一孔，金丝穿孔盘系成螺丝状，上饰花卉绶带鸟图案，以累丝制多层鸟羽，金片锤打、錾刻成尾翼，以拉丝技法制为双翅，造型生动，装饰层次分明。四周以珍珠、红蓝宝石、碧玺装饰花卉、花蕊，色彩艳丽，工艺繁复。

春鸡

除了燕子外，宋人还有以鸡形为迎春之饰的风俗。其名曰“春鸡”或“彩鸡”。宋代庞元英《文昌杂录》：“唐岁时节物，立春则有彩胜、鸡燕。”[1]南宋陈广靓《岁时广记》二卷“立春·为春鸡”引万俟公《立春》词：“彩鸡缕燕已惊春，玉梅飞上苑，金柳动天津。”和《春词》：“彩鸡缕燕，珠幡玉胜，并归钗鬓。”[2]

[1] ［宋］庞元英：《文昌杂录》卷三，26页，北京，中华书局，1958。

[2] ［宋］陈元靓：《岁时广记》，81页，上海，商务印书馆，1939。

8·120 ［东晋］镂刻双鸡纹金花饰片 镇江博物馆藏

鸡在中国人心目中是一种身世不凡的灵禽，宋代李昉等辑成的类书《太平御览》卷九一八，引汉代《春秋运斗枢》："玉衡星散为鸡"❶，即鸡是天上星宿下凡。北宋睦庵（善卿）所编的佛学辞典《祖庭事苑》卷五也说："人间本无金鸡之名，以应天上金鸡星，故也，天上金鸡鸣，则人间亦鸣。"❷古代帝王每逢出巡，仪仗中有二十八星宿旗，相配二十八禽，其中"昂宿鸡"上绘七星，下绘鸡，叫"昂日鸡"。由于鸡世司守夜，故谓"常世之鸟"。在中国古人心中，黑夜是阴间鬼魅横行的时间，鸡鸣则天明，因此，鸡成为能使太阳复出，驱邪逐鬼的神鸟。晋代王嘉撰《拾遗记》卷七："建安三年，胥徒国献沉明石鸡，色如丹，大如燕。常在地中，应时而鸣。声能远彻。"❸除了报时，鸡形也象征着春天的到来。在古代国人的观念里，鸡是具有文、武、勇、任、信"五德"的家禽，如汉代韩婴撰《韩诗外传》卷二形容鸡"君独不见夫鸡乎！首戴冠者，文也。足搏距者，武也。敌在前敢斗者，勇也。得食相告，仁也。守夜不失时，信也。鸡有此五德。"❹此外，鸡在汉语中，又与"吉"谐音，无形中又增加了

❶［宋］李昉等辑：《太平御览》卷九一八，350页，石家庄，河北教育出版社，2000。

❷［北宋］睦庵（善卿）：《祖庭事苑》第三册，11页，京都大学图书馆谷村文库藏。

❸［晋］王嘉：《拾遗记》卷七，166页，北京，中华书局，1981。

❹［汉］韩婴：《韩诗外传》卷二，70页，台北，台湾商务印书馆，1979。

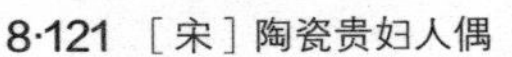

8·121 ［宋］陶瓷贵妇人偶

8·122 ［五代］彩绘浮雕武士石刻

祈福纳吉的价值。从鸡的风俗象征上说，鸡在古代文化中象征着驱逐邪恶，在腊月岁终送刑德迎春神（元旦为鸡日）的寓意。

春鸡以金箔剪裁成形，其实物如1981年江苏镇江李家大山6号东晋墓出土3件镂刻双鸡纹金花饰片〔8·120〕，直径2厘米，重0.35克，锤錾成圆形薄片，中间镂雕双鸡纹样，纹饰精致。其中一件还留有挂钩。

春鸡的形象常被古人用于迎春之饰，例如临近宋、金时期汴京（开封），今河南中部迤北的新乡延津县出土宋代陶瓷贵妇人偶发髻上的黄褐色鸡形饰品（原文称“戴金（黄釉）凤冠”❶〔8·121〕。与彩燕不同，春鸡既不是彩帛，也不是用乌金纸剪成，而是“以羽毛条绘彩”❷制成。查看图像可知，宋人用鸟羽粘缝出的春鸡和春燕，一般只做出双翅的造型，而不是鸡和燕的全形。粘缝后的鸟羽或用时系缚簪钗上，插于两鬓。例如，在河北曲阳王处直墓出土彩绘浮雕武士石刻〔8·122〕，高113.5厘米，宽58厘米，厚11.7厘米。武士头盔的两侧就饰有鸟翅。而在武士头后还有一只雄鸡，其脚下踏着一只春牛。“春鸡”“土牛”都是春天的标志和象征。

❶ 贵妇偶像高32厘米。灰黄色胎酥松，施化妆土，罩玻璃釉，色微黄，多细碎开片。模制，底部有透气孔。整个造型是一位贵妇坐于椅台上，头部簪花包髻，博鬓，戴金（黄釉）凤冠，黑彩涂绘表示头发，头后部的包髻巾为红色，发半露，梳鬏。黑彩绘眉、眼，红彩点唇，鬓两侧有细细的发绺垂下。望野：《河南中部迤北发现的早期釉上多色彩绘陶瓷》，载《文物》，2006（2）。

❷ ［宋］陈元靓：《岁时广记》，81页，上海，商务印书馆，1939。

8·123 ［宋］陶瓷武士偶（引自《文物》2006年第2期）

8·124 ［宋］《大傩舞》

所以，笔者认为该武士头盔上两侧的翅羽上应有“春鸡”的简略形式。这种翅羽的例子还有很多，如河南中部许昌地区出土的宋代陶瓷武士偶头冠的两侧也有翅羽装饰（原文称“凤翅盔”）〔8·123〕❶。此外，宋人也有将鸟羽编缀成帽形扣戴于头部的例子，如《大傩图》中身着怪异假形服饰的人物形象〔8·124〕。

春幡

除了前面的像生饰物外，还有“春幡”，也称“幡胜”“彩胜”“彩幡”“年幡”的节令物。古代立春之日，剪有色罗、绢或纸为长条状小幡，戴在头上，以示迎春。春幡是用金银箔罗彩制成，为欢庆春日来临，用作装饰或馈赠之物。此俗起于汉，如《后汉书·礼仪志》记载：“立春之日，夜漏未尽五刻，京师百官皆衣青衣，郡国县道官下至斗食令史皆服青帻，立青幡。”❷至唐、宋时，春幡之制作更为精巧。

至唐宋时期，春幡流行成风尚，其文献记载很多，如南宋陈元靓《岁时广记》二卷之八“立春·簪春

❶ 武士偶高22.6厘米。灰胎，施化妆土，罩玻璃釉，有少量开片。模制。黑彩绘眉、眼、胡须和盔的轮廓。黄、绿、红彩点缀武士头顶的凤翅盔，盔顶有珠。卧蚕眉，丹凤眼，枣红脸，阔口白齿，浓须长髯，大耳垂肩，耳后有红色垂缨。着绿色红黄彩轮花袍，腹部红彩藤黄花围肚，系黄色软巾，腰扎革带。右手按单盘腿的膝部，左手抱一只红嘴黄毛长尾鼬。望野：《河南中部迤北发现的早期釉上多色彩绘陶瓷》，载《文物》，2006（2）。

❷ ［南朝］范晔：《后汉书》卷九四，3102页，中华书局，1965。

幡”，记载：“春日，刻青缯为小幡样，重累凡十余，相连缀以簪之。此亦汉之遗事也。古词云‘彩缕幡儿花枝小。风钗上、轻轻斜袅。’稼轩词云‘春已归来，看美人头上，袅袅春幡’陈简斋春日诗云‘争新游女幡垂鬓’，山谷诗云‘邻娃似与春争道，酥滴花枝彩剪幡。’”❶又如，宋代高承《事物纪原》卷八“岁时风俗·春幡”，引“《续汉书·礼仪志》曰：‘立春之日，京都立春幡’。《后汉书》曰‘立春皆青幡帻’。今世或剪彩错缉为幡胜，虽朝廷之制，亦镂金银或缯绢为之，戴于首。亦因此相承设之。或于岁旦刻青缯为小幡样，重累凡十余，相连缀以簪之。此亦汉之遗事也。俗间因又曰‘年幡’，此亦其误也”❷。

宋代诗词中歌咏春幡春胜的不少。如苏轼《次韵刘贡父春日赐幡胜》：“萧索东风两鬓华，年年幡胜翦宫花。”苏辙《春日》：“插髻小幡应正绣。”在宋人绘《五瑞图》中就有头戴春幡的人物。宋代还兴朝廷赐大臣春幡春胜之俗。如《宋史·真宗纪二》：“诏宫苑、皇亲、臣庶、第宅饰以五彩，及用罗制幡胜、缯帛为假花者，并禁之。”❸又如，宋代孟元老《东京梦华录》

❶ [宋]陈元靓：《岁时广记》，80页，上海，商务印书馆，1939。

❷ [宋]高承：《事物纪原》卷八，426页，北京，中华书局，1989。

❸ [元]脱脱等：《宋史》卷七，137页，北京，中华书局，1977。

卷六《立春》："春日，宰执亲王百官皆赐金银幡胜。入贺讫，戴归私第。"❶

有时在彩幡旁多附缀成双的彩燕，如宋代晏殊《御阁》诗云"彩幡双燕祝春宜"。妇女立春戴春幡、春胜的风俗至明代不曾衰落，如田汝成《西湖游览志余》卷二〇《熙朝乐事》，记载立春时："民间妇女，各以春幡春胜，镂金簇彩，为燕蝶之属，问遗亲戚，缀以钗头。"❷

❶［宋］孟元老：《东京梦华录》卷六，101页，贵阳，贵州人民出版社，2008。

❷［明］田汝成：《西湖游览志余》卷二〇，355页，上海，上海古籍出版社，1958。

春虫

钗斜穿彩燕，罗薄剪春虫。巧着金刀力，寒侵玉指风。娉婷何处戴，山鬓绿成丛。

（［唐］李远《立春日》）

这些昆虫是在春夏萌动，其俗源自唐代。宋代首饰的春虫题材大体源自宋代虫鸟花卉绘画。至明代，春虫也称草虫，主要包括蜜蜂、蜻蜓、蜘蛛、蚂蚱、蝈蝈、蟾蜍、蝎虎、蝉、蟾蜍、螃蟹、鱼、虾等。以草虫之形做成啄针簪首，因其活泼俏丽的装饰效果，已成为妇女日常簪戴的流行物件，明墓考古发掘也发现了若干此类实物。在明代《天水冰山录》中有许多草虫首饰的名称，如金镶玉草虫首饰一幅（计11件，共重16两1钱）、金镶草虫点翠嵌珠宝首饰一幅（计11件，共重18两2钱）、金镶草虫嵌珠宝首饰一幅（计9件，共重9两2钱）❶等。草虫簪题材丰富，大小不一，可为单件，也可成对，或做成一副烦琐的头面，如《金瓶梅》第二十回说潘金莲拿抿子与李瓶儿抿头，“见他头上戴着一副金玲珑草虫头面，并金累丝松竹梅岁寒三友梳背儿，因说道：‘李大姐，你不该打这碎草虫头面，只是有些抓住了头发，不如大姐姐头上戴的这观音满池娇，是揭实枝梗的好’”❷。第九十回：“那来旺儿又取一盒子各样大翠鬓花，翠翘满冠，并零碎草虫生活来。”❸盛妆时，草虫簪是整副头面中破解奢华的风情点缀，写实生动又见俏丽和情趣，还蕴含着许多与婚姻、爱情相关的寓意。宋朱继芳有《草虫便面》诗：“蝶舞蜂歌倦，蜻蜓看未休。谁知织妇意，方夏已思秋。”

蜻蜓是春虫中最常见的内容。宋代陶谷《清异录》卷上《百虫门·涂金折枝蜻蜓》，记载：“后唐宫人或

❶［清］鲍廷博辑：《天水冰山录》，知不足斋丛书，第十四集。

❷［明］兰陵笑笑生：《金瓶梅（会评会校本）》，287页，北京，中华书局，1998。

❸［明］兰陵笑笑生：《金瓶梅（会评会校本）》，1322页，北京，中华书局，1998。

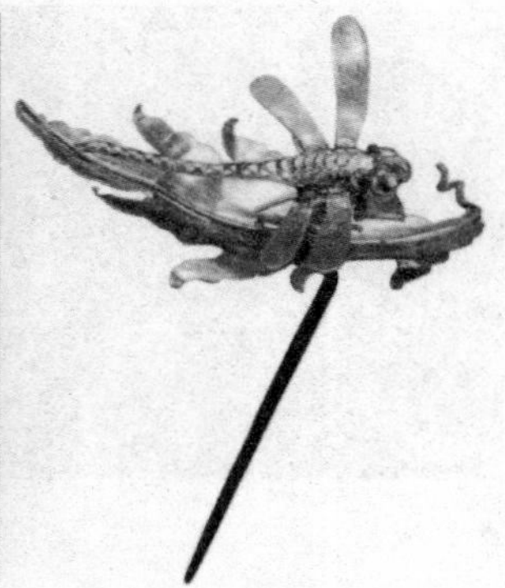

8·125 ［元］金蜻蜓

8·126 ［明］蜻蜓金簪 江苏无锡锡山藏珍馆藏

网获蜻蜓，爱其翠薄，遂以描金笔涂翅，作小折枝花子，金线笼贮养之。尔后上元卖花，取象为之，售于游女。”❶这是用蜻蜓翅膀做花钿簪于首的又一例子。蜻蜓簪后世也颇为流行，如1982年陕西省灵丘县区迴寺村出土元代金蜻蜓〔8·125〕。其头胸腹均经模压、锤打，卷成筒状造型，立体感强。腹下留出两条针柄。横长7.7厘米。又如，无锡鸿声前房桥明墓出土一对花叶蜻蜓金簪〔8·126〕。该簪在锤鍱出叶脉纹的金叶上用极细的窄金叶上，用弹簧形的细金丝颤颤袅袅缀一只展翅欲飞的金蜻蜓❷。蜻蜓的翅膀和身子上纹路清晰，形象生动逼真，造型优美，栩栩如生。

有时，明人甚至将蜻蜓与莲花、仙鹤组合在一起，如蕲春大径桥朱厚熿墓出土的一支金镶宝石莲花、仙鹤、蜻蜓头饰〔8·127〕，中间一朵用金片錾刻的莲花，四周环绕梅花一圈。在花朵中间伸出金弹簧丝两只，上面连接仙鹤和蜻蜓各一只。仙鹤的羽翼、长脚，以及蜻蜓的触须、翅膀刻画精致生动。虽然，莲花与梅花的原本镶嵌的宝石已经丢失，但可以看到明清时期镶嵌宝石的风气。

❶［宋］陶谷：《清异录》卷上，惜阴轩丛书，光绪间长沙重刻本。

❷ 赵新时等：《锡山藏珍》，图六九，南京，南京出版社，2001。

8·127 ［明］金镶宝石莲花仙鹤、蜻蜓头饰　蕲春县博物馆藏

清代蜻蜓首饰多用嵌宝和点翠工艺，如故宫博物院藏清金镶宝石蜻蜓簪〔8·128〕，长14.8厘米，宽5.4厘米，重15克，簪为银质。簪柄以金累丝制成蜻蜓形。蜻蜓须端嵌珍珠，腹部、翅膀镶嵌红宝石共5粒，尾部及装饰飘带等处点翠。此簪累丝工艺细腻精工。装饰题材蜻蜓取其谐音寓意“大清安定”。蜻蜓与宝瓶纹样相结合，则寓意“清廷平安”。此外，故宫博物院有很多华丽生动、色彩鲜艳的清宫点翠嵌宝石蜻蜓簪〔8·129〕。

除了蜻蜓、蝉外，明代草虫实例还有螽斯（蝈蝈）和蚂蚱。在中国传统文化中，螽斯象征多子多孙的含义，如《诗经·国风·周南·螽斯》：“螽斯羽，诜诜兮。宜尔子孙，振振兮。螽斯羽，薨薨兮。宜尔子孙，绳绳兮。螽斯羽，揖揖兮。宜尔子孙，蛰蛰兮。”❶汉代郑玄注云：“（蚣蝑）各得受气而生子，故能诜然众多，后妃之德能如是则宜然。”南通博物苑藏明墓出土的三对蚂蚱簪可以为例，只是均失簪脚，宝石亦脱落。螽斯如1997年卢湾区李惠利中学明墓出土一对螽斯啄针〔8·130〕，发现时分别插戴于一顶银丝髻的两侧。此外，明定陵也有金嵌宝螽斯簪出土〔8·131〕。

❶ 高亨注：《诗经今注》，8页，上海，上海古籍出版社，1980。

8·128 ［清］金镶宝石蜻蜓簪

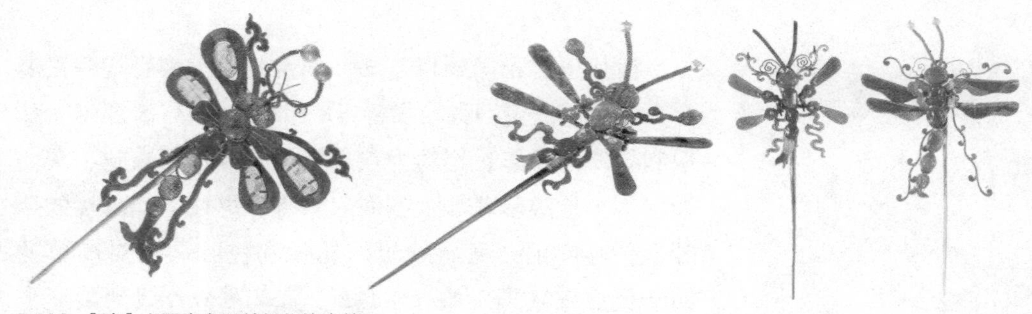

8·129 ［清］点翠嵌宝石蜻蜓银镀金簪

8·130 ［明］螽斯啄针

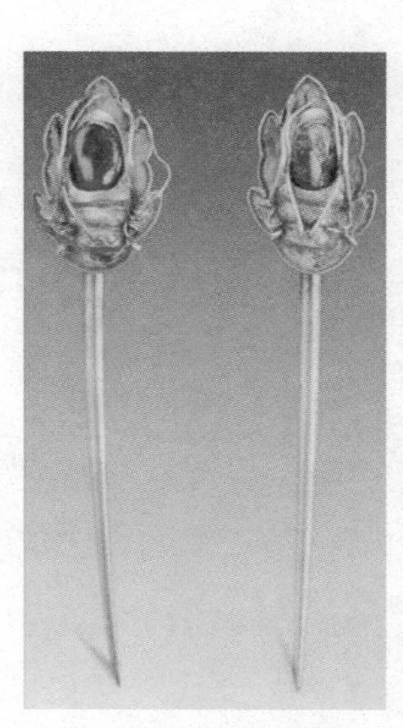

8·131 ［明］金嵌宝螽斯簪

8·132 ［清］银鎏金点翠珐琅嵌宝石螽斯簪

8·133 ［清］点翠螽斯金簪

清代也有相同题材首饰，如台北故宫博物院藏银鎏金点翠珐琅嵌宝石螽斯发簪〔8·132〕，长11.5 厘米，珐琅制螽斯的身体，翅膀为点翠金片，以珍珠点睛，头前触须，须顶缀珍珠。金丝做六只脚，焊在下面承接的金叶上。金叶前，又有点缀的花朵和枝叶。相对简单的如清代点翠螽斯金簪〔8·133〕。点翠金片成为螽斯全身。触须以金丝制成。螽斯的嘴、脚尤其精致，形态写实。这类在一叶形图案上停一蝈蝈的形式寓意“一夜成名”。

〔8·134〕簪首为金累丝点翠兰花，嵌白玉、珊瑚雕灵芝，螽斯亦累丝点翠并嵌蓝宝石。间缀珍珠宝石花卉。芝兰谓贤良子弟，南朝宋刘义庆《世说新语》卷上《言语》：“譬如芝兰玉树，欲使其生于阶庭耳。”[1]有时，清人也会将几种草虫放在一起，如台湾故宫博物院藏清光绪铜镀金镶料珠虫叶头花〔8·135〕，长11厘米，宽6厘米，头花柄部以铜镀金点翠树叶为托，用各色料珠辑缀秋虫三只，昆虫须部的触角以珍珠为饰。叶上的蝈蝈、螳螂及细腰蜂鲜活生动，充满自然情趣。有时，颇具匠心的工匠们还将螳螂捕蝉的题材

[1] 徐震堮校：《世说新语校笺》卷上，82页，北京，中华书局，1984。

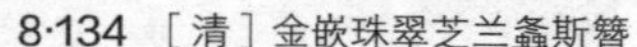

8·134 ［清］金嵌珠翠芝兰螽斯簪

8·135 ［清］铜镀金镶料珠虫叶头花

做成首饰，如江阴青阳邹氏墓出土嵌宝石螳螂捕蝉金簪一对〔8·136〕，螳螂翅尾肥厚，形态矫健。与其相同的是蕲春县博物馆金镶宝石珍珠螳螂捕蝉簪。这对簪子的簪首做成一螳螂在后，伸出一对前肢捕蝉而蝉欲逃的模样，生趣盎然。在蕲春县博物馆也藏有一对形式相同的金镶宝石珍珠螳螂捕蝉簪〔8·137〕。

此外，草虫簪也有做螳螂、象鼻虫的形式。如私人收藏螳螂簪〔8·138〕，簪杆为银质已腐朽。明代累丝镶玉嵌宝象鼻虫金簪〔8·139〕，以椭圆形白玉为虫身，金累丝制翅膀，弹簧丝为触须，触须顶端有金环，原应镶宝石。头前翘起的长长的金象鼻，上面嵌宝石三块，两块蓝色，一块红色。翅膀亦嵌红色宝石。金象鼻下面是金累丝莲花，莲花里嵌珍珠。簪脚在虫身下面。整只虫比例准确，刻画细致入微，展现了明代的工匠高超的写实功力。就常识而言，象鼻虫是中国服饰文化中比较少见的题材。象鼻虫，也叫象虫、象甲、象甲虫，是鞘翅目中种类最多的一种。这类题材在古埃及服饰文化中是比较常见的主题〔8·140、8·141、8·142〕。古埃及人认为，蜣螂是太阳神的化身，也是灵魂的代表，象征着

8·136 [明]江阴青阳邹氏墓出土嵌宝石螳螂捕蝉金簪一对

8·137 [明]金镶宝石珍珠螳螂捕蝉簪

8·138 [明]金螳螂簪首

8·139 [明]累丝镶玉嵌宝象鼻虫金簪

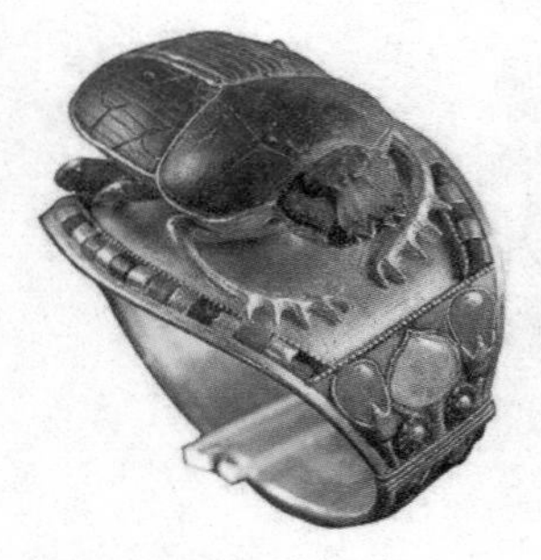

8·140 古埃及蜣螂手镯

8·141 古埃及蜣螂项圈

8·142 古埃及蜣螂项圈和胸针

8·143 Elsa Schiaparelli 草虫项链

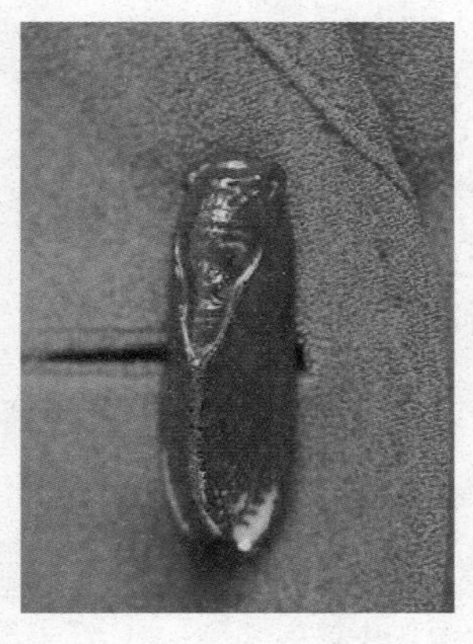

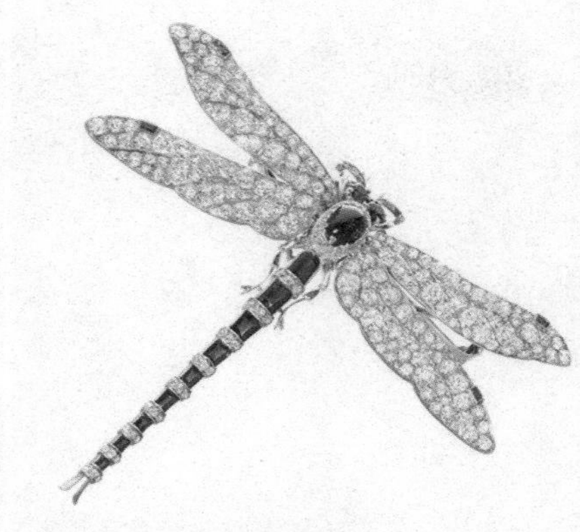

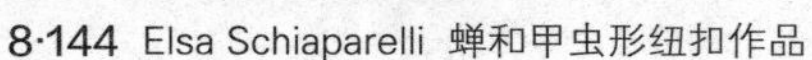

8·144 Elsa Schiaparelli 蝉和甲虫形纽扣作品

8·145 蒂芙尼蜻蜓胸针

复活和永生。在古埃及蜣螂曾被作为法老王位传递的象征。古埃及人认为蜣螂共有30节的3对足，代表每月的30天，更认为这种甲虫推动粪球的动作是受到天空星球运转的启发，觉得它是一种懂得许多天文知识的神圣昆虫，所以也称它为“圣甲虫”。在古代埃及，人们将这种甲虫作为图腾之物，当法老死去时，他的心脏就会被切出来，换上一块缀满圣甲虫的石头。

受中国文化的影响，20世纪30年法国时装设计师Elsa Schiaparelli也创造了一些类似的令人难忘的草虫项链〔8·143〕，如用甲虫、蝉形做成的纽扣〔8·144〕。19世纪70年代，蒂芙尼应用艺术学校（Tiffany School of Applied Art）的教学环节引进了丰富多样的花草植物供学员写生临摹和作画，而这些艺术画作常常成为蒂芙尼珠宝或家居配饰的设计雏形。其作品如新艺术时期的蒂芙尼蜻蜓胸针饰有蓝宝石和钻石〔8·145〕。

花朝·蓬叶

中国古代的农耕、渔猎全靠人力完成，人数越多，才越能显出生产力的强盛，所以在古代，人们是希望子孙繁衍，人口众多的。中国先民将农历二月十五定为花朝节❶。花朝节，俗称“花神节”“百花生日”“花神生日”“挑菜节”，是纪念百花的生日，因古时有“花王掌管人间生育”之说，因此，花朝节又是生殖崇拜的象征。

❶ 晋代在农历二月十五日，至宋以后，始渐改为二月十二日。

花朝节晋代已有，当时的时期是每年的二月十五日。至盛唐时，文人雅士多在花朝节这天郊游雅宴、观景赏花、饮酒赋诗。宋代花朝节改到了二月十二日。此时，参与花朝节活动的不再局限于文人、士大夫之间的雅聚，又增加了种花、栽树、挑菜、祭神等大众活动，并逐渐扩大到了社会各个阶层。清代花朝节的日期有了南北之别，即北方二月十五日、南方二月十二日。如今，人们将二月十五日的花朝节和正月的十五日的元宵节、八月十五的中秋节并称为三个“月半”佳节。

宋代宫廷民间皆剪彩条为幡，系于花树之上，名叫“赏红”，表示对花神的祝贺。此日如天朗气清，则预兆一年作物的成熟。一般士民，于花朝日俱各至郊外看花游春，这是中国人民最富诗意的传统节日之一，与八月十五的中秋，分别称为“花朝”与“月夕”。宋人吴自牧《梦粱录》卷一《二月望》记载：“仲春十五日为花朝节，浙间风俗，以为春序正中，百花争放之时，最堪游赏。都人皆往钱塘门外玉壶、古柳林、杨府、云洞，钱湖门外庆乐、小湖等园，嘉会门外包家山、王保生、张太尉等园，玩赏奇花异木。最是包家山桃开浑如锦障，极为可爱。此日帅守、县宰率僚佐出郊，召父老赐酒食，劝以农桑，告谕勤劬，奉行虔恪。天庆观递年设老君诞会，燃万盏华灯，供圣修斋，为民祈福。士庶拈香瞻仰，往来无数。崇新门外长明寺及诸教院僧尼，建佛涅槃胜会，罗列幡幢，种种香花异果供养，挂名贤书画，设珍异玩具，庄严道场，观者纷集，竟日不绝。”[1]又，清顾禄《清嘉录》“二月·百花生日”，记载：“（二月）十二日为百花生日，闺中女郎剪五色彩缯，粘花枝上，谓之赏红。虎邱花神庙击牲献乐以祝仙诞，谓之“花朝”。蔡云《吴歈》云“百花生日是良辰，未到花朝一半春。红紫万千批锦绣，尚劳点缀贺花神。”[2]

中国先民在百花的传说中，增加了以农历十二个

[1] ［宋］吴自牧：《梦粱录》卷一《二月望》，7页，上海，商务印书馆，1960。

[2] ［清］顾禄：《清嘉录》卷二，49页，南京：江苏古籍出版社，1999。

8·146 ［清］康熙五彩十二月花神杯

月令的代表花。这十二月令的花与花神，或因地区不同以及个人的喜爱而有些差异。其中流传最广的是：一月梅花，花神寿阳公主；二月杏花，花神杨贵妃；三月桃花，花神息夫人；四月牡丹，花神李白；五月石榴，花神钟馗；六月荷花，花神西施；七月蜀葵，花神李夫人；八月桂花，花神徐惠；九月菊花，花神陶渊明；十月芙蓉，花神石曼卿；十一月山茶花，花神白居易；十二月水仙，花神娥皇、女英。这种花神在不同时期也有不同，如康熙五彩十二月花神杯〔8·146〕所用花卉与后来乾隆时期承德所建花神庙（即“汇万总春之庙”）中供奉的十二花神分别为：一月迎春花、二月杏花、三月桃花、四月牡丹、五月石榴、六月莲花、七月兰花、八月桂花、九月菊花、十月月季、十一月梅花以及十二月水仙。此套杯高4.9厘米、口径6.5厘米、足径2.6厘米。外腹壁青花五彩分别绘有代表十二个月份的花卉，并配有相应的唐诗，色彩艳丽，图文并茂。

花朝节这天，人们除了要游玩赏花、扑蝶挑菜、官府出郊劝农之外，还有女子剪彩花插头的习俗。据明代崇祯年间浙江《乌程县志》记载：“二月二日花朝，

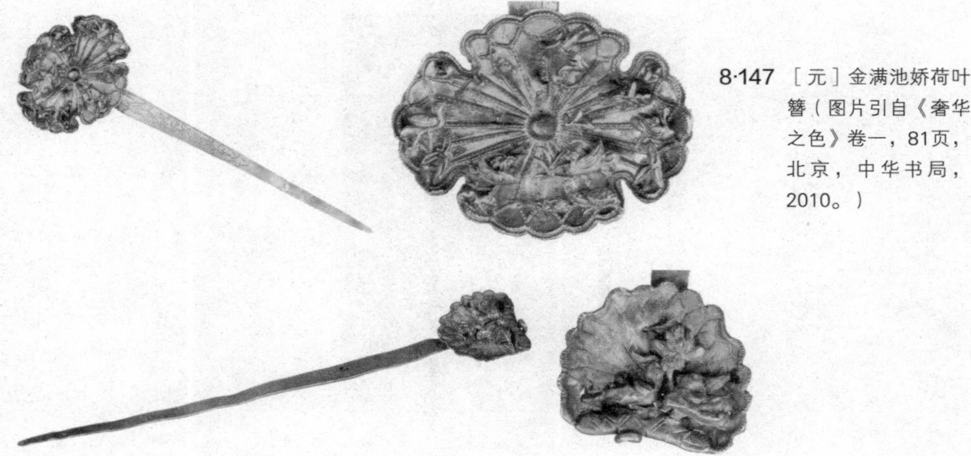

8·147 ［元］金满池娇荷叶簪（图片引自《奢华之色》卷一，81页，北京，中华书局，2010。）

8·148 ［元］银满池娇荷叶簪（图片引自《奢华之色》卷一，82页）

士女皆摘蓬叶插于头，谚云‘蓬开先日草，戴了春不老’。”[1]蓬叶在佛教中有出淤泥而不染，清净智慧功德的意义。荷叶像生首饰并不少见，如湖南临澧新合元代银器窖藏金满池娇荷叶簪〔8·147〕，以细长条金片做簪脚，簪头为金片锤鍱成形的荷叶。其上锤鍱连排小珠成线状，先围成双层荷叶外圈缘边，再向内纵向排成叶脉，由中心向外辐射状。荷叶上焊接一对鸳鸯、两只鹭鸶、小花朵枝等金饰，形成了一幅由荷叶为背景的池塘小景画卷。又如，湖南益阳八字哨元代银器窖藏银满池娇荷叶簪〔8·148〕，也是以细长条银片做簪脚，其上焊接风卷半边的荷叶簪头。簪头上錾刻出荷叶的筋脉纹络，叶再焊接喜相逢鸳鸯一对。在鸳鸯两头之间，又伸出一枝刚刚绽开的荷花。

除了池塘小景，青蛙和螃蟹也是荷叶上的“常客”。例如，1965年江苏常州和平新村明墓出土金蛙嵌玛瑙银簪〔8·149〕。簪首呈椭圆形，由金片打成底盘，包着荷叶状的白色玛瑙，荷叶上蹬一金蛙，金蛙中空，造型生动传神，尤其是金蛙栩栩如生，仿佛紧盯着猎物，下一刻就要捕食。银簪杆呈扁平状，焊在簪首，

[1] ［清］罗愫：《乌程县志》卷十三，862页，台湾，成文出版社，1983。

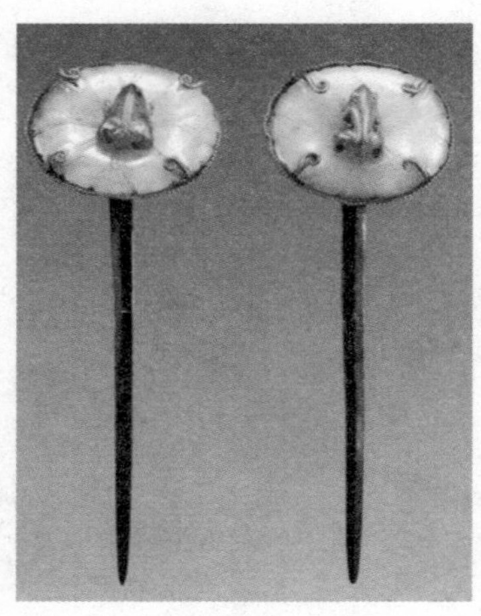

8·148 ［明］金蛙嵌玛瑙银簪

簪脚攒尖。发簪制作工艺精细。又如，台湾故宫博物院藏清代白玉嵌珠翠扁方〔8·150〕，长31.5厘米，宽3.1厘米，两端以翠镶嵌荷叶与莲蓬，荷叶上伏青蛙一只，以碧玺饰粉红色荷花，另有红、蓝宝石制小花朵。此物选料严谨，雕琢精良，纹饰鲜活，为扁方之精品。又如，当代私人收藏的银鎏金荷叶簪〔8·151〕，12.5厘米，簪上有青蛙一只。

螃蟹、荷叶组合如常熟市博物馆藏金镶玉荷叶金蟹簪〔8·152〕。簪脚三棱形，簪首为金片錾刻的荷叶形，双层，中间嵌白玉雕刻的荷叶形，荷叶上饰有金蟹一只，金蟹的八支蟹脚和两支蟹钳亦表现得十分生动。据《清史稿》卷一百六十六“公主表”记载，乾隆五十四年（1789）11月27日，年仅15岁的固伦和孝公主与丰绅殷德举行了婚礼[1]，乾隆赏赐了大量嫁妆给公主，其中就有“金荷连螃蟹簪一对，嵌无光东珠六颗，小正珠二颗，湖珠二十颗，米珠四颗，红宝石九块，蓝宝石两块，锞子一块，重二两一钱。”[2]此外，清代还流行螃蟹与稻谷的组合形式。例如，银镀金嵌珊瑚蟹簪〔8·153〕，长18厘米，宽8厘米。银镀金针，蟹身中央则点翠一枚圆形嵌

[1] 赵尔巽：《清史稿》卷一六六，第18册，5293页，北京，中华书局，1976。

[2] 无园：《和孝公主的妆奁》，38页，载《紫禁城》，1983（05）。

8·150 ［清］白玉嵌珠翠扁方

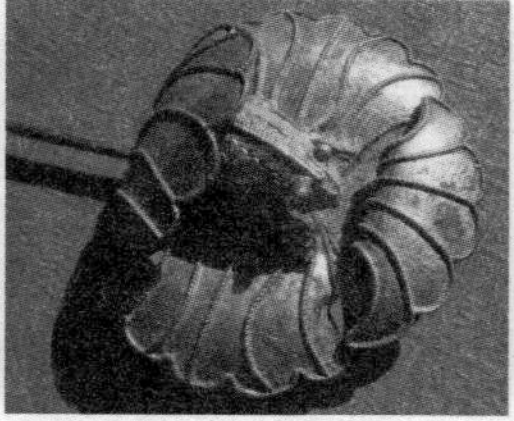
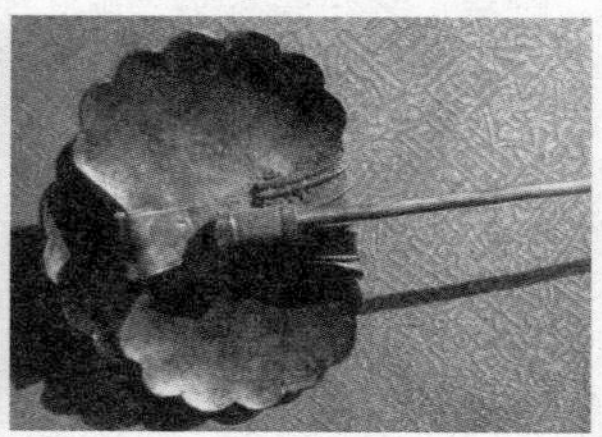

8·151 ［清］银鎏金荷叶簪

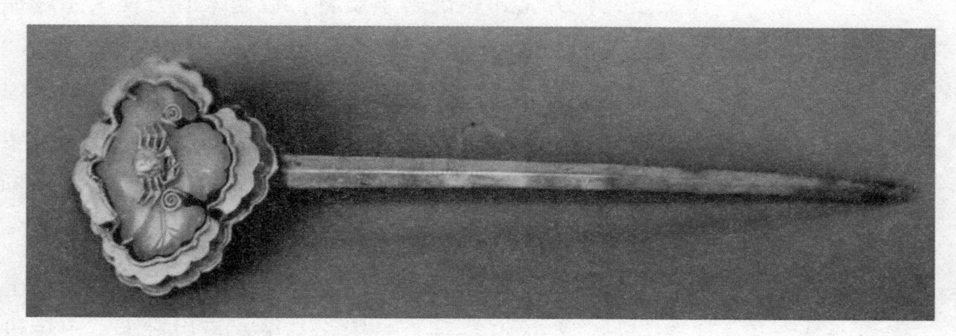

8·152 ［清］金镶玉荷叶金蟹簪

8·153 ［清］银镀金嵌珊瑚蟹簪

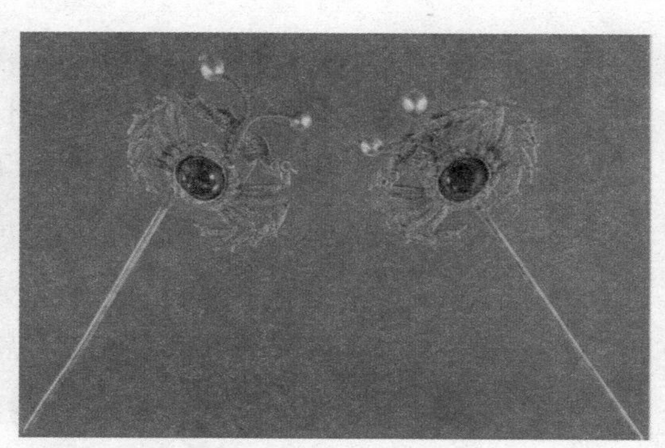

8·154 ［清］金累丝螃蟹簪

8·155 ［清］银镀金嵌宝玉蟹簪

8·156 ［清］银镀金蟹式簪

珊瑚，与螃蟹圆滚滚的外形相映成趣，累丝嵌珠谷穗和触须，两只蟹钳背后各藏有一个挂钩，两钳闭合可扎束头发，松开蟹钳就能解下发簪，戴起来既方便又乐趣横生。又如，金累丝螃蟹簪〔8·154〕，长13.3厘米，宽5.7厘米。金针，金累丝螃蟹，谷穗，嵌珠触须。再如，银镀金嵌宝玉蟹簪〔8·155〕，长19.2厘米，宽6.5厘米。银镀金针，银镀金、点翠，嵌白玉螃蟹，累丝谷穗。这种蟹形簪也应是中秋和重阳节时簪戴的应景首饰。

螃蟹和芦苇组合，寓意“传胪”。在中国古代科举殿试后，皇上必会亲点一甲、二甲、三甲进士，三甲进士皆为科举中甲者。科举中的“甲”使古人联想到天生带甲的螃蟹。古人认为螃蟹天生带甲，有吉祥之意，因而就有了 “出身不凡，天生中甲”的吉祥寓意。一只螃蟹“一甲传胪”为状元，两只螃蟹“二甲传胪”为榜眼，三只螃蟹“三甲传胪”为探花。其实物如清代银镀金蟹式簪〔8·156〕，长13.2厘米，宽7.8厘米，簪首为一对累丝金蟹，以金属线缠绕于簪挺，悬于簪身左右。蟹身嵌一红宝石，从眼部延伸两条弹簧触须，尾端串珍珠，金蟹周身饰点翠花苞、叶纹与云纹。此钗的寓意应

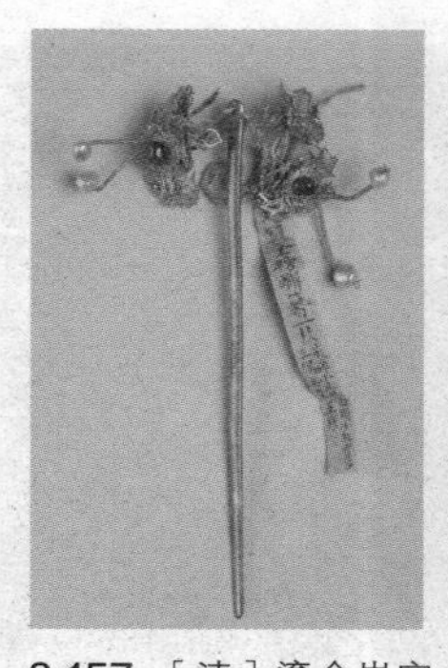

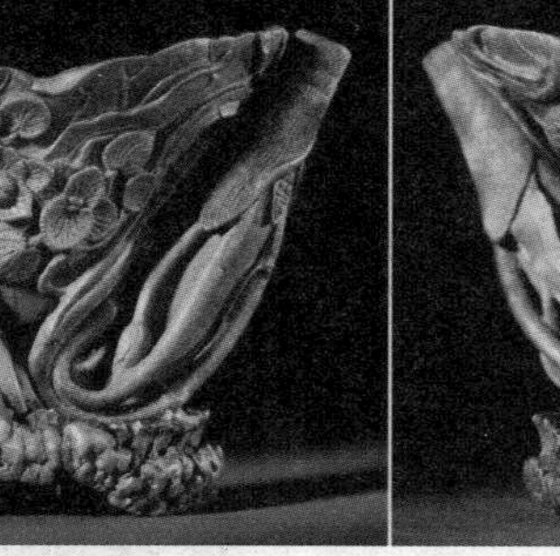

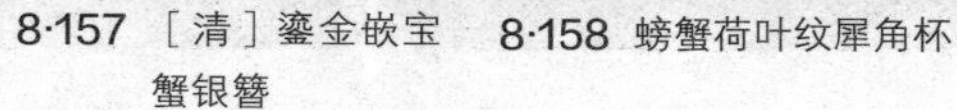

8·157 ［清］鎏金嵌宝蟹银簪

8·158 螃蟹荷叶纹犀角杯

是“二甲传胪”，即科举高中之意。又如，台北故宫博物院藏清代鎏金嵌宝蟹银簪〔8·157〕。此外，螃蟹有八条腿，“八”谐音“发”，一直被中国人视为“发财”“发达”的代表；螃蟹的两只蟹钳非常坚硬有力，被誉为“横财大将军”，是横财在手的吉祥之兆；螃蟹经常与荷花在一起搭配，谐音“和谐”，是寓意和谐盛世、家庭幸福美满；“蟹”与“谢”谐音，被用作感谢，感恩的代表。

除了首饰，以螃蟹装饰纹样的器物还有很多，如台湾藏家旧藏螃蟹荷叶纹犀角杯〔8·158〕，杯身取一片大莲叶为主体，荷叶轻盈飘逸，叶脉清晰，以双钩刻画二只螃蟹拑瓒禾穗，在莲叶上爬动。花叶辗转，层次鲜明，层层布景，图案纹饰繁而不乱，密而不挤，杯把巧借犀角尖部的材料，以烘烫技法将其弯曲，中心钻孔于杯底相通，起到吸管的功效，极见巧思。

上巳·荠菜花

上巳节，农历三月初三，俗称“踏春”。民间有“三

8·159 荠菜与荠菜花

月三，荠菜赛灵丹”和戴荠菜花的说法。荠菜别名地菜、护生草、鸡心菜等，其根、花、籽均能入药〔8·159〕。荠菜的药用价值广泛，被誉为“菜中甘草”。荠菜生长于田野、路边及庭园，叶嫩根肥，具有独特诱人的清香和美味，地菜性凉，味甘淡。

上巳节戴荠菜花的风俗源于宋代。宋代周密《武林旧事》卷二《挑菜》：“二日，宫中排办挑菜御宴。先是，内苑预备朱绿花斛，下以罗帛作小卷，书品目于上，系以红丝，上植生菜、荠花诸品。俟宴酬乐作，自中殿以次，各以金篦挑之。”❶明人上巳亦流行戴荠菜花，用以表达“岁丰”和“避眼疾”的愿望。明代田汝成《西湖游览志余》说三月三日：“男女皆戴荠花。谚云：三春戴荠花、桃李羞繁华。”❷明代崇祯年间浙江《乌程县志》也有相同记载。❸

有人也称簪荠菜花可以清目，如明代嘉靖河南《永城县志》记载：“男妇多出，采戴荠花插之终日，俗云避眼疾。”❹又如，清代顾禄《清嘉录》三月·野菜花：“荠菜花，俗呼野菜花。因谚有‘三月三，蚂蚁上社山’之语，三日人家皆以野菜花置灶陉上，以厌虫

❶［宋］周密：《武林旧事》卷二，61页，北京，中华书局，2007。

❷［明］田汝成：《西湖游览志余》卷二十，358页，上海，上海古籍出版社，1958。

❸［清］罗愫：《乌程县志》卷十三，862页，台湾，成文出版社，1983。

❹［明］郑礼纂修：《嘉靖永城县志》，1486页，上海，上海书店，1990。

8·160 明代绘画中荡秋千的仕女形象

蚁。清晨村童叫卖不绝。或妇女簪髻上，以祈清目，俗称亮眼花。”[1]流传到现代，南京民谚称：“三月三，荠菜花赛牡丹。女人不插无钱用，女人一插米满仓。”

[1] ［清］顾禄：《清嘉录》卷三，57页，南京，江苏古籍出版社，1999。

清明·簪柳

清明节，又叫踏青节，在春分之后，谷雨之前。据隋代经学家、天文学家刘焯《历书》解释：“春分后十五日，斗指丁，为清明，时万物皆洁齐而清明，盖时当气清景明，万物皆显，因此得名。”清明节大约始于周代，清明一到，气温升高，正是春耕春种的时节，故有“清明前后，种瓜种豆”的农谚。后来，由于清明与寒食的日子接近，渐渐地，寒食与清明就合二为一了。

秋千

在古代，清明节也称“秋千节”。唐代就已经流行，到明代晚期依旧如此〔8·160〕。明代刘若愚《酌中志》卷十九《内臣佩服纪略》：“自清明秋千与九月重阳菊花，俱有应景蟒纱。”[1]卷二十《饮食好尚纪略·三月》“初四日，宫眷内臣换穿罗衣。清明，则‘秋千节’也，带杨枝于鬓。坤宁宫后及各宫，皆安秋千一架。”[2]清陈维崧《天门谣·汲县道中作》词：“已过秋千节，看汲家、苔钱铺缬。”现在的山东多地还有这种活动〔8·161〕。其玩法也特别多，有为婴儿扎制的婴儿秋千，大人玩的高空秋千，众人同玩的拔高秋千等。明代宫廷中的清明节时还换穿应季的衣料，搭配应景纹饰，即“秋千”补子罗衣，戴柳枝，打秋千。

至于应景的纹饰，清明节纹饰主题为“仕女秋千”。这个纹饰主题可做成补子，缀于衣服胸背，如明代秋千仕女补子〔8·162〕、北京定陵出土明代绣仕女荡秋千细膝袜的实物〔8·163〕。纹样中可见仕女荡着秋千，描绘了明代清明节这天的春光游乐场景。与宫眷妃嫔们一样，明代皇帝在这天也不是一个旁观者，皇帝也有专属自己身份的“龙纹秋千”纹样，如纳尔逊博物馆收藏的龙纹秋千圆补子〔8·164〕，直径36厘米，当中是四条盘金立龙，左右两条似乎是作为秋千架的支撑，当中两条龙“手”抓绳索，足踩踏板，张嘴嬉笑，姿态活

[1] ［明］刘若愚：《酌中志》卷十九，165页，北京，北京古籍出版社，1994。

[2] ［明］刘若愚：《酌中志》卷二〇，197页，北京，北京古籍出版社，1994。

8·161 山东地区荡秋千的人物

8·162 ［明］秋千仕女补子

8·163 ［明］绣仕女荡秋千细膝袜实物和纹饰线描图

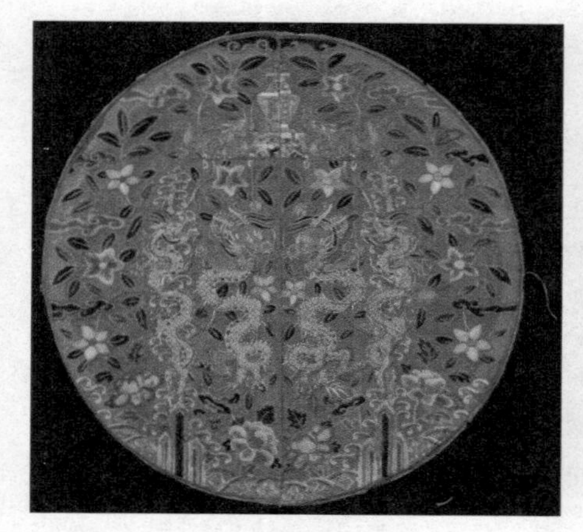

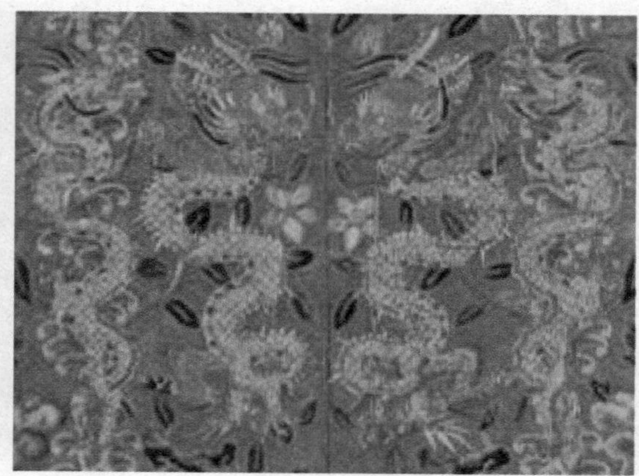

8·164 ［明］洒线盘金绣龙纹秋千圆补

8·165 柳叶

8·166 妇女儿童在清明这天郊游簪柳

泼。纱地洒线绣菱形几何纹，以绒线刺绣圆补底部的海水江崖，上面穿插柳叶、牡丹、海棠等应景花卉。

簪柳

除了荡秋千，在中国古代还有清明簪柳的习俗〔8·165〕。有的将柳枝编成圆圈戴在头上，也有将嫩柳枝刮结成花朵插于发髻，还有直接将柳枝插于头髻中〔8·166〕。宋人绘《大傩图》中就有簪柳叶的人物形象〔8·167〕。明代宦官刘若愚《酌中志》卷二十《饮食好尚纪略》：“清明，则秋千节也，带杨枝于鬓。”❶又，明刘侗、于奕正《帝京景物略》卷二《城东内外·春场》：“三月清明日……是日簪柳，游高梁桥，曰踏青。”❷清顾禄《清嘉录》卷三《三月·戴杨柳球》记载：“妇女结杨柳球戴鬓畔，云红颜不老。杨韫华《山塘棹歌》云‘清明一霎又今朝，听得沿街卖柳条。相约比邻诸姊妹，一枝斜插绿云翘。’”❸这首诗所描述的是古代清明插柳的习俗。

据说插柳的风俗，是为了纪念“教民稼穑”的农

❶［明］刘若愚：《酌中志》卷二十，197页，北京，北京古籍出版社，1994。

❷［明］刘侗、于奕正：《帝京景物略》卷二，67页，北京，北京古籍出版社，1980。

❸［清］顾禄：《清嘉录》卷三，58页，南京：江苏古籍出版社，1999。

8·167 ［宋］《大傩图》局部

事祖师神农氏的。黄巢起义时规定，以“清明为期，戴柳为号”。在此之后，戴柳演变成插柳，盛行不衰。唐人认为三月三在河边祭祀时，头戴柳枝可以摆脱毒虫的伤害。宋元以后，清明节插柳的习俗非常盛行，人们踏青游玩回来，在家门口插柳以避免虫疫。据明朝田汝成《西湖游览志余》卷二〇《熙朝乐事·清明》，记载：“清明前两日谓之寒食，人家插柳满檐，青蒨可爱，男女亦咸戴之，谚云：‘清明不戴柳，红颜成皓首。’”❶

清明插柳戴柳还有一种说法——清明、七月半和十月朔为三大鬼节，是百鬼出没讨索之时。人们为防止鬼的侵扰迫害，而插柳戴柳。受佛教影响，中国古人认为柳可以辟鬼，而称之为“鬼怖木”，观世音以柳枝沾水济度众生。北魏贾思勰《齐民要术》里说：“正旦日取柳枝著户上，百鬼不入家。”❷清明既是鬼节，值此柳条发芽时节，人们自然纷纷插柳戴柳以辟邪了。说明此点的方志有，嘉靖安徽《池州府志》卷二《风土》：“士女戴柳枝及插门之左右，俗云避邪。”❸崇祯浙江《乌程县志》卷十三：“晚插柳簷上，男女亦戴

❶ ［明］田汝成：《西湖游览志余》卷二十，359页，上海，上海古籍出版社，1958。

❷ ［北魏］贾思勰：《齐民要术》卷五，352页，北京：中国农业出版社，1998。

❸ ［明］王崇：嘉靖安徽《池州府志》卷二，3页，清代刊印。

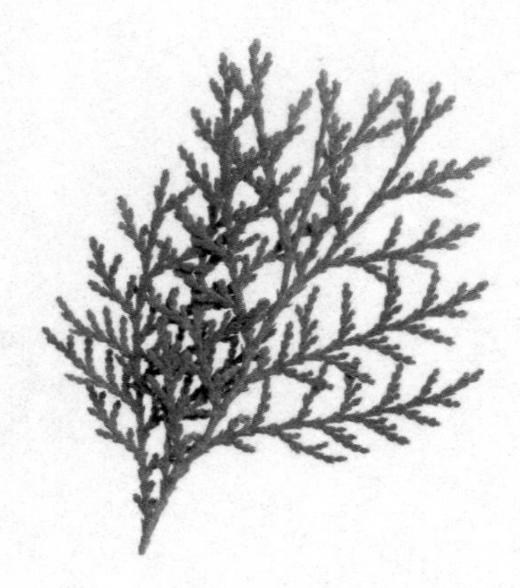

8·168 柏叶

之。”[1]正德海南《琼台志》卷七：“清明插柳，妇女簪榴花，谓不害眼，以米易梅蛳咂之，谓得目明。”[2]除了防止眼病、辟邪有些巫术民俗的痕迹外，还有女子祝福自己红颜永驻的心愿。

[1] ［清］罗愫：《乌程县志》卷十三，863页，台湾，成文出版社，1983。

[2] ［明］唐胄：《琼台志》卷七，143页，海南，海南出版社，2006。

簪柏

脱纷纷不待爬，天将丑怪变妍华。论为城旦宁非怒，度作沙弥亦自佳。稚子笑翁簪柏叶，侍人讳老匣菱花。霜寒尤要泥丸暖，惭愧乌巾着意遮。

（［宋代］刘克庄《发脱》）

柏叶是柏树的叶子〔8·168〕。柏树，又名香柏、香树、香柯树、黄柏、扁柏等，属柏科寿命约3000年，耐寒，耐干旱，喜湿润，生长缓慢，寿命极长。木质软硬适中，细致，有香气，耐腐力强，多用于建筑、家具、细木工等；种子、根、叶和树皮可入药。由于柏树像贝壳，在远古时期，柏树也有一定的生殖崇拜意义，中国人在墓地种植柏树，有象征永生或转生、新生的含义。

8·169 ［宋］《大傩图》局部

据清人王夫之《杂物赞·活的儿》：“以小钢丝缠缀饰上，普施柏叶，迎春元日，冶游者插之巾帽。”❶可知，中国古人用小钢丝缀饰柏叶，簪于巾帽上。查看图像，在宋人绘《大傩图》中已可看到簪柏叶的人物形象〔8·169〕。在20世纪初，河北省昌黎境内，每年清明节这一天，人们都要在祖先的牌位前摆上碗筷和酒菜并去扫墓祭祖，要擦洗墓碑，供奉食品、焚香叩头，男女俱簪柏叶。有民谣云：“清明不戴柏，死了变成鸭巴踱儿。”证以民国《昌黎县志》卷五《风土志》记载：“至清明节，拜扫先茔，填新土，挂纸钱，男女俱簪柏叶，若门前插柳，以迎玄鸟。”❷

❶ 王夫之：《王船山诗文》卷九，97页，北京，中华书局，1962。

❷ 陶宗奇：《昌黎县志》卷五，434页，台湾，成文出版社，1983。

端午·钗符

端午，又称端阳、重午、端五节、天中节。中国古人以五月天气炎热，疾病易于流行，故称其为恶月，而五月五日为恶日，且有“不举五月子”❸之俗，即阴恶从五而生，五月五日双五相逢，是最不吉利的恶时。因此，端午节的节令饰物，也体现了浓厚的巫术色彩。

❸ 五月五日所生的婴儿无论是男或是女都不能抚养成人。

8·170 ［明］艾虎五毒纹方补

8·171 ［明］刺绣五毒艾虎方补

8·172 ［明］刺绣五毒艾虎方补

五毒

五毒是端午节最重要的节令主题。它主要指蝎子、蜈蚣、蛇、蟾蜍、蜥蜴等五种毒虫。每到端午节，民间就有挂五毒图于门户，或者在儿童手臂、身上佩戴五毒形象饰物的习俗，其意在禳避病害，以求平安。周密《武林旧事》卷三《端午》记载，宋代宫廷里“插食盘架设天师、艾虎，意思山子数十座，五色蒲丝、百草霜，以大合三层，饰以珠翠、葵、榴、艾花、蜈蚣、蛇、蝎、蜥蜴等，谓之‘毒虫’……又以大金瓶数十，遍插葵、榴、栀子花，环绕殿阁……又以青罗作赤口白舌帖子，与艾人并悬门楣，以为禳禬。”[1]又如清顾禄《清嘉录》卷二《五月·五毒符》：“尼庵剪五色彩笺，状蟾蜍、蜥蜴、蜘蛛、蛇、蚿之形，分贻檀越，贴门楣、寝次，能魇毒虫，谓之五毒符。”[2]该书又引吴曼云《江乡词》小序：“杭俗，午日扇上画蛇、虎之属，数必以五，小儿用之。”[3]

在明代，五毒也用做补子纹样，如明代刘若愚《酌中志》卷二〇《饮食好尚纪略·端午》，五月“初一至

[1] ［宋］周密：《武林旧事》卷三，81页，北京，中华书局，2007。

[2] ［清］顾禄：《清嘉录》卷二，112页，南京，江苏古籍出版社，1999。

[3] ［清］顾禄：《清嘉录》卷二，113页，南京，江苏古籍出版社，1999。

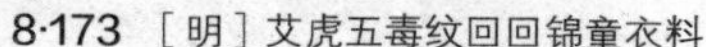

8·173 ［明］艾虎五毒纹回回锦童衣料

8·174 ［明］洒线绣蜀葵荷花五毒纹经皮面

十三日止，日宫眷内臣穿五毒艾虎补子蟒衣。门两旁安菖蒲、艾盆。门上悬挂吊屏，上画天师或仙子、仙女执剑降毒故事，如年节之门神焉，悬一月方撤也。”❶其式样如北京定陵出土明代艾虎五毒纹方补〔8·170〕，胸补绣二虎相对，并绣有花卉、蛇、蜈蚣等；背补中间绣一卧虎，虎周围绣艾叶花卉和五毒纹，蛇、蝎、蜥蜴、蟾蜍、蜈蚣或爬或跳，姿态各异，形象逼真。此件艾虎五毒方补方领女夹衣，应是孝靖皇后的应景服饰。此外，五毒纹样实物还有私人收藏的明代刺绣五毒艾虎方补〔8·171〕和明代刺绣五毒艾虎方补〔8·172〕。

明代五毒纹样的例子还有很多，如明代艾虎五毒纹回回锦童衣料〔8·173〕，这件织锦将虎与五种毒物以同等大小地布置在水田纹上。水田纹模仿当时流行的水田衣（又称百衲衣或百家衣）的风格，由不同三角形色块组成图案。人们认为，儿童穿百家衣，容易长大，而艾虎五毒更是辟邪祛毒的象征，也有利于健康。又如，明代洒线绣蜀葵荷花五毒纹经皮面〔8·174〕，以黄色二经绞直经纱为底衬，上用红、蓝、黄、绿、棕、白等色衣线和蜀绒线为绣线，采取二至三色润色法，用

❶［明］刘若愚：《酌中志》卷二十，180页，北京，北京古籍出版社。

8·175 ［明］富贵昌乐五毒钱花钱

8·176 ［明］五日午时五毒花钱

8·177 ［明］五毒玉带板

散套、正戗、平针、缉线、反戗针等针法绣制花纹。经皮面上部绣五色云，下部绣争奇斗艳的荷花和蜀葵，并在硕大的蜀葵叶上饰有蜈蚣、蝎子等五毒纹饰，花纹为间隔排列。其经皮面用红色衣线以洒线绣技法绣制菱形锦纹地；用光泽性较差的衣线绣制五彩云及花叶；用光泽性较强的劈绒线绣制花朵。暗地暗叶衬托出亮丽的花朵，尤其是采用反戗针、缉线法绣制五毒、花瓣的边缘，使花纹更富层次感，更具立体效果，宛如天成。除了纺织品，亦有铜钱、玉带板等五毒纹样。铜钱如明代富贵昌乐五毒钱花钱〔8·175〕和明代五日午时五毒花钱〔8·176〕。玉带板如明代五毒玉带板〔8·177〕，长6厘米，宽5.2厘米，厚0.7厘米；玉带板中间錾刻的是老虎，四周分别是毒蛇、毒蝎、蛤蟆、蜈蚣。

除了补子纹样，还有簪佩五毒的风俗。明刘侗、于奕正《帝京景物略》卷二《城东内外·春场》：“簪佩各小纸符，簪或五毒、五瑞花草。”[1]又，明代沈榜《宛署杂记》卷十七记载：“妇女画蜈蚣、蛇、蝎、虎、蟾，为五毒符，插钗头。”[2]其实物如私人收藏清代五毒发簪〔8·178〕，长11.9厘米，宽2.26厘米。其上

[1] ［明］刘侗、于奕正：《帝京景物略》卷二，68页，北京，北京出版社，1963。

[2] ［明］沈榜：《宛署杂记》卷十七，191页，北京，北京古籍出版社，1993。

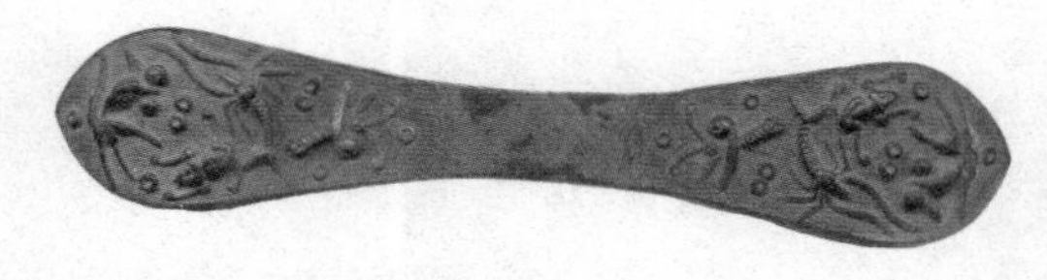

8·178 ［清］五毒发簪

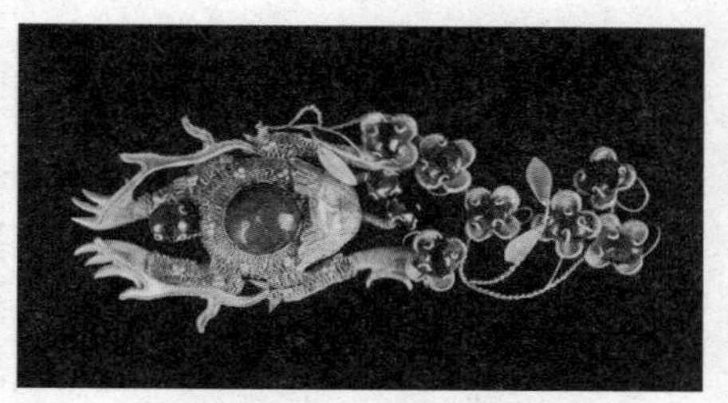

8·180 ［清］金累丝镶宝蟾蜍梅花簪头　私人收藏

8·179 镶宝石点翠艾叶蟾蜍金簪

錾刻蝎、蜥蜴、蟾蜍、蜈蚣等纹样。五毒反映了我国古代人民进入夏季时除害灭病的愿望。

除了以上五毒簪外，还有一些以单独毒物为主题的发簪，如台北故宫博物院藏镶宝石点翠艾叶蟾蜍金簪〔8·179〕，长7.5厘米，宽2.8厘米，点翠艾叶为底托，叶上以细金丝做叶脉，叶上附金累丝枝条、灵芝、梅花，中部有累丝蟾蜍，背嵌红宝石，嘴里伸出两支长弹簧触须，须头部串珍珠。又如，清代金累丝镶宝蟾蜍梅花簪头〔8·180〕，金累丝做出蟾蜍身体，姿态做匍匐状，金片锤锞四脚和头部，脚形如艾叶，再用金弹簧丝将四脚和身体连接，故四脚可颤动。身上嵌红宝石一颗。嘴吐金弹簧丝两根，每根前端各嵌红宝石一颗。身后尾部嵌一颗红宝石。蟾蜍前饰四瓣梅花七朵，以金累丝做花瓣，中嵌红宝石做花蕊。梅花间穿插金叶两对。梅花和叶子用金绞丝卷云状连接。

蝎簪实物如北京海淀区八里庄慈寿寺塔西北一公里处明武清侯李伟（万历皇帝生母李太后之父）妻王氏墓出土的艾蝎簪〔8·181〕。该簪是艾草叶形为底托，上缀蝎形。蝎，节肢动物，也称钳蝎。下腮像螃蟹的螯，胸脚

8·181 ［明］艾蝎簪
（图片引自《中国古舆服论丛》，327页，北京，北京文物出版社，2001。）

四对，后腹狭长，末端有毒钩，用来御敌或捕食。可入药。艾蝎组合，寓驱毒避邪之意。

钗符

钗符，也称“钗头符”，或“宝符”❶“灵符”❷“符箓”❸“朱符”❹“兵符”❺“巧篆”❻等，是一种上面写有道家篆符的用绢罗裁成的小幡，用于悬吊在簪钗的端头。据南朝·梁人宗懔《荆楚岁时记》注曰：“或问辟五兵之道，《抱朴子》曰‘以五月五日作赤灵符著心前。’今钗头符是也。”❼可知，钗符是由五色（青、黄、赤、白、黑）的丝线或彩色缯帛缠合、编织而成的赤灵符发展而来。在宋代的“端午帖子”词中有很多“赤灵符”的内容，如苏辙《学士院端午帖子二十七首·皇太后阁六首》：“万寿仍萦长命缕，虚心不著赤灵符。”王珪《端午内中帖子词·夫人阁》：“欲谢君恩却无语，心前笑指赤灵符。”曾丰《端午家集》：“戏缠朱彩索，争带赤灵符。”

因为要悬挂于钗头，宋人多将钗头之符做得小巧

❶ 刘过《沁园春》：“香黍缠丝，宝符插艾，犹有樽前儿女怀。”

❷ 朱淑真《端午》：“纵有灵符共彩丝。”

❸ 史浩《卜算子》：“符箓玉搔头，艾虎青丝鬓。”

❹ 杨无咎《齐天乐》：“更钗袅朱符，臂缠红缕。”

❺ 韩元吉《南柯子·广德道中遇重午》：“兵符点翠钗。”

❻ 吴文英《澡兰香·林钟羽淮安重午》：“盘丝系腕，巧篆垂簪。”

❼ ［南朝·梁］宗懔：《荆楚岁时记》，50页，太原，山西人民出版社，1987。

8·182 ［清］禅杖银簪

8·183 ［明］禅杖金钗（杨正宏，张剑主编：《镇江出土金银器》，98页，北京，文物出版社，2012。）

玲珑，因此，宋人将钗符称作“小符”，如宋代陈元靓《岁时广记·钗头符》云：“《岁时杂记》：端午剪缯彩作小符儿，争逞精巧，掺于鬟髻之上，都城亦多扑卖，名‘钗头符’。”[1]历代诗词中多有表现，如苏轼《浣溪沙·端午》：“彩线轻缠红玉臂，小符斜挂绿云鬟。”又如，崔敦诗《淳熙七年端午帖子词·皇后合》：“玉燕垂符小，珠囊结艾青。”

在金银首饰题材中，钗符是以禅杖的形式表现出来的。禅杖是僧人在坐禅时用以警睡的器具。以此物做簪子，有辟邪除恶的象征意义。其实物如江苏镇江监狱出土清代禅杖银簪〔8·182〕，银质，长11.5厘米，重4.26克，簪子首部为禅杖形，在杖首的云环中以环链附缀一呈扁平钟形牌饰。牌饰一面阴刻“吴”，另一面阴刻的字迹模糊，无法识别。又如，江苏镇江金山园艺场七里生产队张洪贵送交明代禅杖金钗〔8·183〕。金质，通长10.1厘米，重11.05克，首部为禅杖形，杖尖饰对应的六瓣覆莲瓣，中连三段六棱弧形脊，并附装饰两个缀饰，一为钟形，一为琮状，均随形刻线。钟形坠上錾刻竖读文字：一面为阴文“天赦”，一面为阳文“□泰”。琮

[1] 陈元靓：《岁时广记》卷二十一，242页，上海，商务印书馆，1939。

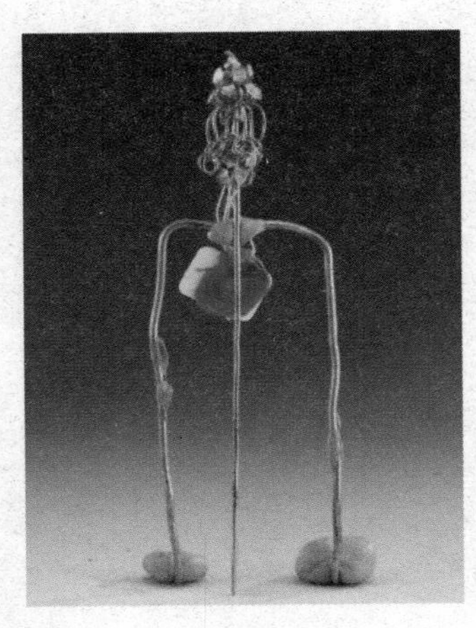

8·184 禅杖金发簪

形坠上两面錾刻四字："丁门""戴氏"。其形式在曲江艺术博物馆的收藏中也有禅杖金发簪〔8·184〕。

符袋

灵篆贮纱囊，熏风绿鬓傍。从今能镇胆，不怯睡空房。

（［明］高启《钗符》）

有的时候，中国古人还有一种用绛红纱或者白纱做的小"符袋"，把朱砂写就的道教篆符装于袋内，或者放入一个朱砂包。"每到节日前夕，道观会主动把这种符袋送到贵族官宦府中，宫廷赏颁后妃大臣的节日赐物同样包括它。"[1]

据《梦粱录》卷三《五月重午附》，是日"内更以百索彩线、细巧镂金花朵，及银样鼓儿、糖蜜韵果、巧粽、五色珠儿结成经筒符袋、御书葵榴画扇、艾虎、纱匹段，分赐诸阁分、宰执、亲王……所谓经筒、符袋者，盖因《抱朴子》问辟五兵之道，以五月午日配赤灵符挂心前，今以钗符佩带，即此意也。"[2]一般挂在小

[1] 孟晖：《钗头荔枝庆端午》，载《长江日报》，读周刊–专栏版，2014-06-08。

[2] 吴自牧：《梦粱录》卷三，见［宋］孟元老等：《东京梦华录》（外四种）《梦粱录》卷三，157页，上海，上海古典文学出版社，1957。

8·185 ［南宋］端午钗符

孩颈上的是布制袋形护身符。

到了南宋，符袋进一步工艺化，出现了用五彩玻璃珠串成的珠袋，甚至不乏金丝或银丝串系珍珠编成的高档精品。江西德安周氏墓，墓主人是一位妇人，出土时手里有一桃枝，上边系着端午时的粽子。她的发髻上是金丝编的特髻，头上插着鎏金钗、银簪，两鬓和脑后还各插两把木梳。其中有一支步摇，步摇垂下的物件不是简单的珠串〔8·185〕，而是垂下珍珠网罩的珍珠香囊，内盛褐色的方形香囊，袋内有朱砂包。南宋崔敦《淳熙七年端午帖子词》为皇后阁所作六首之一云："玉燕垂符小，珠囊结艾青。"根据这两句话，大约知道，它其实应是一种装饰物，是古代妇女们的头饰，"珠囊"那就应是女子头上的钗上挂着一只"珠囊"。直到20世纪，还有许多地方使用符袋，如鲁迅《故事新编·起死》："因为孩子们的魂灵，要摄去垫鹿台脚了，真吓得大家鸡飞狗走，赶忙做起符袋来，给孩子们带上。"[1]

符袋里有时会放符道教的"符"或"符箓"。卿希泰在《中国道教》一书中称："'符'指书写于黄色纸、帛上的笔画屈曲、似字非字、似图非图的符号图

[1] 鲁迅：《鲁迅全集》第二册《故事新编》，486页，北京，人民文学出版社，2005。

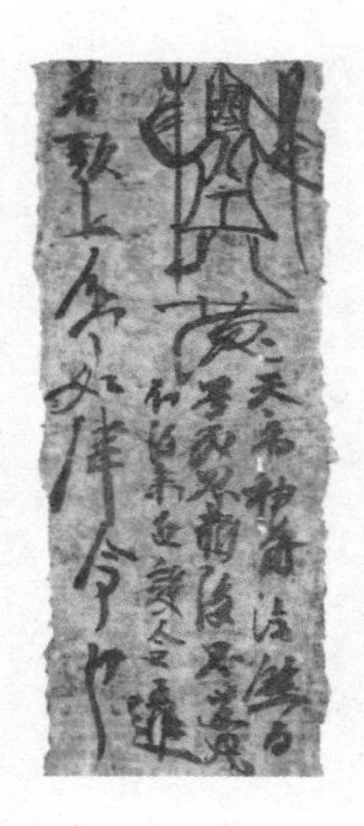

8·186 ［高昌］道教符箓

形；箓指记录于诸符间的天神名讳秘文，一般也书写于黄色纸、帛上。道教声称，符箓是天神的文字，是传达天神意旨的符信，用它可以召神劾鬼，降妖镇魔，治病除灾。"[1]汉末五斗米道和太平道就是以造符书、喝符水为人治病来吸引信徒创建组织的。魏晋以后，符箓道法一直是道教的主流。1959年吐鲁番阿斯塔那古墓葬区303墓内就发现了这样一个装有符箓的囊〔8·186〕。它里面有一块长27.5厘米，宽10厘米，上绘有左手持刀、右手持叉的朱绘天神和朱书符文四行的符箓。从出土文物来看，符箓可以被折叠得很小而装在囊内佩戴。[2]

❶ 卿希泰：《中国道教》（三），305页，上海，知识出版社，1994。

❷ 张晓红：《钗符、艾虎、艾花——宋代端午簪饰论析》，载《甘肃联合大学学报》（社会科学版），2008（7），65页。

艾虎

深院榴花吐。画帘开、綀衣纨扇，午风清暑。儿女纷纷夸结束，新样钗符艾虎。早已有游人观渡。老大逢场慵作戏，任陌头、年少争旗鼓，溪雨急，浪花舞。灵均标致高如许。忆生平、既纫兰佩，更怀椒醑。谁信骚魂千载后，波底垂涎角黍，又说是、蛟馋龙

8·187 艾草

怒。把似而今醒到了，料当年、醉死差无苦。聊一笑、吊千古。

（［宋］刘克庄《贺新郎·端午》）

钗符总是与艾虎相伴。艾虎，即用艾叶剪成老虎形，成对缀在钗头。艾草，菊科，多年生草本〔8·186〕。茎、叶皆可以作中药，性温味苦，有祛寒除湿、止血、活血及养血的功效。叶片晒干制成艾绒，可用于灸疗。

在一些地区的端午节前后，人们将艾叶做成艾虎，用于妇女儿童们喜欢的端午簪饰。除了辟邪，艾虎还有宜男（求子）和“储祥纳吉”之意。艾虎之俗流行于六朝以后。南朝梁代宗懔《荆楚岁时记》记载，在五月五日这天“今人以艾为虎形，或剪彩为小虎，粘艾叶以戴之。”[1]又，南宋陈元靓《岁时广记》卷二一《掺艾虎》引北宋吕原明《岁时杂记》：“端午以艾为虎形，至有如黑豆大者，或剪彩为小虎，粘艾叶以戴之。”又引“王沂公《端午帖子》云：‘钗头艾虎辟群邪，晓驾祥云七宝车。’章简公帖子云：‘花阴转午清风细，玉燕钗头艾虎轻。’王晋卿端午词云：‘偷闲结个艾虎

[1] ［南朝·梁］宗懔：《荆楚岁时记》卷一，47页，太原，山西人民出版社，1987。

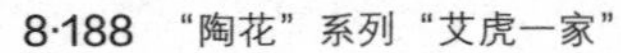

8·188 “陶花”系列“艾虎一家”

8·189 布艺老虎

儿，要插在、秋蝉鬓畔。’又古词云：‘双双艾虎，钗里朱符，臂缠红缕。’”❶

之所以将艾叶做成虎状，这又涉及古人的信仰。在古人心目中，老虎是既可怕又可敬的东西。因其威猛无比，能够有避邪禳灾、祈丰及惩恶扬善、发财致富、喜结良缘等多种神力〔8·188、8·189〕。虎被认为能够吞噬鬼怪，东汉应劭《风俗通义》祀典·桃梗苇茭画虎，引《黄帝书》云：“上古之时，有荼与郁垒昆弟二人，性能执鬼。度朔山上有桃树，二人于树下检阅百鬼，无道理妄为人祸害，荼与郁垒缚以苇索，执以食虎。”在汉朝人文化体现里，虎是能够驱害避邪的神兽，即“虎者，阳物，百兽之长也，能执搏挫锐，噬食鬼魅”。于是，汉人“烧悟虎皮饮之，系其爪，亦能辟恶”。在过年时“常以腊除夕，饰桃人，垂苇茭，画虎于门，皆追效于前世，冀亦御凶也”❷。

宋人将除夕辟邪用的“虎”挪用到了端午节，艾虎之风开始流行。贾仲名《金安寿》：第三折“叠冰山素羽青奴，剪彩仙人悬艾虎。”❸明彭大翼《山堂肆考》：“端午以艾为虎形，或剪彩为虎，粘艾叶以戴

❶ 陈元靓：《岁时广记》卷二一，243页，上海，商务印书馆，1939。

❷ ［汉］应劭：《风俗通义校注》卷八，367页，北京，中华书局，1981。

❸ ［明］臧晋叔：《元曲选》，1099页，北京，中华书局，1959。

之。”❶又清富察敦崇《燕京岁时记·彩丝系虎》：“每至端阳，闺阁中之巧者，用绫罗制成小虎及粽子、葫芦、樱桃、桑葚之类，以彩线穿之，悬于钗头，或系于小儿之背，古诗云：‘玉燕钗头艾虎轻’，即此意也。”❷

张晓红在《钗符、艾虎、艾花——宋代端午簪饰论析》一文中称：“簪戴用的小巧玲珑的艾虎是从门首悬挂的较大的艾虎而来的。艾虎本应是直接用艾草做的虎状物，作为门饰的艾虎即如此，但作为簪戴饰品，大约因为一是比较难做，二是不够美观，所以加以变通，用布帛彩线做成虎状之后，直接在上面粘上一片艾叶也可。”❸有的做工相当精致，在艾虎外面蒙覆金片。无名氏《阮郎归》就提到“蒙金艾虎儿”。艾虎可以成双簪戴于头，宋代刘辰翁《摸鱼儿》有“钗符献酒，袅袅缀双虎”。

除了艾虎，还有用蚕茧做的茧虎。茧虎是端午节的佩戴之物，嘉靖浙江《萧山县志》说：“女子以茧作龙虎，少长皆佩之，欲如龙虎之健。儿女辈彩索缠臂，草粽绣符缀衣，长者簪艾叶、榴花以避邪。”❹清吴伟业

❶［明］彭大翼：《山堂肆考·宫集》卷十一，明万历四十七年梅墅石渠阁刊行本。

❷［清］富察敦崇：《燕京岁时记》，66页，北京，北京古籍出版社，2000。

❸张晓红：《钗符、艾虎、艾花——宋代端午簪饰论析》，载《甘肃联合大学学报》（社会科学版），2008（7），65页。

❹［清］邹勷：《萧山县志》，213页，台湾，成文出版社，1983。

8·190 艾花

《苗虎》诗："最是茧丝添虎翼，难将续命诉牛哀。"艾虎又通常与张天师在一起，为天师御虎状。道教传说张天师于五月五日乘艾虎出游，消灭五毒妖邪。

艾花

巧结分枝黏翠艾。翦翦香痕，细把泥金界。小簇葵榴芳锦隘。红妆人见应须爱。午镜将拈开凤盖。倚醉凝娇，欲戴还慵戴。约臂犹余朱索在。梢头添挂朱符袋。

（［宋］张炎《蝶恋花·赋艾花》）

艾花，古代汉族端午节妇女头饰，流行于中原和江南地区〔8·190〕。农历五月初五，民间将绸、纸之类剪成艾花，簪戴在头上，用以辟恶、祛邪。

宋代陈元靓《岁时广记》卷二一《插艾花》引宋吕原明《岁时杂记》："端午京都仕女簪戴，皆剪缯楮之类为艾，或以真艾，其上装以蜈蚣、蚰蜒、蛇、蝎虫草之类，及天师形象。并造石榴、萱草、踯躅假花，或以香药为花。"❶艾花并不在于体现装饰之美，而更

❶ 陈元靓：《岁时广记》卷二一，244页，上海，商务印书馆，1939。

在于它体现了驱邪避害之意。宋明时期关于艾花的诗词较多出现，如南宋吴文英《踏莎行》：“榴心空叠舞裙红，艾枝应压愁鬟乱。”无名氏《失调名》：“御符争带，斜插交枝艾。”宋代王镃《重午》：“艾枝簪满碧巾纱。”陆游《乙卯重五》：“粽包分两髻，艾束著危冠。”中国古人用丝织品制作艾花极其繁复，先以艾枝或用缯帛剪成艾枝状作为主体部分，上面再点缀上各种昆虫、天师像，或做成各种假花，有的还用香药做成，非常讲究。

艾人

艾叶双人巧，菖花九节荣。玉皇膺曼寿，金母共长生。

（［宋］周必大《端午帖子·太上皇后阁》）

门儿高挂艾人儿。鹅儿粉扑儿。结儿缀着小符儿。蛇儿百索儿。纱帕子。玉环儿。

（［宋］无名氏《阮郎归·端五》）

8·191 在门上悬艾草菖蒲以避邪

诗中“艾叶双人巧”“门儿高挂艾人儿”很可能就是用艾叶剪成人形的艾花。在中国古代，端午传统有艾束为人形或将艾叶和菖蒲束成捆一起挂在门上的风俗〔8·191〕。南朝梁人宗懔《荆楚岁时记》五月五日，四民“采艾以为人，悬门户上，以禳毒气”[1]。又，宋代孟元老《东京梦华录》卷八《端午》：“自五月一日及端午前一日，卖桃、柳、葵花、蒲叶、佛道艾，次日家家铺陈于门首，与五色水团、茶酒供养。又钉艾人于门上，士庶递相宴赏。”[2]端午采药之俗直到明代仍十分兴盛，人们用菖蒲、雄黄酒避毒，在门上装饰艾人、艾虎、菖蒲、贴符、张天师画像等禳毒之物。

[1] ［南朝·梁］宗懔：《荆楚岁时记》，47页，太原，山西人民出版社，1987。

[2] ［宋］孟元老：《东京梦华录全译》卷九，146页，贵阳，贵州人民出版社，2009。

天师

据吴自牧《梦粱录》记载，五月重午“五日重午节，又曰‘浴兰令节’，内司意思局以红纱彩金盝子，以菖蒲或通草雕刻天师驭虎像于中，四围以五色染菖蒲悬围于左右。又雕刻生百虫铺于上，却以葵、榴、艾叶、花朵簇拥。……杭都风俗……以艾与百草缚成天

8·192 邰立平木版年画张天师骑虎

8·193 骑虎仗剑张天师铜牌 背太极八卦

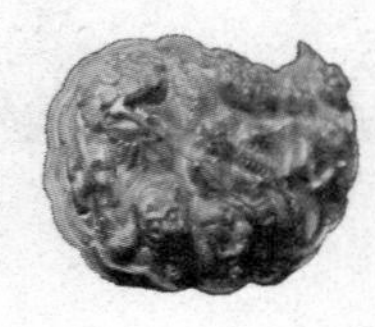

8·194 ［明］张天师骑虎五毒金掩鬓 江阴博物馆馆藏

师，悬于门额上，或悬虎头白泽。或士宦等家以生朱于午时书‘五月五日天中节，赤口白舌尽消灭’之句。❶”

宋代道教流行，民间普遍流行门上贴的各种门帖其实都是符的变种。门帖中有天师像，天师真名为张道陵（？—156），本名张陵，东汉沛国丰邑（今江苏丰县）人，为五斗米教的创始人，被后世道教徒尊奉为“天师”。据《后汉书·刘焉传》记载，张陵于汉顺帝时在四川鹤鸣山学道，造作符书，以惑百姓。后被元朝忽必烈册封为第一代张天师，后被明太祖朱元璋废除并禁止使用其封号。天师像是用朱砂笔在黄表纸上画上张天师的像，如陈元靓《岁时广记》引《岁时杂记》云：“端午，都人画天师像以卖。”❷又，宋代吴潜《二郎神》词云：“恰就得端阳，艾人当户，朱笔书符大吉。”其中的“朱笔书符”就是指“张天师”的画像。

除了张贴在门上的天师像〔8·192〕，也将其做成骑虎仗剑张天师的铜牌〔8·193〕，或做成首饰上的主题纹样，如明代江阴青阳邹令人墓出土张天师骑虎五毒金掩鬓〔8·194〕，用整块桃形金片锤锲出仙人、老虎、三足蟾蜍、蜈蚣、蝎子、山石、青松等景物。嶙峋山石，依

❶ ［宋］孟元老等：《东京梦华录》（外四种）《梦粱录》卷三，157页，上海，古典文学出版社，1957。

❷ 陈元靓：《岁时广记》卷二一，244页，上海，商务印书馆，1939。

8·195 在浙江武义县南丰菜场，一位老奶奶在整理待售的艾草和菖蒲

在右侧，山石上伏三足蟾蜍。青松枝叶，簇簇如云朵，映衬于上端。赤发跣足仙人，正身坐在于卧虎背上，虎头扭转，面向前方，一副憨态可掬的样子。仙人肩披霞帔，左手执锄。锄以粗金丝为之，锄上端压在蝎子身上。仙人右手提花篮，左侧有千足蜈蚣一条。

蒲龙

菖蒲，别名臭菖蒲、水菖蒲、泥菖蒲、大叶菖蒲、白菖蒲，多年水生草本植物〔8·195〕。有香气是中国传统文化中可防疫驱邪的灵草，与兰花、水仙、菊花并称为“花草四雅”。为有毒植物，其毒性为全株有毒，根茎毒性较大。口服多量时产生强烈的幻视。菖蒲作用类似，民间迷信它有辟邪免疫的神效。故自汉晋以来，端午节家家必插艾以应节景，唐以后更添以菖蒲，民间为“蒲龙艾虎”。旧俗扎蒲草为龙形，扎艾草为虎形，于端午节挂在门上，以驱恶辟邪。清人潘荣陛《帝京岁时纪胜》五月·端阳：“五月朔，家家悬朱符，插蒲龙艾虎，窗牖贴红纸吉祥葫芦。幼女剪彩叠福，用软帛缉逢

老健人、角黍、蒜头、五毒老虎等式，抽作大红硃雄葫芦，小儿佩之，宜夏避恶。”❶

健人

明代江浙一带，端五时妇女还有佩“健人”的风俗。据明代万历浙江《秀水县志》卷一：“妇女制缯为人形佩之，曰健人。”❷健人一般用金银丝或铜丝金箔做成，形状为小人骑虎，亦有另加钟、铃、缨及蒜、粽子等的。插在妇女发髻，也用以馈送。《清嘉录》卷五云：“（五月五日）市人以金银丝制为繁缨、钟、铃诸状，骑人于虎，极精细，缀小钗，贯为串，或有用铜丝金箔者，供妇女插鬓。又互相献赉，名曰健人。”❸文中“骑人于虎”颇似张天师的形象。也有人说健人与艾人都具有驱邪辟疫之意，只是以帛易艾，如吴曼云《江乡节物词·小序》云：“杭俗，健人即艾人，而易之以帛，作骆虎状，妇人皆戴之。”

❶［清］潘荣陛：《帝京岁时纪胜》，21页，北京，北京古籍出版社，2000。

❷［明］李培：《秀水县志》卷一，93页，台湾，成文出版社，1970。

❸［清］顾禄：《清嘉录》卷二，109页，南京，江苏古籍出版社，1999。

8·196 荔枝

8·197 ［北宋］赵昌《荔枝图》

荔枝

红藕丝。白藕丝。艾虎衫裁金缕衣。钗头双荔枝。鬓符儿。背符儿。鬼在心头符怎知？相思十二时。

（［宋］李石《长相思》）

这是宋代诗人李石描写端午的一首小词。端午节时，正是荔枝成熟的时节〔8·196〕。人们穿带有“宜男”艾虎纹的薄纱罗衣裳，头上的钗头吊挂一对荔枝果。

唐人为了吃新鲜的荔枝，可以如晚唐诗人杜牧《过华清宫三首·其一》：“一骑红尘妃子笑，无人知是荔枝来。”不惜一切代价也要获取新鲜荔枝。因为宝贵，唐人甚至将荔枝果当作吊坠放在钗头，以此彰显身份，韩偓《荔枝》诗云：“封开玉笼鸡冠湿，叶衬金盘鹤顶鲜。想得佳人微启齿，翠钗先取一双悬。”“荔枝”谐音“利至”，此盘所雕荔枝硕果满满，正可谓“利至连连”，寓意美好。北宋赵昌《荔枝图》〔8·197〕和宋人绘《离支伯赵国图》〔8·198〕都是表现荔枝的佳作。此

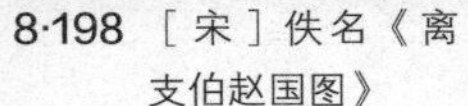

8·198 ［宋］佚名《离支伯赵国图》

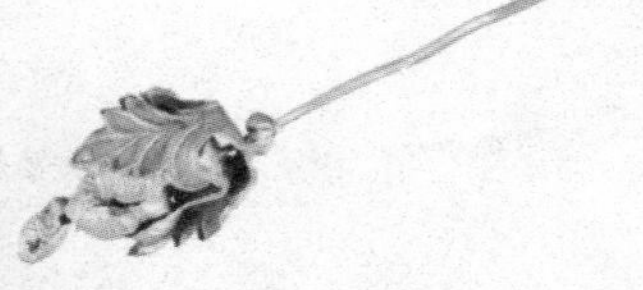

8·199 ［宋］金荔枝耳环

8·201 ［元］剔红荔枝纹圆盘

8·200 ［宋］荔枝形金耳环　湖北蕲春县博物馆藏

时，端午时人们干脆将荔枝做成发簪、耳环之类首饰的纹样主题。例如，黄庭坚《浪淘沙》咏“荔枝”词中便有“一双和叶插云鬟”。荔枝发簪没有实物发现，但荔枝形耳环确有实物，如常德桃源宋墓出土金荔枝耳环〔8·199〕、湖北蕲春漕河镇罗州城遗址窖藏出土宋代荔枝形金耳环〔8·200〕。元人沿袭了此种题材形式。

宋代荔枝耳环多做并蒂果的形式，元康瑞《西湖竹枝词》：“合欢钗头双荔枝，同心结得能几时。”这样的构图模式，虽有取“成双”的寓意，但也是从荔枝的实际生长形态出发。明代亦有“并头花”的发簪，如《金瓶梅》第二回：潘金莲“周围小簪儿齐插。斜插一朵并头花，排草梳儿后押。”❶令人可惜的是，我们尚未见到可与“并头花”发簪对应的实物。元代荔枝的题材开始趋于繁复，如元代剔红荔枝纹圆盘〔8·201〕，盘内雕出一枝苍劲的荔枝枝干，荔枝果实饱满，枝叶掩映缠绕。每个荔枝皆作不同锦纹组合，章法严谨，图纹精美逼真。为了追求形式感，元人甚至还将荔枝和枝叶做缠枝的形式，将并蒂的荔枝果整个包卷在枝叶里面，如湖南临澧元代金银器窖藏金荔枝簪〔8·202〕、湖南攸县

❶ ［明］兰陵笑笑生：《金瓶梅词话》，48页，北京，中华书局，1998。

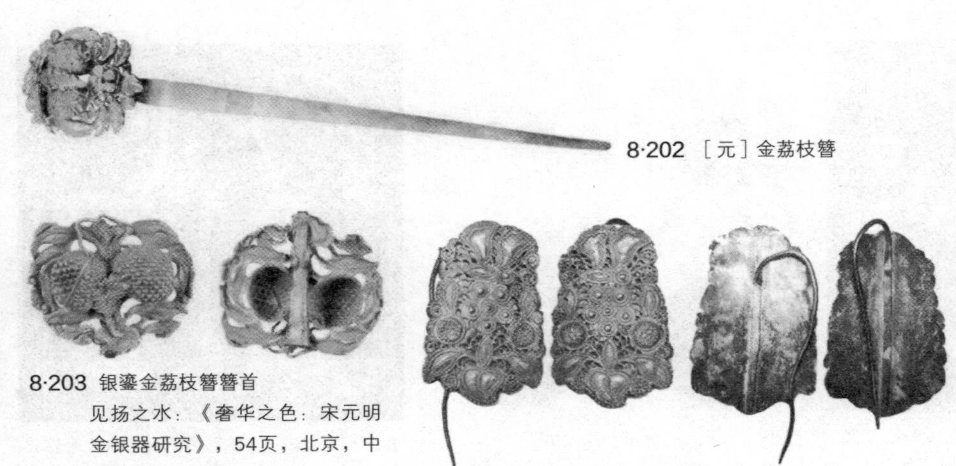

8·202 ［元］金荔枝簪

8·203 银鎏金荔枝簪簪首

见扬之水：《奢华之色：宋元明金银器研究》，54页，北京，中华书局，2010。

8·204 ［元］银鎏金蝴蝶花草荔枝纹耳环

出土银鎏金荔枝簪〔8·203〕。除了这种立体的造型，也有平面錾刻的形式，如私人收藏元代银鎏金蝴蝶花草荔枝纹耳环〔8·204〕。此耳环是在银牌上镂空錾刻工艺，做出的荔枝、卷草的纹样，银牌上方的蝴蝶和中间的花朵是以圆或椭圆形做出，抽象概括。其主体纹样的背景是精细的卷草纹，线条流畅婉转。

元代的繁复风格到了清代，似乎发生了变化，荔枝首饰的图式似乎趋于简单，如私人收藏的清代银鎏金并蒂荔枝簪〔8·205〕，长9.9厘米，重7.1克。簪首与簪脚交接的地方是一束三片的叶子，再上面是枝蒂连接的荔枝果。另一件私人收藏的耳环〔8·206〕，甚至只有一个荔枝果和耳脚。虽然简单，但荔枝果表面凸起的肌理清晰，外形圆润，充满生气。

竞渡

竞渡是一种划船比赛，亦写作“竞度”。相传战国楚屈原于农历五月五日投汨罗江以死，于是举行龙舟竞渡，以示纪念。南朝梁宗懔《荆楚岁时记》记有，五月五日

8·205 ［清］银鎏金并蒂荔枝簪

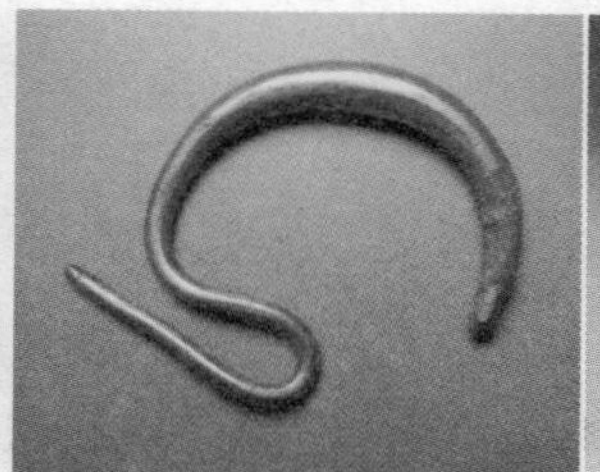

8·206 金耳环和荔枝果造型的耳坠

“是日竞渡，采杂药”❶的记载，又隋朝杜公瞻注释：“按五月五日竞渡，俗为屈原投汨罗日，伤其死所，故并命舟楫以拯之，舸舟取其轻利，谓之飞凫，一自以为水军，一自以为水马，州将及士人悉临水观之。”❷《隋书·地理志下》：“屈原以五月望日赴汨罗，土人追至洞庭不见，湖大船小，莫得济者，乃歌曰：‘何由得渡湖！’因尔鼓櫂争归，竞会亭上，习以相传，为竞渡之戏。”❸

龙舟竞渡，在宋代几乎成为普天同庆的节日盛典。上自帝王，下至百姓，共同参与，各得其乐。孟元老的《东京梦华录》卷七《驾幸临水殿观争标锡宴》记载宋徽宗在金明池观赏龙舟竞渡的情况甚为详备：

驾先幸池之临水殿，锡宴群臣。殿前出水棚，排立仪卫。近殿水中，横列四彩舟，上有诸军百戏，如大旗、狮豹、棹刀、蛮牌、神鬼、杂剧之类。又列两船，皆乐部。又有一小船，上结小彩楼，下有三小门，如傀儡棚，正对水中。乐船上参军色进致语，乐作，彩棚中门开，出小木偶人，小船子上有一白衣人垂钓，后有小童举棹。划船，缭绕数回，作语，乐作，钓出活小鱼

❶ ［南朝·梁］宗懔：《荆楚岁时记》卷一，48页，太原，山西人民出版社，1987。

❷ ［南朝·梁］宗懔：《荆楚岁时记》卷一，49页，太原，山西人民出版社，1987。

❸ ［唐］魏征：《隋书》卷三一《地理志下》，897页，北京，中华书局，1973。

一枚，又作乐，小船入棚。继有木偶筑球舞旋之类，亦各念致语，唱和，乐作而已，谓之“水傀儡”……所谓小龙船，列于水殿前，东西相向；虎头、飞鱼等船，布在其后，如两阵之势。须臾，水殿前水棚上一军校以红旗招之，龙船各鸣锣鼓出阵，划棹旋转，共为圆阵，谓之“旋罗”。水殿前又以旗招之，其船分而为二，各圆阵，谓之“海眼”。又以旗招之，两队船相交互，谓之“交头”。又以旗招之，则诸船皆列五殿之东面，对水殿排成行列，则有小舟一军校执一竿，上挂以锦彩银碗类，谓之“标竿”，插在近殿水中。又见旗招之，则两行舟鸣鼓并进，捷者得标，则山呼拜舞。[1]

[1] [宋]孟元老：《东京梦华录全译》卷九，125页，贵阳，贵州人民出版社，2009。

明代高启、庄昶的诗都写到皇帝赐宴群臣并观赏龙舟竞渡。清代自顺治起，端午节大都要在福海举行龙舟竞渡。光绪年间，西苑还存有乾隆御书匾额。明代张岱《陶庵梦忆》卷五《金山竞渡》：

看西湖竞渡十二三次，己巳竞渡于秦淮，辛未竞渡于无锡，壬午竞渡于瓜州，于金山寺。西湖竞渡，以看

8·207 ［辽］琥珀串珠龙舟竞渡耳坠

8·208 金累丝游舫小插

竞渡之人胜，无锡亦如之。秦淮有灯船无龙船，龙船无瓜州比，而看龙船亦无金山寺比。瓜州龙船一二十只，刻画龙头尾，取其怒；旁坐二十人持大楫，取其悍；中用彩篷，前后旌幢绣伞，取其绚；撞钲挝鼓，取其节；艄后列军器一架，取其锷；龙头上一人足倒竖，战敠其上，取其危；龙尾挂一小儿，取其险。❶

竞渡反映于首饰，则为舟船的样子。内蒙古奈曼旗辽陈国公主墓公主的耳坠〔8·207〕是用金丝将4枚琥珀雕成的龙舟与6颗大珍珠、11颗小珍珠串连而成，龙舟上还刻出摇橹之人。浙江省博物馆收藏的1956年临海王士琦墓出土的金累丝游舫小插共三件〔8·208〕。扬之水在《奢华之色》中有所描述："小插的簪首用花丝掐作船形，再以小卷草平填作一叶扁舟，船尾做出乌篷，中间用四根金条撑出一个小卷棚，棚周以细金条仿丝帛做成披垂的沥水，卷棚下设圈椅，士子手持摺叠扇巾服倚坐，船头艄公屈步躬身，长篙刺水。圈椅背面焊扁管，其中一支内插一柄银簪脚，余两支失脚。虽然无风无水，而荡舟中流湖天一色之境宛然。"❷有时，竞渡主题也有仙人的形

❶ ［明］张岱：《陶庵梦忆》卷五，49页，上海，上海古籍出版社，1982。

❷ 扬之水：《奢华之色》第二册，54页，北京，中华书局，2001。

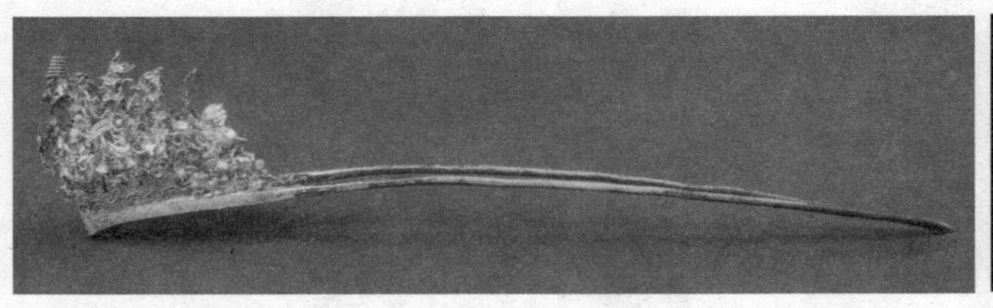

8·209 ［明］仙人骑龙银发钗

8·210 古董欧泊石吊坠

式，如香港梦蝶轩藏明代仙人骑龙银发钗〔8·209〕。竞渡主题在西方的首饰品设计中也可见到一些〔8·210〕。

长命缕

长命缕是旧俗端午时系于臂上以祈福免灾的五彩丝。古时又称续命缕、避兵缯、朱索、百索、五色缕、长命寿线等。据《太平御览》卷三一引汉应劭《风俗通》："五月五日，以五彩丝系臂者，辟兵及鬼，令人不病瘟。亦因屈原。"又"集五色彩缯辟五兵也❶"。可知，自汉以来，五月端五前后，中国古人在手臂上系彩色丝线，以求平安健康，避刀兵之灾。宋人也将五彩丝做成"同心索"，如宋人洪咨夔《菩萨蛮》云："翠翘花艾年时昨，斗新五采同心索。"在传明代苏汉臣《货郎图》〔8·211〕和美国大都会艺术馆藏明代佚名《货郎图》〔8·212〕中都有系长命缕的儿童形象。此习俗一直延续到清代。清顾禄《清嘉录》卷五《五月·长寿线》："结五色丝为索，系小儿之臂，男左女右，谓之长寿线。"❷又吴曼云《江乡节物词》小序："杭

❶ ［宋］李昉等辑：《太平御览》卷三十一，270页，石家庄，河北教育出版社，2000。

❷ ［清］顾禄：《清嘉录》卷五，111页，南京，江苏古籍出版社，1999。

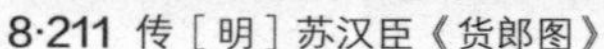

8·211 传［明］苏汉臣《货郎图》

8·212 ［明］佚名《货郎图》

8·213 中国少数民族服饰上的五彩丝线

俗，结五彩索系小儿臂上，即古之长命缕也。”诗曰：“编成杂组费功深，络索轻于臂缠金。笑语玉郎还忆否？年时五彩结同心。”

至今，在一些地区还保存有端午挂长命缕的风俗〔8·213〕。每到端午节前，村子里的姑娘们便会从田间地头找寻各色花草来染五彩线。染好线后，姑娘们将五彩线编成棱形、三角形、方形等等形状各异的“符”，再将这些符挂在手腕、脚腕或脖子上，或送给小孩子们，并且一定要戴够七天，能够祛病，不被蚊虫或蛇叮咬。

石榴花

明刘侗、于奕正《帝京景物略》卷二《城东内外·春场》：“五月一日至五日，家家妍饰小闺女，簪以榴花，曰‘女儿节’。”❶清人顾禄《清嘉录》卷五《端午》说，每年五月五日“俗称端五，瓶供蜀葵、石榴、蒲、蓬等物。妇女头上簪艾叶、榴花，号为‘端午景’”❷

石榴花，为石榴属植物，石榴树干灰褐色，有片

❶ 明·刘侗、于奕正：《帝京景物略》卷二，68页，北京，北京出版社，1963。

❷ ［清］顾禄：《清嘉录》卷五，105页，南京，江苏古籍出版社，1999。

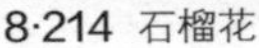
8·214 石榴花

8·215 ［明］陆治《榴花小景》

状剥落，嫩枝黄绿光滑，花朵至数朵生于枝顶或叶腋，花萼钟形，花瓣5~7枚，红色或白色，单瓣或重瓣〔8·214〕〔8·215〕。其具有收敛止泻等药用价值，可做成炒石榴花等菜肴。花语寓意成熟的美丽、富贵和子孙满堂。石榴是汉时张骞由西域引入。榴花一般以五月最繁，五月又雅称“榴月”，韩愈《榴花》诗即有“五月榴花照眼明，枝间时见子初成。可怜此地无车马，颠倒苍苔落绛英”的佳句。

或许早在汉代中国古人已簪石榴花，因为甘肃武威汉墓出土金步摇的细枝上就结有酷似石榴花的花蒂。有明确记载的中国古人头簪石榴花的风俗是唐代。唐代诗人杜牧《山石榴》：“一朵佳人玉钗上，只疑烧却翠云鬟。”诗中虽没有直接写石榴花为红色，但见丽人发簪榴花红艳似火，却担心会不会烧坏佳人的翠簪和秀发，形象生动，富于想象力。宋代也有簪石榴花的习俗，《水浒传》第十五回写道：“那阮小五斜戴着一顶破头巾，鬓边插朵石榴花，披着一领旧布衫，露出胸前刺着的青郁郁一个豹子来……”[1]阮小五出场时是五月初头，家又在石榴产地的石碣村，所以阮小五鬓边插的石

[1] ［明］施耐庵：《水浒传》第十五回，187页，北京，人民文学出版社，2005。

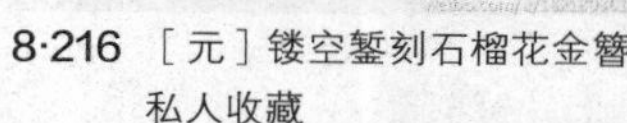

8·216 ［元］镂空錾刻石榴花金簪 私人收藏

8·219 ［清］蝴蝶、石榴、盘长金簪 内蒙古博物院藏

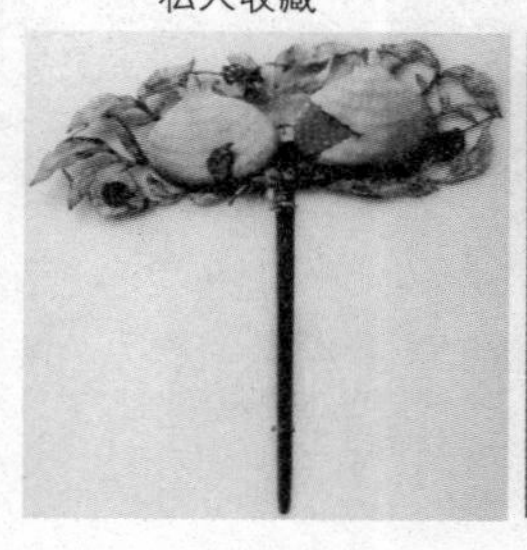

8·217 ［清］铜鎏金点翠缠枝并蒂石榴发簪 故宫博物院藏

8·218 ［清］银镀金点翠花蝶纹簪

榴花倒是颇合“天时地利”的一处闲笔。至明清两代，端午节别称为“女儿节”，小姑娘簪戴石榴花。

元朝江南一带的石榴花金簪，有很多尽管不镶嵌任何宝石，但一样奢华绚丽。少了明清时期大红大绿的脂粉气，却多了一份田园庭院的清新散淡。其实物如元末镂空錾刻石榴花金簪〔8·216〕，左簪簪首最下面是只小鸟，鸟头侧转，抬头张嘴，凝视上面的石榴花，最上面有一蕾石榴果，石榴枝叶与花朵、果实穿插有序。到了清代，石榴仍是比较常见的簪子主题〔8·217〕。同时也有一些以石榴为主，再辅以其他内容的发簪，如故宫博物院藏清银镀金点翠花蝶纹簪〔8·218〕和内蒙古呼和浩特市太平乡公主坟出土清代石榴、蝴蝶、盘长金簪〔8·219〕。此外，清代宫廷首饰设计喜欢用石榴多子、佛手多福、寿桃多寿组成“故宫三多”的纹样主题。到了民国时期，“故宫三多”仍是发簪设计中的常见主题，如私人收藏民国银镂空錾刻故宫三多发簪〔8·220〕。

传统民俗中的“鬼王”钟馗亦有鬓插石榴花的造型。传为元人所作的《天中佳景图》《夏景戏婴图》都画端午时节景致，图中均有榴花与钟馗像出现；明人钱

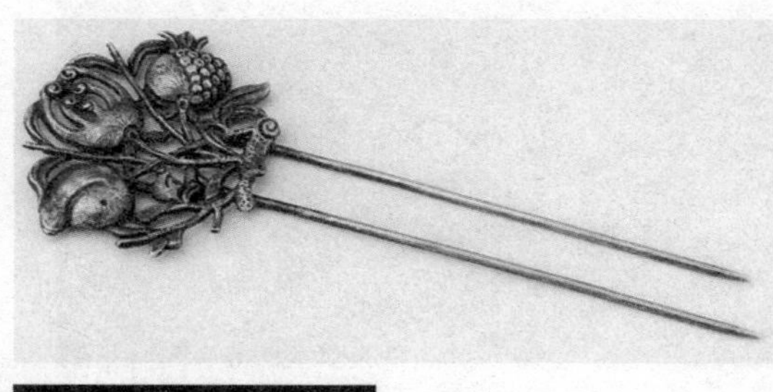

8·220 ［民国］银镂空錾刻故宫三多发簪

8·221 ［清］任颐《簪花钟馗图》

8·222 张大千《降福图》

縠《午日钟馗图》中更有鬼卒高举榴花以献的细节。清任颐《簪花钟馗图》〔8·221〕中的钟馗同样头簪石榴花，长面磔目。张大千《降福图》〔8·222〕中的钟馗头上就簪有鲜红石榴花；其晚年题画诗亦有“醉折榴花斜插鬓，老馗还作少年看”的句子。❶

夏至·楝叶

夏至，每年公历6月21日或22日，是二十四节气中最早被确定的一个节气。公元前7世纪，先人采用土圭测日影，就确定了夏至。夏至这天，太阳直射地面的位置到达一年的最北端，几乎直射北回归线。

楝叶为楝树之叶〔8·223〕，叶形宽阔，落叶乔木❷。楝树，也称紫花树（江苏）、森树（广东）等，为楝属落叶乔木。楝树高达20米，小叶对生，卵形或披针形，锯齿粗钝。花两性有芳香，淡紫色，核果椭圆形或近球形，熟时为黄色。在中国分布于山东、河南、河北、山西、江西、陕西、甘肃、台湾、四川、云南、海南等省。西汉皇族淮南王刘安及其门客集体编写的一部汉族

❶ 刘芳如：《画里钟馗》，载《文物光华》第7辑，台北，台北故宫博物院，1994。

❷ 四五月间开淡紫色小花，有清香。核果球形或长圆形，生青熟黄，味苦。其根皮、树皮、果实均可入药。木材坚实，可制器具。

8·223 楝叶

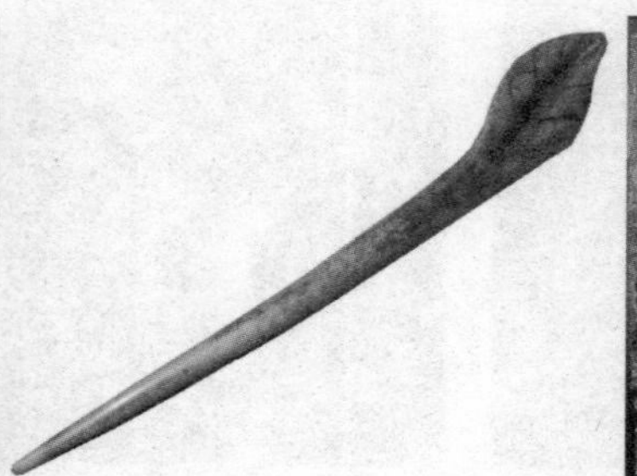

8·224 兽骨楝叶簪子

8·225 ［明］牛郎织女纹方补

哲学著作《淮南子》卷五《时则训》：“七月官库，其树楝。”高诱注：“楝实秋熟，故其树楝也。”[1]古代男女常于夏至日摘之插于两鬓，如南北朝梁人宗懔《荆楚岁时记》“夏至节日，食粽……民斩新竹笋为筒粽，楝叶插头”。又“士女或取楝叶插头，彩丝系臂，谓之长命缕。[2]”有时，人们会将楝叶做成发簪的形状插戴在发髻上。其实物如私人收藏的兽骨楝叶簪〔8·224〕，16厘米长，簪头做树叶状，錾刻树叶纹脉。

七夕·喜蛛

七夕节，又名乞巧节、七巧节或七姐诞，是华人地区以及部分受汉族文化影响的东亚国家传统节日，在每年农历七月初七庆祝。据传是来自于牛郎与织女的传说。

喜鹊为七夕应景花纹，与梅花相配为喜鹊登梅，象征喜报新春。在明代宫中，人们要穿“鹊桥”补子纹服装。其实物如明代牛郎织女纹方补〔8·225〕、明代刺绣月兔七夕应景方补〔8·226〕和明代洒线绣鹊桥补

[1] ［西汉］刘安：《淮南子》卷五，54页，上海，上海古籍出版社，1989。

[2] ［南朝·梁］宗懔：《荆楚岁时记》，51页，西安，陕西人民出版社，1987。

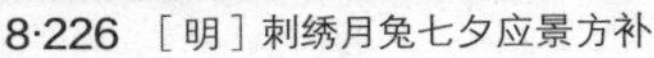
8·226 ［明］刺绣月兔七夕应景方补

8·227 洒线绣鹊桥补子（故宫博物院藏）

8·228 明万历时期洒线绣方补（北京艺术博物馆藏）

子〔8·227〕。月兔七夕应景方补中间坐者为王母。因为牛郎、织女都是天上的星宿，所以图案设计浪漫而稳重，一派皇家气势。当然，七夕应景纹样也有不出现人物的时候，如北京艺术博物馆藏的万历时期洒线绣方补〔8·228〕，其中一件纵38厘米，横37厘米，红色的地纹上两条盘旋而上的金龙在云间隔河相望，波光粼粼的银河上架有一座白玉栏杆石桥。一金龙的斜上方饰有连成菱形的四颗星星，代表织女投给牛郎的四个梭子。整个补子的图案虽没有直接出现牛郎、织女的形象，却用银河、星星、宫殿代表了鹊桥相会的情景，很是巧妙。

除了鹊桥纹样，还流行喜蛛应巧。

怜从帐里出，想见夜窗开。针欹疑月暗，缕散恨风来。

（［梁］简文帝《七夕穿针诗》）

喜蛛应巧是较早的一种乞巧方式，其俗稍晚于穿针乞巧，大致起于南北朝之时。南朝梁人宗懔《荆楚岁时记》中记载："是夕，人家妇女结彩缕，穿七孔针，

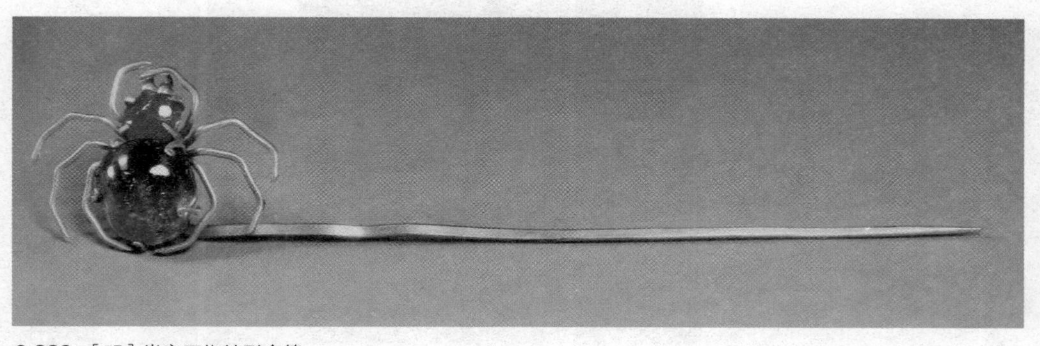

8·229 ［明］嵌宝石蜘蛛形金簪
（引自《湖南宋元窖藏金银器发现与研究》）

或以金、银、鍮石为针，陈几筵、酒、脯、瓜果于庭中以乞巧。有喜子网于瓜上，则以为符应。”[1]五代王仁裕《开元天宝遗事》卷下《蛛丝卜巧》，说七月七日“各捉蜘蛛于小合中，至晓开视蛛网稀密，以为得巧之候。密者言巧多，稀者言巧少。民间亦效之。”[2]至宋代，喜蛛应巧更是流行。孟元老《东京梦华录》卷八《七夕》，记载七月“至初六日七日晚，贵家多结彩楼于庭，谓之‘乞巧楼’。铺陈磨喝乐、花瓜、酒炙、笔砚、针线，或儿童裁诗，女郎呈巧，焚香列拜，谓之‘乞巧’。妇女望月穿针。或以小蜘蛛安合子内，次日看之，若网圆正，谓之‘得巧’。里巷与妓馆，往往列之门首，争以侈靡相向[3]”。明代喜蛛应巧，仍旧是一种风尚。明人田汝成《熙朝乐事》说，七夕“妇女对月穿针，谓之‘乞巧’。或以小盒盛蜘蛛，次早观其结网疏密以为得巧多寡[4]”。

蜘蛛的外形很像汉字“喜”，寓意喜事连连，好运将至，因此，蜘蛛又称喜子和喜母。郭璞《尔雅·释虫》：“小蜘蛛长脚者，俗呼为喜子。”[5]蜘蛛网上沿着一根蜘蛛丝往下滑，表示“天降好运”。以蜘蛛应

[1] ［南朝·梁］宗懔：《荆楚岁时记》卷一，55页，太原，山西人民出版社，1987。

[2] ［五代］王仁裕：《开元天宝遗事》卷下，38页，北京，中华书局，2006。

[3] ［宋］孟元老：《东京梦华录全译》，152页，贵阳，贵州人民出版社，2009。

[4] ［明］田汝成：《熙朝乐事》，清代写本，16页。

[5] ［晋］郭璞：《尔雅今注》，301页，天津，南开大学出版社，1987。

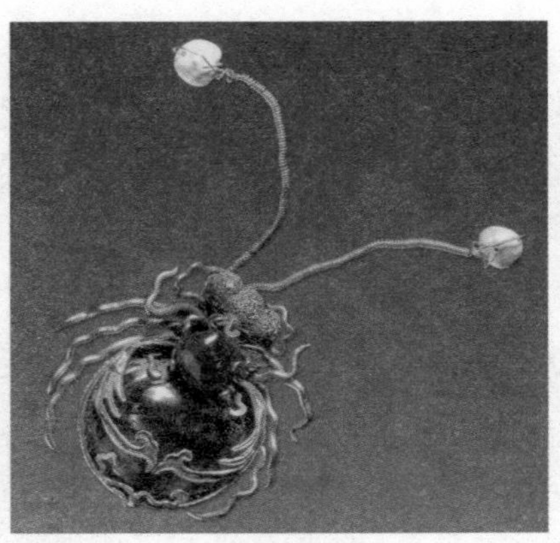

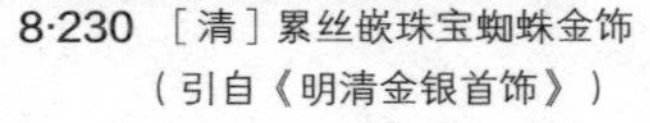

8·230 ［清］累丝嵌珠宝蜘蛛金饰（引自《明清金银首饰》）

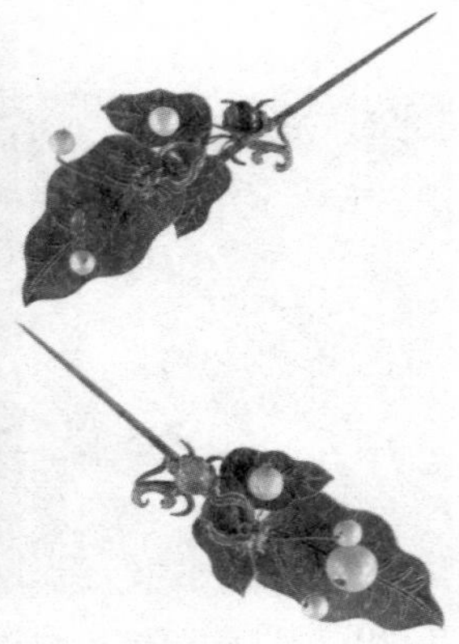

8·231 金镶珠石秋叶蜘蛛簪（引自《清代后妃首饰》）

喜，早至魏晋已有此俗。晋葛洪《西京杂记》卷三中有记载：“樊将军哙问陆贾曰：‘自古人君皆云受命于天，云有瑞应，岂有是乎？’贾应之曰：‘有之。夫目瞤得酒食，灯火花得钱财，干鹊噪而行人至，蜘蛛集而百事喜，小既有征，大亦宜然。故目瞤则咒之，火华则拜之，干鹊噪则餧之，蜘蛛集则放之。况天下大宝，人君重位，非天命何以得之哉！瑞者，宝也，信也。天以宝为信，应人之德，故曰瑞应。无天命无宝信，不可以力取也。”❶古人信祥瑞，以种种现象或是动物的出现作为上天旨意在凡间的一种体现，天降命于人，以所遇之物兆示之，于是现象被加之以意义，同时也成为人最质朴的期盼。

明清时期，有许多用喜蛛主题做簪的例子，如1987年南京中华门外邓府山出土明代嵌宝石蜘蛛形金簪〔8·229〕。簪首作蜘蛛形，蜘蛛的首与腹部以镶嵌的红、蓝宝石做成，再用金丝弯曲而成蜘蛛的八只爪，用一对金珠制成蜘蛛的双眼，形态逼真。❷喜珠在簪头，簪脚是一根细细的金针，两个放在一起，巧妙地构成了一幅“喜从天降”的图案。另外，北京海淀区上庄乡也

❶ ［汉］刘歆著、［东晋］葛洪辑：《西京杂记全译》卷一，116页，贵阳，贵州人民出版社，1993。

❷ 南京市博物馆编：《金与玉——公元14-17世纪中国贵族首饰》，35页，上海，文汇出版社，2004。

8·232 齐白石《蜘蛛》

8·233 碧玺蜘蛛胸针

8·234 楸木

出土了一件清代累丝嵌珠宝蜘蛛金饰〔8·230〕，用珍珠做蜘蛛双眼，蓝宝石为腹，红宝石为首，金丝做八只爪，形态生动。现为首都博物馆收藏。此外，清代故宫还有一对金镶珠石秋叶蜘蛛簪〔8·231〕。金针，均长12.5厘米，宽3.4厘米。金累丝点翠，嵌珠宝秋叶、蜘蛛、灵芝。近代著名画家齐白石画有许多的蜘蛛作品〔8·232〕。现代西方首饰艺术家也有蜘蛛题材的首饰作品，如碧玺蜘蛛胸针〔8·233〕。

立秋·楸叶

立秋在农历每年七月初一前后。这是二十四节气中的第十三个节气，是秋季的第一个节气。唐至明时期的妇女及儿童多在立秋这天插楸叶于鬓发，以象征秋意。

楸，落叶乔木，叶子三角状卵形或长椭圆形，花冠白色，有紫色斑点，木材质地细密〔8·234〕，可供建筑、造船等用。因“楸”字从“秋”，故被视为秋天的象征，专用于立秋。南宋吴自牧《梦粱录》卷四，记每年七月立秋这一天杭城内外“清晨满街叫卖楸叶，妇

8·235 敦煌莫高窟壁画中插楸叶的妇女形象

人女子及儿童辈争买之，剪如花样，插于鬓边，以应时序。[1]”相同的记载在宋人孟元老的《东京梦华录》中也有[2]，周密的《武林旧事》甚至说这是“中原旧俗”[3]，明代李时珍《本草纲目》将立秋日簪楸叶习俗的起源指向了唐代，并说“妇女、儿童剪花戴之，取秋意也”[4]。插戴树叶的妇女形象在敦煌莫高窟的壁画中多有反映〔8·235〕。安徽合肥五代南唐墓出土的木俑头部〔2·26〕，见有镂空的银制花叶，很可能就是楸叶的原型。江苏邗江蔡庄五代墓出土树叶形錾花银钗〔2·27〕，正与前者相互印证。

据考古发现，迄今在北票房身、朝阳王坟山、姚金沟、袁台子与西团山等七座鲜卑墓中均出土有金质步摇冠[5]。1957年，辽宁北票市房身村2号前燕墓曾出土金步摇冠两件。这样的金枝枝条横出后再分叉，共垂缀四十余片金叶，显得富丽堂皇。与此形类似的还有内蒙古乌兰察布市达茂旗西河子北朝墓也出土过马头鹿角金步冠和牛头鹿角金步摇冠各一件。每个枝梢挂桃形金叶一片。在清代，也有用翠玉做成楸叶耳环的式样，如清代翠玉楸叶金福字耳环〔8·226〕和翠玉楸叶金虎头耳

[1] 吴自牧：《梦粱录》卷三，见［宋］孟元老等：《东京梦华录（外四种）》，159页，上海，古典文学出版社，1957。

[2] ［宋］孟元老：《东京梦华录全译》卷八《立秋》：“立秋日，满街卖楸叶，妇女儿童辈，皆剪成花样戴之。”157页，贵阳，贵州人民出版社，2009。

[3] ［宋］周密：《武林旧事》卷三：“立秋日，都人戴楸叶，饮秋水、赤小豆……大抵皆中原旧俗也。”卷三，84页，北京，中华书局，2007。

[4] ［明］李时珍：《本草纲目》：“唐时立秋日，京师卖楸叶，妇女、儿童剪花戴之，取秋意也。”《本草纲目》下册，木部第三十五卷，1340页，北京，华夏出版社，2008。

[5] 少则一件，多则四件，多数是两件同一形制冠饰同出。

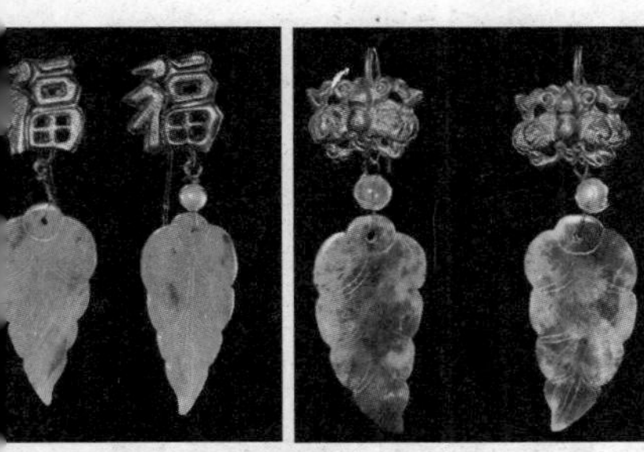

36 ［清］翠玉楸叶金福字耳环

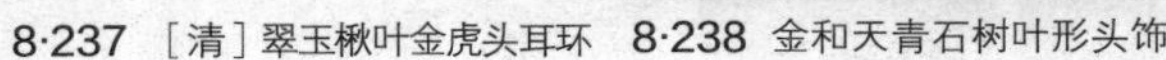

8·237 ［清］翠玉楸叶金虎头耳环　8·238 金和天青石树叶形头饰

环〔8·237〕，金色的福字和錾刻精致虎头与翠绿色叶子形状搭配在一起，充满了生气。

以树叶做首饰的习惯在古希腊也有，如乌尔王陵出土的乌尔第一王朝时期（约公元前2600）金和天青石树叶形头饰〔8·238〕。这件头饰由金片与天青石和红玉髓交替串成，天青石的矿藏位于阿富汗西北部的巴达赫尚地区，遥远的路途，加上优美的蓝色，使天青石的使用在乌尔成为财富的象征。又如，如古希腊菲利普二世墓出土用纯金打造的月桂叶王冠。埃及人月桂用得极多，它也备受罗马人的青睐，罗马人视之为智能、护卫与和平的象征。人们也常将月桂树与医疗之神阿波罗联想在一起。月桂的拉丁字源Laudis意为“赞美”，所以在奥林匹克竞赛中获胜的人，都会受赠一顶月桂编成的头环，而“桂冠诗人”的意象，也正是由这个典故衍生出来的。常春藤也是西方传统的植物花卉题材，如意大利罗马时期的安提诺乌斯像头戴象征着酒神狄奥尼索斯的常春藤花环〔8·239〕。这类涉及在西方近现代也有实例，如西方19世纪金叶与葡萄头饰实物以金片錾刻打制〔8·240〕，实物极其精致。1938年法国女时

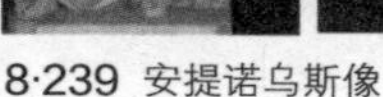

8·239 安提诺乌斯像

8·240 金叶与葡萄头饰

8·241 (法)Schiaparelli珐琅叶头饰

装设计师Schiaparelli设计了珐琅叶子头饰〔8·241〕，作者在上面还做了一个小巧精致的甲虫。

中秋 · 月兔

中秋节，又称月夕、秋节、仲秋节、八月节、八月会、追月节、玩月节、拜月节、女儿节或团圆节，在农历八月十五，因其恰值三秋之半，故名“中秋”。中秋节与二月十五花朝节相对，即“花朝”对“月夕”。中秋节始于唐朝初年，盛行于宋朝，至明清成为中国的主要节日之一。

中秋节是中国三大灯节之一，过节要玩灯，但没有像元宵节那样的大型灯会，玩灯主要只是在家庭、儿童之间进行。明代中秋节，宫中要赏秋海棠、玉簪花（详见第五章“秋之花”），穿戴“天仙”“月宫”“月兔”“桂树”等纹样服装或首饰。其中，以玉兔纹样最为常见。玉兔是月亮的象征，古有“金乌西坠，玉兔东升”之说。月兔补子纹如明万历刺绣玉兔龙纹圆补〔8·242〕和明红缂丝如意云月兔纹方补

8·242 ［明］刺绣玉兔龙纹圆补

8·243 ［明］红缂丝如意云月兔纹方补

8·244 ［明］金镶紫晶月兔簪一对

8·245 ［明］金环镶宝玉兔耳坠
定陵博物馆藏

〔8·243〕。与之对应的首饰如北京定陵出土金镶紫晶月兔簪〔8·244〕和金环镶宝玉兔耳坠〔8·245〕各一对。后者通长8厘米，兔高2.4厘米，圆形金耳环下，系一嵌红宝石的玉兔坠，玉色青白细润，兔竖耳，眼睛为红宝石镶嵌，炯炯有神，直立，抱杆，下有臼，作捣药状。兔全身刻有浅细的毛纹，兔脚下为云形金托，色泽互相辉映。金环呈钩形，下饰一红宝石，红宝石下又吊坠白兔捣药，以白玉雕成。

月兔主题纹样更多是做成发簪的形式，如北京定陵万历皇帝墓出土明代嵌宝石白玉万字双兔鎏金银簪〔8·246〕。清代月兔题材的发簪更多，如清宫银镀金东升簪〔8·247〕，长15厘米，宽13厘米，簪柄以银镀金为针托，用米珠、珊瑚珠缉缀花卉；红宝石苹果，点翠枝叶；红宝石珠梅花，衬蓝宝石叶；点翠嵌宝西瓜，西瓜瓤为红宝石，其中再嵌深色宝石为瓜子；正中为一小巧白玉兔伏卧于花叶间，眼睛、耳朵嵌红宝石。簪上系有黄条，上书："同治元年三月三十日收。"1861年咸丰皇帝病逝，按照规定，慈禧应为咸丰服丧27个月，头上只能佩戴不经雕刻镶嵌的素首饰。从这对头簪上的黄条

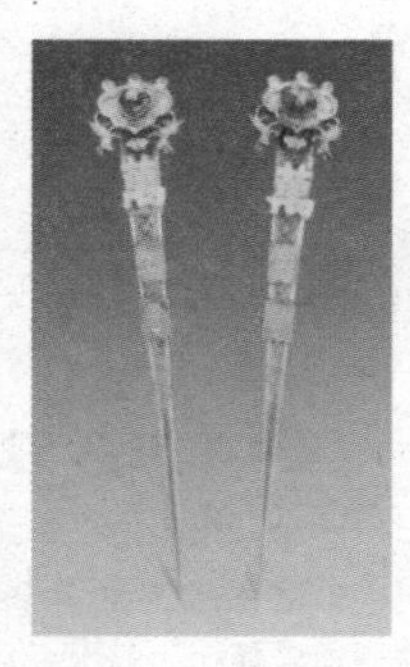

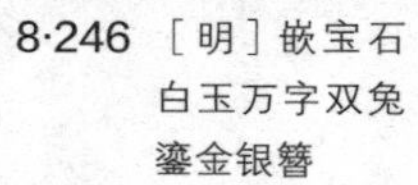

8·246 ［明］嵌宝石白玉万字双兔鎏金银簪

8·247 ［清］银镀金东升簪

8·248 ［清］银鎏金点翠玉兔簪

可知，这是同治元年（1862）收到宫中的，清代内务府档案也有“同治元年定制首饰”的记载，可见慈禧虽重孝在身，仍打破规矩，随心所欲地美化自己。相对简单的是清代银鎏金点翠玉兔簪〔8·248〕。一只月兔侧躺在点翠荷叶上，红宝石嵌玉兔的双眼。另外，还有一对银丝触须从簪头伸出。

与月兔相似的主题是松鼠、瓜与鼠、松鼠与葡萄的主题，在中国传统文化中，因为鼠的繁殖力强，加之瓜和葡萄也多子，这组纹样就具有“送子多子”和“多子多孙”的吉祥含义。在清代嘉庆、道光年间署名“邗上蒙人”以扬州地方市井纨绔与烟花妓女为题材的小说《风月梦》中就有人穿“白缎金夹绣三蓝松鼠偷葡萄花边”。其实物如清宫旧藏红宝石点翠松鼠穿珠花发簪〔8·249〕，银镀金，通体点翠，横长 23 厘米，纵长 24.5 厘米，簪头中央蜜蜡松鼠两只，点染红色眼睛，触须嵌珠。两只松鼠之间，缉米珠花一朵，珊瑚米珠花心，松鼠两侧点缀红宝石葡萄若干，点翠葡萄枝叶。簪头装饰华丽，松鼠活泼可爱，繁复之中不失趣味。又如，清代银镀金嵌珠宝点翠松鼠葡萄簪〔8·250〕，横

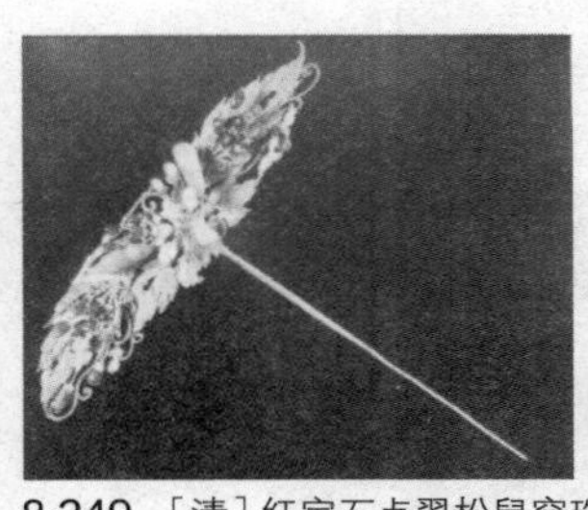

8·249 ［清］红宝石点翠松鼠穿珠花簪

8·250 ［清］银镀金嵌宝点翠松鼠葡萄簪

长15.5厘米，纵长16厘米，整枝头簪银镀金点翠以葡萄枝叶衬底，葡萄叶肥大。居中的葡萄叶中央镶嵌红宝石一块。四周缠绕黄色、白色丝线的藤蔓之上镶嵌各色宝石，以翡翠、粉碧玺、红宝石作为葡萄籽。左侧葡萄叶下，累丝松鼠一只，侧身回首，活泼顽皮。松鼠身下伸出须两根，嵌珠。附黄条："银镀金厢嵌松鼠葡萄簪一支，共重六□，同治元年三月三十日收。"又如，清代金镶珠宝松鼠簪〔8·251〕，长13.5厘米，宽2厘米。簪金质，两端各嵌饰红宝石1粒，较粗的一端錾雕出松鼠和树枝的形状，并嵌碧玺1粒、珍珠2粒。此金簪造型简洁，构思巧妙，在清宫金镶宝石簪中属于较为简洁的一种。

除了发簪，清代也还有瓜鼠题材的扁方首饰，如台北故宫博物院藏玳瑁镶珠石珊瑚松鼠葡萄扁方〔8·252〕，长30.4厘米，宽32.8厘米，两端嵌红珊瑚松鼠四只，松鼠跃于葡萄架上，以红、绿宝石、碧玺、珍珠装缀成葡萄枝叶。清代中期银镀金松鼠葡萄簪，印银镀金、东珠、红宝石、蓝宝石、碧玺、翠玉、翠羽，长21.5厘米，宽8.7厘米。清代亦有用瓜鼠为题材的耳环，如清中期纯金累丝松鼠瓜蒂镶珍珠耳环〔8·253〕，实物

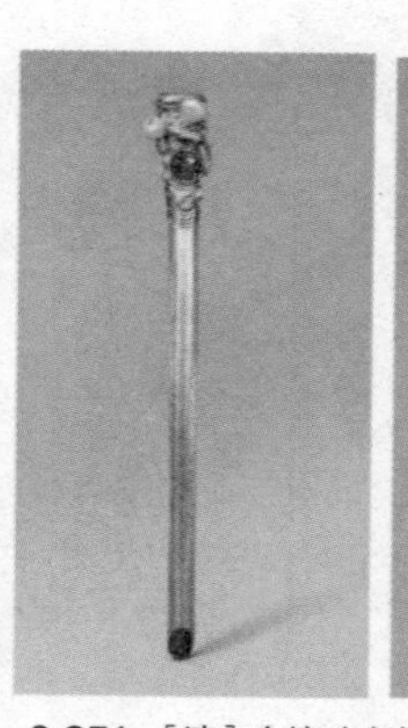

8·251 ［清］金镶珠宝松鼠簪

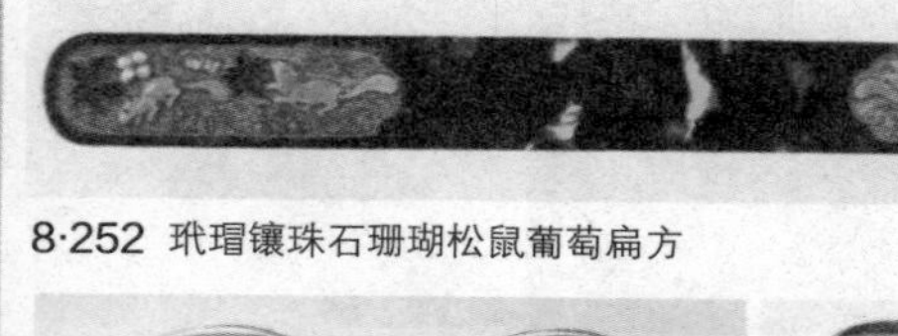

8·252 玳瑁镶珠石珊瑚松鼠葡萄扁方

8·253 ［清］纯金累丝松鼠瓜蒂镶珍珠耳环

只有一元硬币大小，小松鼠用累丝的方法编制而成，实物金丝比头发丝还要细。

重阳 · 茱萸 · 菊花

重阳节，又称“踏秋”，为每年的农历九月初九日。重阳节早在战国时期就已经形成，到了唐代，重阳正式成为民间节日，此后历朝历代沿袭至今。

重阳与三月初三日“踏春”皆是家族倾室而出，重阳这天所有亲人都要一起登高“避灾”，插茱萸、赏菊花。宋代之后，插戴茱萸的习俗渐少（详见《纤手摘芳》）。其原因在于人们对重阳节俗心态已有所改变。重阳在早期民众的生活中强调的是避邪消灾，随着人们生活状态的改善，人们不仅关注目前的现实生活，而且对未来生活给予了更多的期盼，祈求长生与延寿。所以“延寿客”（菊花）的地位最终盖过了“避邪翁”（茱萸）。到了明代，宫中要在重阳节这天，御前进安菊花，宫眷、内臣穿罗衣“菊花”纹补子蟒衣。

菊花，也称艺菊，又称鲍菊。多年生菊科草本植

8·254 ［明］吕文英《货郎图·秋景》局部 绢本设色

8·255 ［唐］鎏金菊花纹银钗 陕西省博物馆藏

8·256 ［明］金累丝菊花簪 南京市博物馆藏

物。单叶互生，卵圆至长圆形，边缘有缺刻及锯齿。头状花序顶生或腋生，一朵或数朵簇生，色彩丰富。农历九月的深秋时分，正是菊花开得最艳的时候，因此又称为菊月。

中国古人极爱菊花，从宋朝起民间就有一年一度的菊花盛会。在中国传统文化中，菊花被赋予了吉祥、长寿的含义，为重阳节所簪之花，如唐代诗人杜牧《九日齐山登高》："尘世难逢开口笑，菊花须插满头归。"宋代周密《武林旧事》卷三载，重阳节"都人是日饮新酒，泛萸、簪菊"❶。在明代吕文英所绘的《货郎图》中就有头簪菊花的货郎形象〔8·254〕。

❶［南宋］周密：《武林旧事》卷三，90页，北京，中华书局，2007。

我们所见相对较早的菊花主题首饰是1956年陕西西安南郊惠家村出土的唐代鎏金菊花纹银钗〔8·255〕，银质，高37厘米，钗头镂空成五朵菊花图案，菊花花朵间穿插卷草纹，钗头下连粗银丝两根。唐代以后，菊花主题首饰日渐流行。1975年南京太平门外板仓徐达家族墓也出土了一枚菊花形金簪〔8·256〕，长11.5厘米，簪首边长1.7厘米。簪针呈方棱形，簪顶用累丝做成抹角方形外框，内填精密细致的卷草纹。其上再用掐丝工艺将细

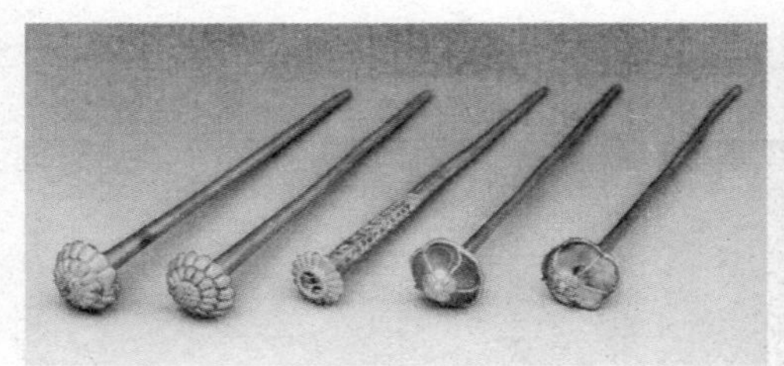
8·257 ［明］金顶及金镶玉顶菊花啄针

8·259 ［明］金嵌宝祥云菊花挑心

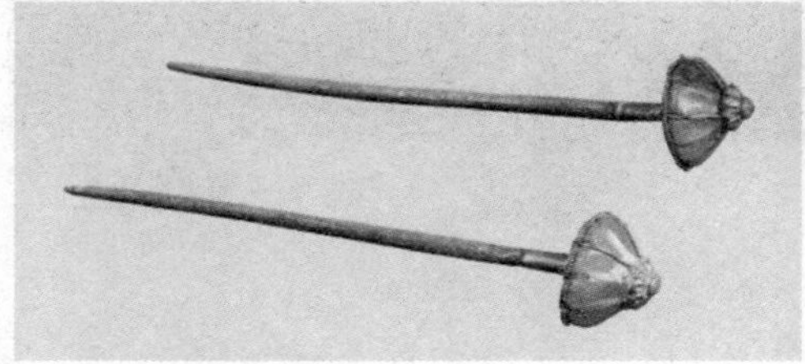
8·258 ［明］金镶玉顶菊花啄针

8·260 ［明］金嵌宝菊花挑心

金丝盘成两重花瓣，做成了一幅至臻至美的盛开菊花。

在明朝大贪官严嵩抄家后的家产列清册《天水冰山录》中有“金珠顶菊花簪”和“金菊花宝顶簪”名录。按名索物，这很可能是类似江阴长泾明墓出土明代金顶及金镶玉顶菊花啄针〔8·257〕和明嘉兴王店李家坟明墓出土明代金镶玉顶菊花啄针〔8·258〕。这些啄针因为簪插位置的原因，所以形制要相对简单些。啄针又称挑针，是一种小簪，多是圆锥形的簪脚，长短在10厘米左右。但那些挑心则复杂了很多，挑心是一种簪头背后伸出弯弧状簪脚，插戴于明氏女子鬏髻正当心部位的簪子。如江阴青阳明墓出土明代金嵌宝祥云菊花挑心〔8·259〕和上海卢湾区李惠利中学明墓出土明代金嵌宝菊花挑心〔8·260〕。这两个挑心的簪头都是黄金制作大朵菊花花头，菊花花瓣重叠有序，花心嵌红宝石做蕊。黄金与红宝石两相对比，不仅色彩强烈，且越发衬托出各自的品质之美。这种形式到了清代仍有保留，如曲江艺术博物馆收藏的累丝镶宝菊花金钗〔8·261〕，长15.8厘米，簪头长4.5厘米，宽2.1厘米，重13.7克，簪首以金累丝做出菊花、石榴、枝叶等形，花心嵌宝石，现遗失

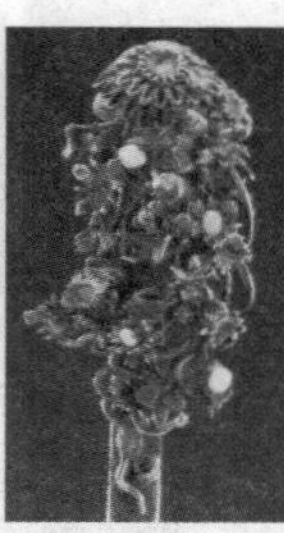

8·261 ［清］累丝镶宝菊花金钗

8·262 ［清］黄金累丝嵌珠宝菊花发簪

8·263 ［清］点翠菊花纹头花（清宫旧藏）

8·264 Paulding Farnham淡水珍珠和钻石打造的菊花胸针

四颗宝石。又如，私人收藏清代黄金累丝嵌珠宝菊花发簪〔8·262〕，簪长15厘米，簪头长6厘米，宽4厘米，重19.8克。簪子是用以固定、装饰头发的首饰，一股为单股；双股的称为钗或发钗。

菊花也是清代宫廷中比较受欢迎的题材，加之是清代盛行的点翠工艺制作的，就成为最具时代特征的应景节令物，如清代点翠菊花纹头花〔8·263〕，横20厘米，纵20厘米。头花以银镀金材质做成两朵菊花纹底托，再以翠鸟羽毛粘制菊花及花叶。在菊花外面围绕的亦是点翠缠枝花叶。菊花花朵紧凑，枝叶疏朗，一紧一松形成视觉上的对比。

蒂芙尼首席设计师Paulding Farnham擅长以珠宝呈现自然植物的美态，设计了一系列花形珠宝杰作。其中一款创作于1904年左右的淡水珍珠胸针，由黄金支撑的铂金镶嵌纯美钻石构成菊花的茎和叶〔8·264〕，生动地展示出一朵菊花的美丽形态。这些清雅别致的作品曾在1889年的巴黎世界博览会上展出并赢得金奖。

在重阳节，人们还要穿有菊花纹补子的服装与首饰配合。明代菊花纹样如万历红地洒线绣菊花龙纹方

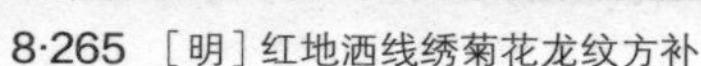

8·265 ［明］红地洒线绣菊花龙纹方补

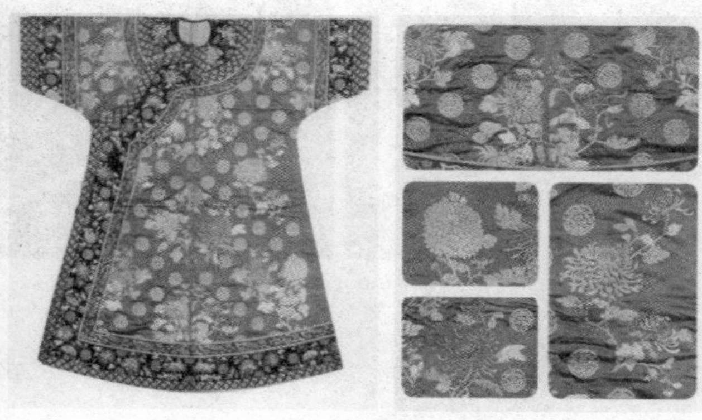

8·266 ［清］品月色锻平金银菊花团寿字棉衬衣

补〔8·265〕。清代菊花纹样如慈禧太后由于喜欢寓意长寿的菊花，因此，用菊花装饰便服成为宫廷时尚。其实物如清光绪品月色锻平金银菊花团寿字棉衬衣〔8·266〕，粉色素纺丝绸里，内絮薄绵。领、袖边装饰紫色地干枝梅花绦，元青缎平金银团寿字菊花边和元青长圆寿字织金缎边。缀铜镀金錾花扣及机制铜福字币式扣各一枚，机制铜禄字币式扣四枚。品月素缎上平金银绣龙爪菊、虎头菊、贯珠菊、发丝菊、松针菊、万寿菊、牡丹菊、大丽菊等九种菊花，间饰平金团寿字，菊花纹样表现出强烈的浮雕感，凸显皇室御用服饰的富丽尊贵。菊花在中国传统的吉祥图案中寓意长寿，九种菊花谐音寓意“久居长寿”。

明代也有将菊花和蜜蜂组合的主题首饰，被称为“蜂赶菊”。《金瓶梅》第十四回描写潘金莲穿着香色潞绌雁衔芦花样对衿袄上缝着的就是“溜金蜂赶菊钮扣儿”[1]。明代蜂赶菊纽扣有不少出土双蜂捧菊造型的实物，如北京明定陵出土蜂赶菊纽扣〔8·267〕。菊花的花蕊为圆盘状网格纹，外径为一圈短而椭圆的花瓣。又如，湖北蕲春蕲州镇雨湖村王宣明墓出土金镶宝石蜂赶菊纽扣〔8·268〕，两层的金花瓣，每个花瓣中间都有

[1] ［明］兰陵笑笑生：《全本金瓶梅词话》第十四回，376页，香港，香港太平书局，1981。

8·267 ［明］蜂赶菊纽扣

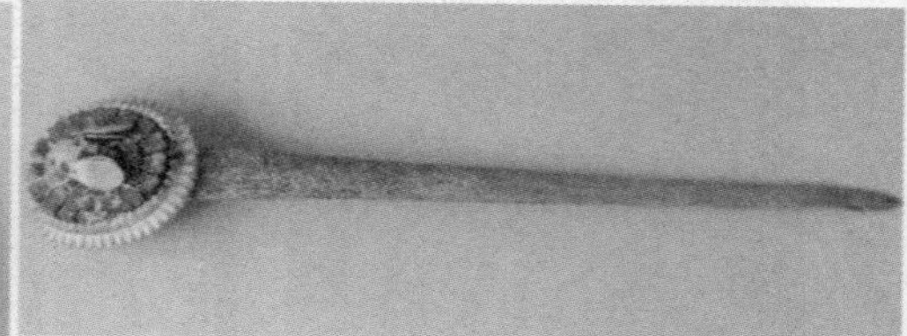

8·269 ［明］金镶银蜂赶菊发簪

8·268 ［明］金镶宝石蜂赶菊纽扣　蕲春县博物馆藏

8·270 ［明］白玉嵌宝蜜蜂金钗

一圆点。花蕊是嵌红宝石，外口的两只蜜蜂相对。每个翅膀与身体交接的根部有两个孔洞，应是最初嵌宝石的痕迹。此类纽扣的形制有雌雄的象征，雄者为扣，雌者为纽，相合而成一副纽扣。明清之际，南方中上层社会妇女的日常衣领高约寸许，用一两个领扣，明代中期以后，领扣流行用贵金属金或银制作，主要用于女子服装的领口，《天水冰山录》中有关于“金属扣”的记载，有童子捧葵、双蝶戏花、祥云、双鱼、花卉、元宝组合等。

“蜂赶菊”主题也有发簪的例子，如2003年常熟虞山宝岩明代吏部郎中丁奉墓出土的金镶银蜂赶菊发簪〔8·269〕，常熟博物馆藏，簪首为一椭圆状盛开甘菊，甘菊花蕊为银质，氧化严重，上刻有十字纹理，花蕊周围是金錾刻打制的两重细密花瓣，一只采蜜金蜂停落在甘菊花蕊上。蜜蜂翅膀两层，身体有横向凸起肌理，椭圆形眼睛凸起，蜂脚抓在花蕊里面，牢牢固定住身体。常熟博物馆还藏有一件温州知府陆润夫妇墓出土白玉嵌宝蜜蜂金钗〔8·270〕，簪首用白玉雕成椭圆形菊花，菊花上嵌宝花蕊已经丢失，菊花雕刻一只蜜蜂。两只簪子的蜜蜂，一上一下，一金一玉，形制相似，似为

8·271 ［明］《绵羊引子图》

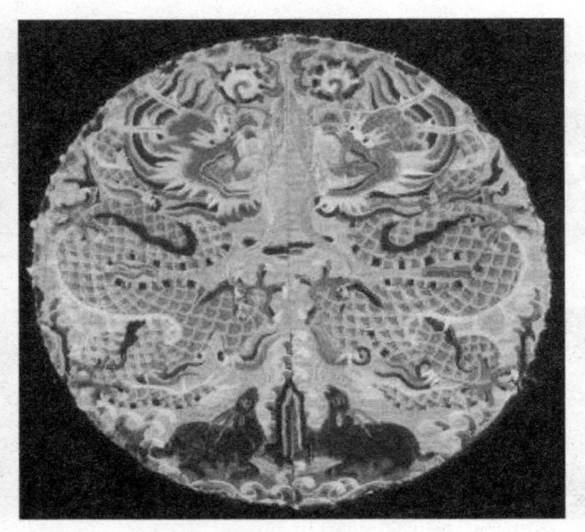
8·272 ［明］双龙阳生纹圆补

两件“蜂赶菊”挑心。这种菊花的原型似是一种白甘菊的菊花，也称“回蜂菊”，宋代郑克已有诗曰：“今年种得回蜂菊，乱点东篱玉不如。”

冬至·阳生

冬至，又称为“冬节”“长至节”“亚岁”等，是中国农历中一个重要节气，也是中华民族的一个传统节日。冬至之后阳气开始生发。冬至是二十四节气中最早制定出的一个，起源于春秋时期。

据《酌中志》卷二十《饮食好尚纪略》记载，明代宫中十一月“冬至节，宫眷内臣皆穿阳生补子蟒衣。室中多画绵羊引子画贴。”[1]所谓“阳生”补子蟒衣，其纹样为童子骑绵羊，头戴狐帽（鞑帽），肩扛梅枝，梅枝上挂鸟笼，寓意“喜上眉梢”，亦称“太子绵羊图”〔8·271〕。太子骑着一只大羊，引领一群小羊，象征皇室子嗣繁盛。明朝宫里的妃子也喜欢在门上贴“绵羊引子”。绵羊引子是明代比较常见的绘画、装饰题材。因为，《周易》以十一月为复卦，一阳生于下；十二月为

[1] ［明］刘若愚：《酌中志》卷二十，183页，北京，北京古籍出版社，1994。

8·273 ［明］绵羊引子挂饰

8·275 ［明］绵羊引子纹嵌宝金纽扣

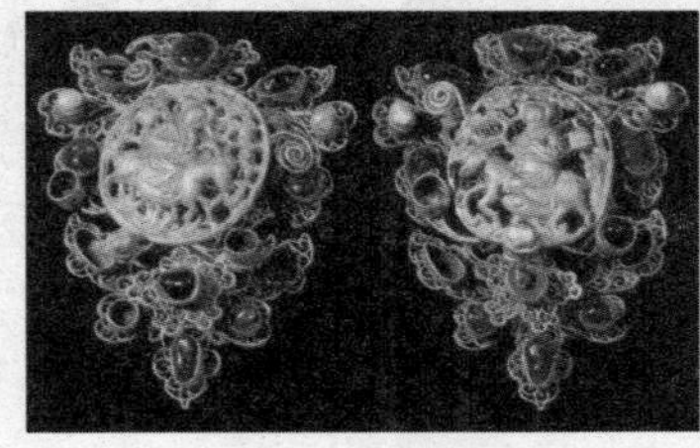

8·274 ［明］金累丝嵌宝绵羊引子图簪

临卦，二阳生于下；正月为泰卦，三阳生于下，故以绵羊太子象征“三阳开泰”，如杂剧《闹钟馗》就有“三阳真君领三个绵羊太子”的描写。绵羊引子图的流行与图式的成熟大约是在元代。[1]明后期的双龙阳生纹圆补，在设计图案时用口中吐出上升瑞气的龙来表现“阳、生”的谐音。其实物如明后期双龙阳生纹圆补〔8·272〕和大都会艺术博物馆藏绵羊引子挂饰〔8·273〕。

绵羊引子图首饰实物如北京海淀董四墓村明神宗妃嫔墓出土一对金累丝嵌宝绵羊引子图簪〔8·274〕，长16.3厘米，宽7.6厘米，重102.6克，首都博物馆收藏。金累丝花叶上面遍嵌蓝、红色的珠宝。其中心有一骑羊人物，右手牵丝缰，左手握梅枝，上挂鸟笼，挑于肩头。人物身后有梅花，笼内为喜鹊。此外，在北京董四墓村还出土了绵羊引子纹嵌宝金纽扣〔8·275〕。该纽扣中的童子亦是与前者发簪上的人物姿态一样。

[1] 扬之水：《奢华之色》第三册，188页，北京：中华书局，2011年。

正旦·葫芦景

春节，是农历正月初一，古称元日、元辰、元正、

8·276［明］正红地刺绣卍寿葫芦景寿山福海龙纹圆补

8·277［明］金遍地缂丝灯笼仕女袍料

元朔、元旦。民国时期，改用公历，将公历一月一日称为元旦，农历一月一日叫春节，俗称“阴历年”或“过年”。这是中国最重要、最隆重、最热闹的传统节日。春节的历史很悠久，它起源于殷商时期年头岁尾的祭神祭祖活动。

从头一年腊月二十四祭灶[1]以后到新年，宫眷、内臣必穿“葫芦景”补子及蟒衣，帽上佩大吉葫芦、万年吉庆铎针（铎针为帽前额正中的饰物），“咸头戴闹蛾，或草虫蝴蝶”，象征迎春。

葫芦景又称大吉葫芦，葫芦的枝“蔓”与“万”字谐音，葫芦是多子之实，有“子孙繁茂”“子孙万代”的寓意，也被人们用来宜男。葫芦又谐音“护禄”“福禄”，有祈求幸福等含义。“葫芦芦景”补子实物如正红地刺绣卍寿葫芦景寿山福海龙纹圆补〔8·276〕，上方绣一红色正面五爪龙，龙衔万寿葫芦，左右各绣蓝、绿升龙一条，下面饰海水江牙。如意云头覆盖万寿葫芦，盖下垂“卍”字系，系拴鲶鱼一条，葫芦内盛满杂宝，整体寓意“江山万代、富贵有余”。又如，北京艺术博物馆藏明代金遍地缂丝灯笼仕女袍料〔8·277〕，面料

[1] 扫尘日，即从每年农历腊月二十三日起到除夕止，汉族传统的节日习俗把这段时间叫做迎春日，其中，腊月二十三为传统小年，也称祭灶日，腊月二十四则为“扫尘日”。扫尘就是年终大扫除，北方称“扫房”，南方叫“掸尘”，除旧布新、迎接新年。人们为除难消灾，每到腊月二十三送灶神，除夕夜迎灶神期间，必须扫尘除埃，表达了寄托了汉族劳动人民一种辟邪除灾、迎祥纳福的美好愿望。扫尘日起源于古代汉族人民驱除病疫的一种宗教仪式。《吕览注》中写道：“岁除日，击鼓驱疠疫鬼，谓之逐除，亦曰木难。”这种仪式后来演变成了年底的大扫除。由于灶君等神明都会在新年之前的这一天“提早收工”返回天庭，因此客籍人把灶神送上天庭的日子看成已是“入年界”，福建人则以为这代表一年要结束了，又称这一日为“送年”。

8·278 ［明］满绣葫芦江山万代龙纹圆补

8·279 ［明］缂丝明黄地元宵节大吉葫芦景柿蒂形过肩龙

8·280 ［明］洒线绣葫芦景“钟馗打鬼”经皮面

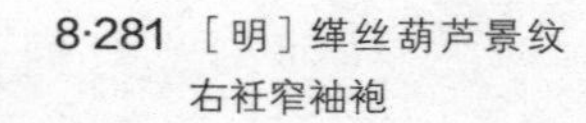

8·281 ［明］缂丝葫芦景纹右衽窄袖袍

整体为对襟衣造型。在柿蒂形装饰区内有八组，每组三位，共计24位梳高髻，身穿襦裙的侍女。人物头部均朝向中间领口。侍女中心有宝伞盖子的大吉葫芦5串，葫芦中间牡丹花、卍字、海水江崖等吉祥纹样，人物下映衬太湖石和花草纹样。又如，明代万历满绣葫芦江山万代龙纹圆补〔8·278〕和明代万历时期缂丝明黄地元宵节大吉葫芦景柿蒂形过肩龙〔8·279〕。后者高120厘米，宽132厘米，为明代皇帝所用吉服袍袍料，曾用悬挂在西藏的一个寺庙天花板上，当作装饰天篷。此外，北京故宫博物院藏一件明代洒线绣葫芦景“钟馗打鬼”经皮面〔8·280〕，上面是龙嘴里叼一个葫芦，葫芦里面是钟馗身穿进士蓝袍，足踏一小鬼，右手持“终葵”欲击的纹样。其做成的服装实物如明代缂丝葫芦景纹右衽窄袖袍〔8·281〕，长118厘米，袖通长165厘米。周身缂丝八团葫芦景，以及海水江崖、牡丹花、祥云和龙纹等纹样，色彩丰富，形体饱满。

与葫芦纹样服装配合的是插戴“大吉葫芦”簪钗和葫芦耳环。与纹样中的葫芦景不一样，用于手中把玩和装饰的葫芦以小为贵，唐代李肇《瓢赋》说：“有以小为贵，有以约为珍。”宋人亦是如此。曾有一位刘道士赠陆游一枚小葫芦，他甚为喜欢，并为此作了《刘道士赠小葫芦》诗四首：

葫芦虽小藏天地，伴我云云万里身。
收起鬼神窥不见，用时能与物为春。
贵人玉带佩金鱼，忧畏何曾倾刻无？
色似栗黄形似茧，恨渠不识小葫芦。
短袍楚制未为非，况得药瓢相发挥。
行过山村倾社看，绝胜小剑压戎衣。
个中一物著不得，建立森然却有余。
尽底语君君岂信，试来跳入看何如？

除了把玩，小葫芦还可以用作首饰。据《析津志·风俗》记载，元代后妃们头戴的顾姑冠，“与耳相联处安一小纽，以大珠环盖之，以掩其耳在内。”耳环“多是大塔形葫芦环。或是天生葫芦，或四珠，或大生茄儿，或一珠。”[1]这种小葫芦另有一个非常特别的名字“草里金”，其价格甚贵。因为“草里金”结果甚

[1] [元]熊梦祥：《析津志辑佚》，206页，北京，北京古籍出版社，1983。

少，形成极其偶然，非常珍贵，顾名草里金，从古至今都备受人们的推崇。因为葫芦谐音“福禄”，脐儿大而且不正，那就不能称为草里金了。只有具备了以上这些苛刻的要求，才能称作“草里金”。故此，“草里金”多被人收藏，把玩，制成饰品，是手捻葫芦中的极品。明代宦官刘若愚《酌中志》卷二十《饮食好尚纪略》：“正月初一日正旦节。自年前腊月廿四日祭灶之后，宫眷内臣即穿葫芦景补子及蟒衣……自岁暮正旦，咸头戴闹蛾，乃乌金纸裁成，画颜色装就者，亦有用草虫蝴蝶者。或簪于首，以应节景。仍有真正小葫芦如豌豆大者，名曰‘草里金’，二枚可值二三两不等，皆贵尚焉。”[1]清初人刘廷玑《在园杂志》卷四《葫芦耳坠》载：“明宫中小葫芦耳坠，乃真葫芦结就者，取其轻也。于葫芦初有形时，即用金银打成两半边小葫芦形，将葫芦夹住，缚好，不许长大。俟其结老，取其端正者，以珠翠饰之，上奉嫔妃。然百不得一二焉。因其难得，所以为贵也。”[2]明时宫中会有太监专门负责培育工艺葫芦。这种难得的成品小葫芦会与珠翠串在一起，做成耳环，进奉给后妃。

[1] ［明］刘若愚：《酌中志》卷十九，178页，北京，北京古籍出版社，1994。

[2] ［清］刘廷玑：《在园杂志》卷四，172页，北京，中华书局，2005。

所谓“草里金”，也有人称其为“寸子”，是指葫芦科的一个品种，因为其生长之小，高不足寸，周正标致，皮质好，脐儿正，眼儿小，有嘴儿，有腰儿，龙头完整，有型有须。在《清稗类钞》工艺类中有“梁葫芦”一条也谈到，清时，北京有位梁姓太监以擅长培育工艺葫芦闻名，即“梁九公，太监也。北地多蝈蝈，好事者率盛以葫芦置暖处，可经冬不死”。在梁九公种植的葫芦中，“极小者为妇人耳珰，尤精巧。”[1]朱家溍先生在《故宫退食录》中记载，他的夫人赵仲巽有一玉钗：

[1] ［清］徐珂：《清稗类钞》第五册，2414页，北京，中华书局，1984。

上面镶着一个小葫芦，只有三分长。玉钗是用碧玉做成竹杖形，在杖端用赤金做成绦带拴在葫芦腰，下垂一个绦结，看上去简洁雅致。赵仲巽的外祖是一位榜眼公，官至清代理藩院尚书。榜眼公有两个妹妹都不出嫁，家里人称这两位老姑娘为“五老爷”、“六老爷”。这个三分长的小葫芦就是五老爷种的。五老爷是一位诗画兼能的才女，喜欢听戏、游山、栽花、养鱼等，又善于培植各种盆景。其中有两盆小葫芦，所谓小者也都有二寸来长，有一年秋天结了几个一寸左右的，

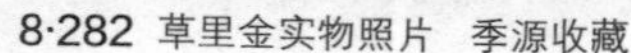
8·282 草里金实物照片 季源收藏

8·283 ［清］铜鎏金葫芦簪

其中一个最小的就是那个三分长的小葫芦。这位五老爷精心用意地保护，一直到初冬天气，每天还从屋里搬到廊檐上追太阳，总算长老了没出毛病。五老爷向仲巽说："可惜配不上对，要再有一个一般大的，给妞镶一对耳坠子多好。"仲巽说："您自己镶一个首饰戴两把头上，多好。您今年整生日，镶一个戳枝花，葫芦就像老寿星拐棍上挂的一样。"五老爷说："福禄寿三星未免太俗气了。"仲巽说："嫌俗气就别联系老寿星。东坡的诗，有'野饮花间百物无，枝头惟挂一葫芦'的句子。我给您出个主意。叫玉作坊用碧玉给琢一根竹杖形的戳枝，叫三阳金店用足赤打一个绦带结子把葫芦镶上，岂不是一件有诗意的首饰。"五老爷就照这样办了，后来五老爷终于把这件竹杖小葫芦给了外孙女赵仲巽。❶

文中讲小葫芦，即草里金〔8·282〕，如果能配上对，便会"镶一对耳坠子"，即元代后妃们的"天生葫芦"。因为未能配对，所以做成了"金绦小葫芦碧玉簪"。这种有小葫芦的簪子未见实物遗存，但与私人收藏的清代铜鎏金葫芦簪形制相似〔8·283〕。

❶ 朱家溍：《故宫退食录》上册，235页，北京，北京出版社，1999。

❷ ［元］佚名：《碎金》服饰篇，国立北平故宫博物院文献馆影印本，1935。

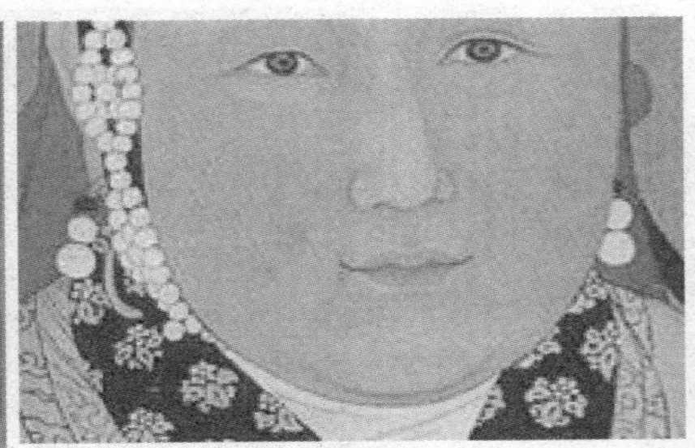

8·284 《无款元帝后像》

8·285 ［明］《孝慈高皇后像》

元代宫廷中就已经开始流行“葫芦环”，全称“四珠葫芦环”或“四珠环”。在元末明初的《碎金》“服饰篇”之“北”首饰下，就列有“葫芦三装五装环”。❷在台湾故宫博物院藏南熏殿《无款元皇后像》中就有“葫芦环”的形象〔8·284〕。到了明代，葫芦环成为宫廷后妃命妇的一种常见耳环式样，如《礼部志稿》卷二十“皇帝纳后仪”的纳吉纳征告期礼物中有“四珠葫芦环一双”❶。在《大明会典》“皇帝纳后仪”所备的礼物中即有“四珠葫芦环一双”“八珠环一双”❷。

明太祖朱元璋之妻孝慈高皇后像〔8·285〕中就有金镶四珠葫芦环。其形制均为S形金脚穿顶覆金叶，中间穿两颗白玉珠或一个白玉雕圆葫芦，在白玉珠的连接处细炸珠金圈装饰，下端又用金叶或金花托底。查看《孝慈高皇后像》可以看出，葫芦环的长长S形金脚放在脸侧，而明代唐寅《孟蜀宫伎图》的S形金脚则在头后方〔8·286〕。这么长的环脚戴着耳朵上，自然不会固定不动，《红楼梦》就中描写尤三姐的两个坠子却似打秋千一般晃的贾琏和贾珍“酥麻如醉”❸。《天水冰山录》中称为“金珠宝葫芦耳环”，又根据

❶［明］俞汝楫编：《礼部志稿》卷二十“皇帝纳后仪”，文渊阁四库全书五百九十七册。

❷［明］李东阳等：《大明会典》卷六七，第26册，东京大学国立图书馆藏，明正德六年司立监刻本。

❸［清］曹雪芹、高鹗：《红楼梦》，卷六五，909页，北京，人民文学出版社，2005。

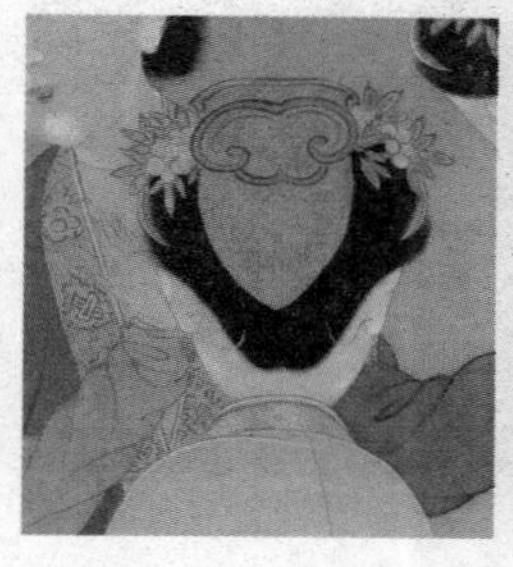

8·286 ［明］唐寅《孟蜀宫伎图》局部

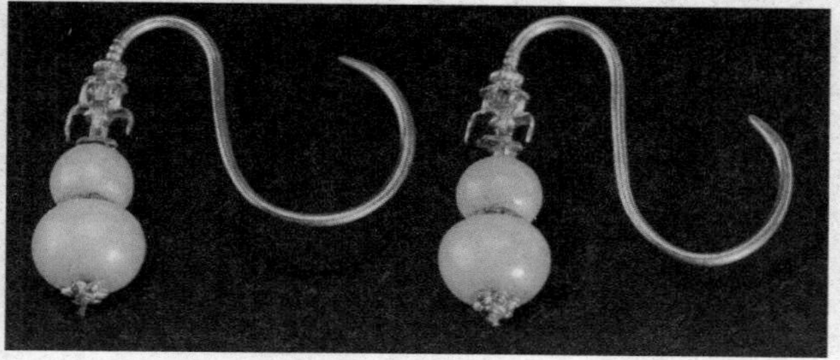

8·287 ［明］白玉葫芦金耳坠

珠子的大小分为“金镶大四珠耳环”和“金镶中四珠耳环”。其实物如明代常熟陆润夫妇墓出土白玉葫芦金耳坠〔8·287〕、曲江艺术博物馆藏镶玉葫芦金耳环2对〔8·288、8·289〕。此外，还有兰州上西园明肃藩郡王墓出土金累丝镶白玉珠葫芦耳坠〔8·290〕，通长10.8厘米，耳坠上方为一个五爪云钩提系，下接金累丝伞盖。伞盖外圈披饰沥水，内吊缀白玉珠两颗，玉珠两端饰金累丝花叶托连缀。五爪云钩坠如意、金锭、铜钱、铎铃事件儿五串，形成白玉珠的外围装饰。毫无疑问，此件葫芦耳坠的造型设计是借鉴了灯笼景的装饰式样。还有更为复杂的工艺的葫芦耳坠，如1997年上海市卢湾区李惠利中学明墓出土明代金镶白玉镂孔葫芦耳坠〔8·291〕，高4.5厘米。耳坠上部用一根金丝弯成S形，似葫芦蔓，下垂金片锤打镂刻出的双层覆莲瓣，覆莲瓣盖在玉葫芦上，似莲盖顶。玉葫芦由大小2颗圆形玉珠组成，玉珠通体透雕镂空钱纹。两葫芦间，为金片制成的仰覆莲瓣，葫芦底部，由金片仰莲瓣托起，造型精巧，工艺精湛。

到了清代，葫芦耳环更是成了皇后礼服中的耳饰

8·288 镶玉葫芦金耳环

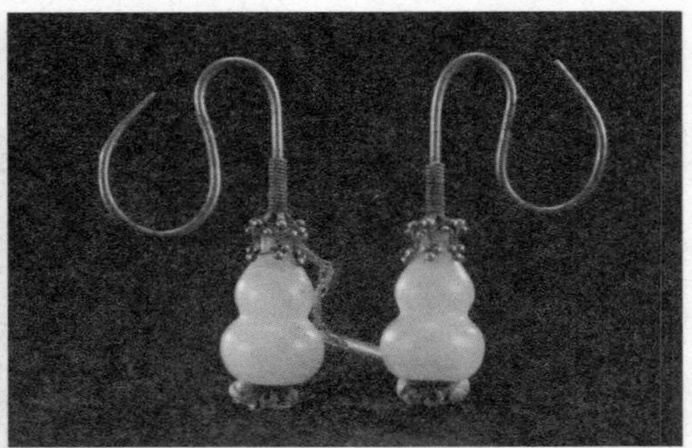

8·289 镶玉葫芦金耳环

8·290 金累丝镶白玉珠葫芦耳坠

8·291 ［明］金镶白玉镂孔葫芦耳坠

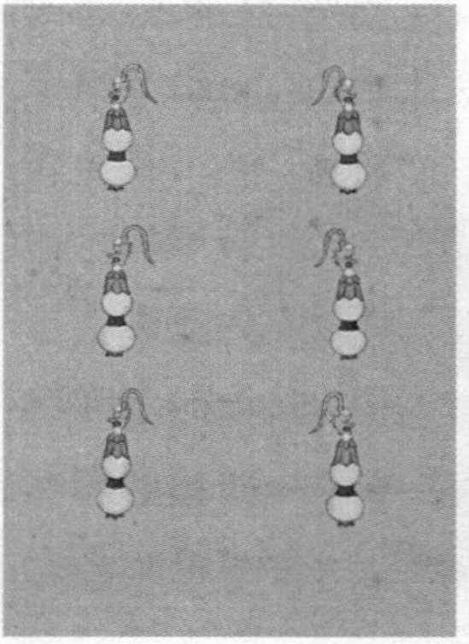

8·292 戴东珠葫芦耳环的清代皇后画像

8·293 清氏皇太后、皇后耳饰

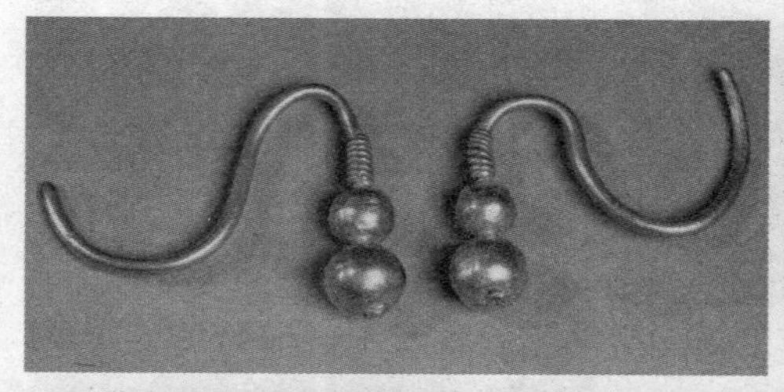

8·294 ［明］金光葫芦耳环

8·295 ［明］葫芦形金光耳饰

8·296 ［明］葫芦形金耳环

8·297 ［明］葫芦形金耳环

〔8·292〕。清代礼俗，上至后妃，下至七品命妇，着礼服时皆左右耳各戴三具耳坠〔8·293〕。皇太后、皇后耳饰左右各三，每具金龙衔一等东珠各二。皇帝的后妃耳饰皆为金龙蟒衔东珠各2颗，唯东珠品质有等差。皇子福晋以下等贵族夫人则为金云衔珠2颗。

除了金嵌玉，其实最常见的是金葫芦耳环。受明代文人审美取向影响，尚素雅，不事繁缛，有一种素光或称金光葫芦耳环，如1978年南京太平门外铁心桥出土明代金光葫芦耳环一对〔8·294〕，耳环作葫芦形，葫芦蒂上缠绕数道金丝，不作任何装饰，又如私人收藏明代葫芦形金光耳饰〔8·295〕，高3.7厘米，重10克，素面长束腰。这两个与《天水冰山录》“耳环耳坠”一项中的“金光葫芦耳环”相对应。

除了素光葫芦耳环，还有起棱和摺丝工艺。前者如1973年南京太平门外尧化门出土明代葫芦形金耳环〔8·296〕，同出一对，形制相同。采用锤锞工艺制成葫芦，空心，周身起棱，蒂上有金托，可嵌物，底部作花心状，有一孔；1977年南京太平门外板仓徐俌墓出土明代葫芦形金耳环一对〔8·297〕，耳环作葫芦

8·298 ［明］金质葫芦形耳饰

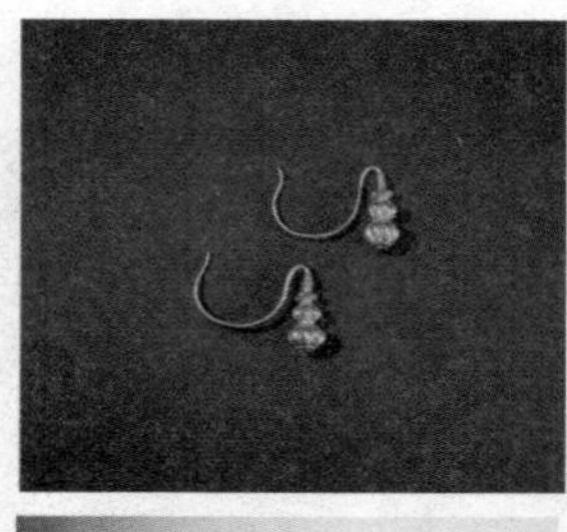

8·299 ［明］金撂丝葫芦耳环

8·300 ［明］金撂丝葫芦耳环

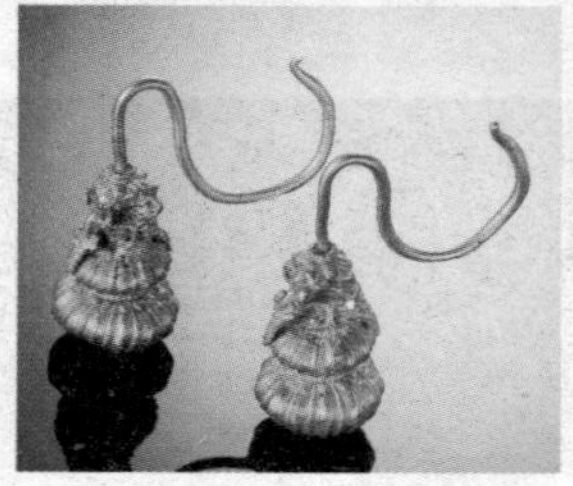

8·301 ［明］金撂丝葫芦耳环

形，以锤锞、嵌花、焊接等工艺做成。葫芦，空心，周身起棱，上端有五个圆珠组成五瓣花，再通过缠绕的金丝连接五片芭蕉叶，葫芦底作钱纹。此外，台湾“金粟山房”藏明代金质葫芦形耳环〔8·298〕，高5.3厘米，重32克，葫芦造型，顶覆金瓜叶意象，身上起棱脊做装饰，极富立体感。另外一件私人收藏明代金撂丝葫芦耳环〔8·299〕，高3.59厘米，总重量15.53克。耳坠作葫芦形，大小两肚，顶覆金瓜叶，叶脉清晰，枝蔓缠绕如伞盖，与挂钩连为一体，上有瓜棱，空心，亚腰处用小金珠作成圆环环绕，底部为圆形钱纹镂空底座。前两件是用薄金片材打制，然后錾出起棱的纹理。

“撂丝”有时也称折丝。其实物如曲江艺术博物馆藏的两对明代金撂丝葫芦耳环〔8·300、8·301〕，先以金片片材做出葫芦身，再用金丝攒聚做出的“撂丝”效果。撂丝用途较广泛而折丝多用于耳饰，因其难做，故市面上少见。即便在明时因折丝难做，高档工匠们便会在金银葫芦耳环的表皮浅刻上线条仿造折丝以迎合大家的追宠之意，虽不及真折几分亦为时尚。此外，亦有用点翠〔8·302〕、掐丝工艺做〔8·303〕和镂空錾

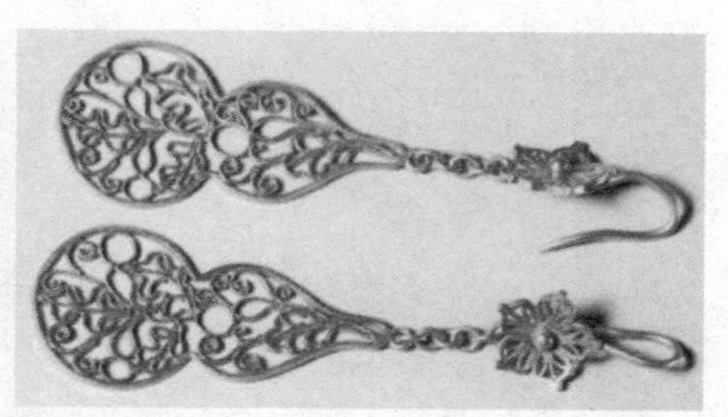

8·302 ［清］铜点翠凤凰葫芦耳饰

8·303 ［清］金掐丝葫芦耳坠

8·304 ［明］镂空錾刻葫芦金耳环 私人收藏

8·305 ［清］鎏金金簪

刻〔8·304〕工艺制作的葫芦形耳环。

除了耳环，有时葫芦纹样也用在发簪上的装饰。其实物如清代宫廷鎏金金簪〔8·305〕，长16厘米，整体造型类似明代皇冠，主体为錾刻纹饰，中部的葫芦系掐丝工艺，葫芦谐音“福禄”，与下方的蝙蝠形錾刻纹同为吉祥如意、福禄双全之寓意。两边镶盘长结，民间也作“盘肠结”，古汉诗中有“著以长相思，缘以结不解。以胶投漆中，谁能离别此”之句，寓意无始无终，绵长恒久。中嵌红宝石起画龙点睛之效。金簪整体工艺精湛，为明代宫廷御用大家之手笔。

后　记

就中国服装史研究而言，一般都是先从礼仪服饰入手，因为这部分内容典籍记载比较详细，出土实物相对较多，内容宏大，也最能体现中国古人的造型观念和哲学思想。当对礼仪典籍的研究达到一定程度的时候，对于中国服装史的研究就需要扩大范围，探寻中国先民在实际服饰文化生活中的真实面貌，不能仅仅局限于殿堂庙宇中穿用的礼仪服装。这些内容因为更贴近真实的生活而更富生活情趣，也更容易反映出中国古人的真实生活面貌。

从最初的构思、整理资料、梳理文献、撰写书稿，再到文字校对，直至今天撰写后记，大约也有将近五年的时间了。这个过程虽然断断续续，但整体研究一直没有停下来。尽管时间长了些，却也能不断补充一些新内容和新材料。这或许也是一件好事。

首先要感谢的是清华大学出版社，正是出版社同仁的认可、支持和鼎力帮助，才使得本书顺利出版，在此特别致谢！

本书也是献给我母亲刘淑远女士、父亲贾佩琰先生的一份礼物。当年正是父母支持我学习，鼓励、督促我考研、读博，一步一步走到今天。如今父母都已是古稀之年的老人。我也已经人到中年。虽然时间岁月在慢慢流失，但我对于中国服装史的热爱不曾衰减一分。真心希望这些经过数千年积累，逐步沉淀的博大、丰厚、精彩的中国传统服饰文化遗产，能够一代一代传承下去，不要消失在21世纪的今天。尽自已所能，将其发扬光大是我一生的使命。

感谢家人张文芳、程晓英、贾程成，你们的笑容是上帝赐予我人生最好的礼物。

贾玺增

2016年8月于清华大学美术学院